蔗园使用双降解地膜覆盖

甘蔗幼苗期

甘蔗分蘖期

甘蔗伸长期（剥枯叶）

甘蔗成熟

甘蔗人工收获

花生发芽出苗期

花生幼苗期

花生开花下针期

花生结荚与成熟期

花生种子

花生种子包衣

油菜苗期

油菜蕾薹期

油菜开花期

油菜初结荚

角果发育成熟期

油菜籽

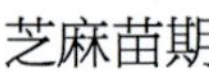

芝麻苗期

芝麻蕾期

芝麻开花

芝麻结籽

白芝麻籽

黑芝麻籽

棉花苗期　棉花蕾期　棉花花铃期

棉花吐絮期　棉花成熟　棉花籽

苎麻苗期　苎麻旺长期　苎麻开花

苎麻成熟期　苎麻机械收获　苎麻纤维

甘薯生长前期
（发根分枝结薯期）

甘薯生长中期
（薯蔓并长期）

甘薯生长后期
（薯块盛长期）

各色薯块

薯干加工

甘薯粉条

茶园

采茶

炒茶

毛尖茶

迷迭香茶

普洱茶

国家中等职业学校示范建设课程改革创新系列教材
中职中专现代农艺技术专业系列教材

南方经济作物生产

高　晖　主编
许于生　王永禄　副主编

科学出版社
北　京

内 容 简 介

本书主要介绍了甘蔗、油菜、花生、芝麻、棉花、苎麻、甘薯、茶树等8种南方常见经济作物生产的实用技能（其中，甘薯习惯作为粗粮作物，但近年来，甘薯加工品越来越多，在南方很多地区成为农民经济收入的主要来源之一，已逐步发展成为用途广泛、高产高效的经济作物，故本书也把它列为经济作物）。每种作物生产的内容包括经济作物生产基础知识、田间管理措施、高产高效生产技术和病虫草害防控，重点介绍了各个生产环节的关键技术和操作方法。在内容设计上面向应用，体现实践性和可操作性，在适度基础理论覆盖下，突出实用技能操作与培养，融“教、学、做”为一体，体现岗位需要、能力本位。

本书可作为中等职业学校现代农艺专业的专业课教材以及种植类相关专业的专业必修课教材，还可作为农民实用技术培训用书和供农业技术员、农民参考。

图书在版编目(CIP)数据

南方经济作物生产/高晖主编. —北京：科学出版社，2014

（国家中等职业学校示范建设课程改革创新系列教材・中职中专现代农艺技术专业系列教材）

ISBN 978-7-03-041157-0

Ⅰ. ①南…　Ⅱ. ①高…　Ⅲ. ①经济作物-栽培技术-中等专业学校-教材　Ⅳ. ①S56

中国版本图书馆CIP数据核字（2014）第130608号

责任编辑：张振华 / 责任校对：马英菊

责任印制：吕春珉 / 封面设计：一克米工作室

科学出版社出版

北京东黄城根北街16号

邮政编码：100717

http://www.sciencep.com

北京九州迅驰传媒文化有限公司印刷

科学出版社发行　各地新华书店经销

*

2014年11月第 一 版　开本：787×1092 1/16

2021年3月第二次印刷　印张：19　插页：2

字数：450 000

定价：58.00元

（如有印装质量问题，我社负责调换〈九州迅驰〉）

销售部电话 010-62134988　编辑部电话 010-62135120-2005

编写委员会

主　任　华旭明

副主任　高　晖　谢水春

委　员　许于生　王熙钱　谢标洪　张红林

　　　　　钟跃毅　罗家贵　王东有　王永禄

前言
PREFACE

经济作物的产品具有特殊的使用价值，许多经济作物的产品是人类生存最基本、最必需的生活资料，经济作物的生产对我国工业尤其是轻工业的发展具有举足轻重的作用，同时也是出口创汇、增加国民经济收入的主要来源。在广大的南方地区，经济作物种植普遍，在农业生产中的地位尤其突出。

为进一步提高南方地区经济作物生产水平，培养从事经济作物生产、经营与技术推广的技能型人才，本书紧密结合南方经济作物生产实际，遵循理论知识“必需、够用”，专业技能“实用、熟练”的原则，突出应用性和实践性，强调新技术、新模式的使用。在作物种类安排上，选择南方地区广泛种植的经济作物，生产技术的适用范围也以南方为主，增强了本书的实用性。故本书既可作为中职农业类种植专业的教材，又可作为农技人员和经济作物种植户的参考书。

本书在编排上有以下特点：

1. 按生产程序组织理论知识和技术措施，做到理论和实际有机结合。

2. 采用项目、任务形式。每一种作物的生产为一个项目，该作物生产过程中的每一个关键步骤是一个任务，围绕任务确定学习内容、组织生产实训，完成相应知识目标和能力目标，使学生真正学懂、学透，并能实际操作。

3. 在每个任务后，安排了实训报告，促使学生在完成任务后进行经验总结或进一步思索、探讨新的方法措施。

4. 为使读者更准确地把握和理解学习的重点和难点，在每个项目最后安排了综合测试，以便学生课后复习和巩固所学知识。

5. 每种作物学习完成后，给出了考证提示，对接相应的职业资格证书，为学生考取职业资格证提供帮助，以便他们将来更好地走入职场。

由于编者水平局限，书中不足之处在所难免，敬请广大读者批评指正。

编　者

2014年3月

目录 CONTENTS

课程导入 走进经济作物生产

知识目标

1．掌握经济作物和经济作物生产的概念；

2．了解我国经济作物的生产概况和意义；

3．掌握经济作物的分类。

能力目标

会识别当地种植的主要经济作物及类别。

1．经济作物的概念

经济作物又称技术作物、工业原料作物，指具有某种特定经济用途的农作物。广义的经济作物还包括蔬菜、瓜果、花卉、果品等园艺作物。本书主要指有特定经济用途的农作物。

经济作物通常具有地域性强、经济价值高、技术要求高、商品率高等特点，对自然条件要求较严格，宜于集中进行专门化生产。

2．经济作物的分类

经济作物可从不同角度进行分类，按其用途可分为以下几类。

1）纤维作物：是纺织工业的重要原料，主要有棉花、麻类和蚕桑等。

2）油料作物：我国油料作物种类繁多，主要有花生、油菜籽、芝麻、大豆、向日葵等。我国油料作物的种植面积在经济作物中居首位，是世界上油料作物种植最多的国家。

3）糖料作物：主要有甘蔗、甜菜、甜叶菊、糖用高粱等。在我国，北方一般以甜菜为原料制糖，南方则常以甘蔗为原料制糖。由于甜叶菊糖甜度高、含热量低，适合肥胖和低糖饮食人群，因此近年来发展很快。

4）嗜好类作物：可获得兴奋提神或刺激性产品的作物，如各种烟草、茶叶、咖啡、可可等。

5）其他特用作物：紫薯、薄荷、啤酒花、香茅草等。

我国幅员辽阔，生态多样，气候变化大，因此经济作物种类多，地域性强，分布广泛。特别是越来越多的野生植物被开发出来作为经济作物进行生产，使得这个家族不断扩大，同时也为我国的农业发展提供了广阔的前景。

3．我国经济作物的生产概况和意义

（1）我国经济作物的生产概况

我国经济作物分布广泛。2002 年，全国经济作物总播种面积达 2335.0 万 hm^2，约占农作物总播种面积的 15%，遍及全国各省、市、自治区。经济作物产值约占种植业产值的 30%。生产规模较大的经济作物有棉花、油菜、花生、甘蔗、甜菜等，分布广泛，但地域差异明显。东部地区经济作物播种面积占全国总面积的 90%以上，是中国棉花、油料、糖、烟叶、茶叶、蚕茧、麻类、水果的主要产区。我国经济作物的南北差异也很大。在热带地区主要栽培橡胶、咖啡、可可、胡椒和特种药材等；在亚热带地区主要栽培甘蔗、茶树、油桐等；温带地区是棉花集中产区；中温带地区以种植甜菜为主，成为中国甜菜的主产区。

（2）经济作物生产的意义

1）经济作物在我国农业中占有十分重要的地位。

农业生产是人类生存之本、衣食之源，我国以占世界 7%的耕地养活了占世界 22%的人口，这是对人类的重大贡献。而在这一贡献中，经济作物生产发挥仅次于粮食作物生产的重要作用。

2）经济作物是人们日常生活的重要来源。

经济作物的产品具有特殊的使用价值，许多经济作物产品是人类生存最基本、最必需的生活资料，与我国十几亿人的吃饭、穿衣、出行等基本问题紧密相连。在我国，与人们生活息息相关的作物包括粮、棉、油、糖、麻、烟、茶、桑、果、菜、药等 11 大类，其中经济作物棉、油、糖、麻、烟、茶、桑等占 7 大类，均是人们生活中重要的生活资料来源。

3）经济作物生产的产品为工业生产提供了重要的原材料。

目前我国约 40%的工业原料，70%的轻工业原料来源于农业生产。纺织制衣业原料主要依赖于棉、麻生产，制糖、卷烟、造纸、食品等工业的原料来源于农业生产；而且随着人民生活水平的提高，对农产品加工品的需求在不断增加。因此，在今后较长的一段时期内，我国轻工业的发展仍然依赖于农业生产，特别是经济作物及优质作物的生产。

4）经济作物是外贸的重要商品。

茶、棉麻织品、蚕丝织品、编织制品等经济作物产品及其加工制品，很多是中国的传统出口产品，也是国家出口创汇的重要物资。当前，经济作物产品及其加工品的出口额在国家总出口额中占有较大的比重，今后还将是外贸物资的重要来源。

5）经济作物是农村人口经济收入的重要来源。

中国是一个农业大国，消除贫困，让农民增收致富是中国农业发展的重要目标。发展经济作物及其加工品的生产是农业增效、农民致富的重要途径之一。

项目1 甘蔗生产

项目导入 小民每年秋天都要到乡下爷爷家去，因为那时爷爷家的甘蔗成熟了，砍甘蔗、吃甘蔗是小民最喜欢做的事。

甘蔗含糖量高，浆汁甜美，被称为“糖水仓库”，可以给食用者带来甜蜜的享受，并提供相当多的热量和营养。现代医学研究表明，甘蔗中含有丰富的糖分、水分，以及对人体新陈代谢非常有益的各种维生素、脂肪、蛋白质、有机酸、铁、钙、磷、锰、锌等物质。

甘蔗不仅是果中佳品，还是防病健身的良药。甘蔗有滋养润燥之功，可治疗因热病引起的伤津、心烦口渴、反胃呕吐、虚热咳嗽等病症，还适用于低血糖症、心脏衰弱、大便干结的情况。另据报道：甘蔗中的糖类还有抑制癌细胞的作用。

任务1.1 认识甘蔗生产

知识目标

1．了解甘蔗生产的意义及甘蔗生产概况；

2．掌握不同甘蔗类型的特点以及目前生产上推广的主要优质高产甘蔗品种的特性；

3．掌握甘蔗的生育期。

能力目标

1．会正确识别不同类型的甘蔗；

2．会根据当地气候条件、种植制度正确选用甘蔗良种。

知识 1　发展甘蔗生产的意义

甘蔗是一种重要的制糖原料作物。当今世界上的食糖主要来自甘蔗和甜菜，其中甘蔗糖占 70%以上，在我国甘蔗糖占 90%左右。据统计，2008～2009 年世界食糖总产量 1.5 亿 t，蔗糖产量就有 1.175 亿 t，占食糖总产量的 78.33%。

糖在食品、轻纺、化工、能源、医药和国防上有多种重要用途。食糖可供给人以热能，多余的可转化为脂肪和肝糖储存。此外，蔗糖还含有多种维生素和矿物质。蔗糖还是基本的食品添加剂之一。

甘蔗制糖副产品——蔗渣、糖蜜、滤泥等，用途也十分广泛。蔗渣可制人造纤维、造纸、糠醛以及食用菌培养料等；糖蜜可制酒精、酵母、甘油、柠檬酸和干冰等；滤泥可提取蔗蜡、蔗脂和乌头酸等；所有的副产品又均可作肥料直接回田。随着甘蔗综合利用研究的发展，甘蔗的用途将越来越广泛，甘蔗的经济价值将越来越大。

我国是世界第三大产糖国和食糖消费国，产糖量、消费量均占世界食糖总产量和总消费量的 7%左右。据中国糖业协会和各省糖业协会统计，我国 2008～2009 年榨季累计产糖量为 1243.12 万 t，其中蔗糖产量是 1152.99 万 t，占我国食糖总产量的 92.75%，我国食糖自给能力达 80%以上。蔗糖在我国农业经济中占有重要地位，仅次于粮食、油料、棉花，居第 4 位。甘蔗产业已成为我国主产蔗区经济发展的重要支柱，也是蔗区财政税收和农民增收的主要来源。因而，发展甘蔗生产，对提高人民的生活水平、促进农业和相关产业的发展，乃至对整个国民经济的发展都具有重要的作用。

知识 2　甘蔗的起源与生产概况

1．甘蔗的起源

甘蔗的起源有三种说法，一是起源于热带南太平洋新几内亚，二是起源于印度，三是起源于中国。中国是世界上古老的甘蔗种植国之一，具有悠久的甘蔗栽培历史。早在公元前 4 世纪，我国就有种植甘蔗的历史记载，至唐朝大历年间已有制冰糖的记载。近年来，许多研究表明，甘蔗有几个起源中心，而中国则是其中之一。

2．甘蔗的生产概况

目前，甘蔗主要分布在北纬 33°至南纬 30°之间，其中在南北纬 25°之间，分布面积比较集中。全世界现有种植甘蔗制糖的国家和地区 90 多个，年产糖 100 万 t 以上的主产国有巴西、印度、古巴、墨西哥、中国、巴基斯坦、美国等。其中平均每公顷产量150t以上的有伊朗、埃塞俄比亚和美国的夏威夷等(我国近年每公顷产量约76.1t)。

世界上甘蔗种植面积最大的国家是巴西，其次是印度，中国位居第三。甘蔗种植面积较大的国家还有古巴、泰国、墨西哥、澳大利亚、美国、印度尼西亚、南非等。其中巴西、印度的甘蔗种植面积分别占世界总面积的25.16%和21.21%，中国占7%左右。出口蔗糖较多的国家分别是巴西、澳大利亚、泰国、古巴、南非，年出口蔗糖分别达100万t以上。

近几十年来，我国蔗糖业取得了很大的发展。甘蔗种植面积从1949年160万亩（1亩≈666.7m^2，余同）发展到2012年的2338.74万亩；单产达到5.32t/亩，甘蔗总产从1949年的264.2万t发展到2012年的12413.5万t，2011～2012榨季产甘蔗糖接近1200万t，蔗糖总产量比1949年的28万t增加约42倍。我国的甘蔗产区主要分布在广东、台湾、广西、福建、四川、云南、江西、贵州、湖南、浙江、湖北等省（自治区）。其中广西甘蔗产量占到全国产量的60%以上。

知识3 甘蔗的类型

1．甘蔗种的分类

甘蔗为禾本科甘蔗属植物。甘蔗属中有三个栽培种和多个野生种，栽培种能直接制糖或生吃，野生种可用作育种材料。下面简述三个栽培种。

1）中国种，起源于中国，也分布在印度北部和马来西亚一带，是最古老的栽培种。典型品种有竹蔗、芦蔗、荻蔗及国外通称的“友巴（Uba）”，特点是早熟、分蘖力强，根系发达，纤维多，糖分较高，耐粗放栽培，宿根性好，但易抽侧芽及感染黑穗病和棉蚜虫。

2）印度种，主要分布在印度恒河流域，我国南方也有分布。典型品种是春尼蔗，其茎粗与竹蔗相仿（茎径1.0～1.5cm），实心而硬，蜡粉厚，抗病力强，耐粗放栽培。

3）热带种，又名高贵种，发源于太平洋、大洋洲诸岛，以后传至我国。典型品种有拔地那、黄加利等。该种为多年生宿根种，直立粗壮，茎径2.5～4.5cm，产量高，丰产潜力大，蔗糖分高，纤维含量低，适宜加工制糖；但抗病虫力弱，抗逆性差。

2．甘蔗品种的分类

目前国内甘蔗品种很多，一般可按蔗茎的大小、颜色、糖分的高低和成熟期的迟早等性状进行分类，以便在生产上更好地栽培利用。

1）按蔗茎的大小划分，可分为大茎种（蔗茎径3.0cm以上）、中茎种（蔗茎2.5～3.0cm）和小茎种（蔗茎2.5cm以下）三个类型，见表1-1。大茎种一般分蘖少，有效茎数少，抗逆力弱，宿根性较差，多中晚熟，需肥水条件好、栽培管理精细，才能获得高产。中小茎种一般分蘖力强，宿根性较好，较早熟，耐旱、耐瘠，耐寒性也较强，适应性广，稳产性能较好，较适合于旱地蔗区栽培。

表 1-1　按蔗茎的大小分类

品种类型	茎粗/cm
小茎品种	＜2.5
中茎品种	2.5～3.0
大茎品种	＞3.0

2）不同甘蔗品种的糖分高低差异很大，按糖分高低划分，可分为高糖、中糖、低糖三个类型。国际上，把蔗汁蔗糖分在 15%以上的称为“高糖”；在 12%～15%的称为“中糖”；低于 12%的称为“低糖”。品种的高糖特性是重要的经济性状，因此应该选育更多的高产高糖品种，以适应糖业迅速发展的需要。

3）按茎色深浅划分，可分为青皮蔗、紫（或叫红、黑）皮蔗和白皮（蜡粉厚或淡青色的）蔗等种类。青皮蔗的色泽有利于亚硫酸法制糖工艺。

4）按成熟期迟早划分，甘蔗可分为早熟种、中熟种和晚熟种三个类型。早熟种的早期蔗糖分比较高，重力纯度较高，还原糖分少，可供糖厂作开榨初期的原料。晚熟种的早期蔗糖分较低，重力纯度不高，还原糖分高，要到榨季后期以后糖分才高，适于作为糖厂生产后期的原料。熟期介于两者之间的为中熟种。

成熟期的迟早是品种种性之一，同一品种的成熟期在同一地区内具有相对的稳定性，在一定时间内不会改变。然而不同地区由于气候条件、土壤条件和栽培条件不同，会影响甘蔗的成熟，因而同一品种在不同地区熟期的表现不一定相同，如台糖 134 在江西表现晚熟，在广东则为中熟。另外，品种的熟期虽有它相对的稳定性，也不是绝对的，在一定条件下成熟的迟早会发生变化。多数情况下会变得比原来早熟。在生产上，要全面提高整个榨季的产糖量，必须因地制宜地按一定比例推广早、中、晚熟种，避免品种单一化。

3．甘蔗良种的选用

甘蔗能否获得高产高糖，良种是关键。各地区在进行良种选择时，主要可考虑以下几点：

1）要根据当地气候条件、种植制度正确选用甘蔗良种。

2）在选用良种时，合理搭配早、中、晚熟品种，即 3∶4∶3 的比例，确保甘蔗在工艺成熟时适时入榨。

3）要加强对甘蔗高产高糖新品种的引进、繁育推广，这是进一步调整、优化产业结构，促进区域经济发展的需要。

知识 4　甘蔗的生育期

甘蔗从下种至成熟所经历的天数称为生育期，生育期因品种、栽培地区和播种季节不同而差异很大。甘蔗的一生可以分为萌芽期、幼苗期、分蘖期、伸长期和成熟期 5 个时期。

1．萌芽期

栽培上用蔗茎作种苗进行无性繁殖。用蔗茎种植时，自种苗下种萌发开始至发芽数占总数的 80%以上，称为萌芽期。

甘蔗萌发需要一定的温度、水分和空气等环境条件，与温度的关系最为密切。发根对温度的要求较低，通常蔗根在 10℃左右即可萌发；蔗芽一般在 13℃便可萌发，随气温升高，发芽速度加快，最适发芽温度是 30℃左右。故在温度较低条件下常先发根后发芽，有利于早植育壮苗。甘蔗芽和根的萌发是一种耗能过程，需要充足的氧气。若下种后土壤水分过多，通气不良，则不利发芽。甘蔗茎本身含水达 70%以上，足够发芽的生理需水，但下种后的土壤湿度以保持最大持水量的 70%左右为宜。总之，萌发期要求高温、低湿，通气良好，以保证发芽迅速、整齐，发芽率高。

2．幼苗期

自萌芽后有 10%幼苗发生第一片真叶起，到有 50%以上幼苗发生 5 片真叶止，称为幼苗期。甘蔗幼苗的生长要求温度在 15℃以上，最适温度为 30～32℃。春植蔗进入幼苗期时，气温上升较快，但土温上升较慢，对幼苗生长不利，可采取中耕、除草、施用苗肥的方法提高土温，促进幼苗生长。甘蔗种苗的萌发过程如图 1-1 所示。

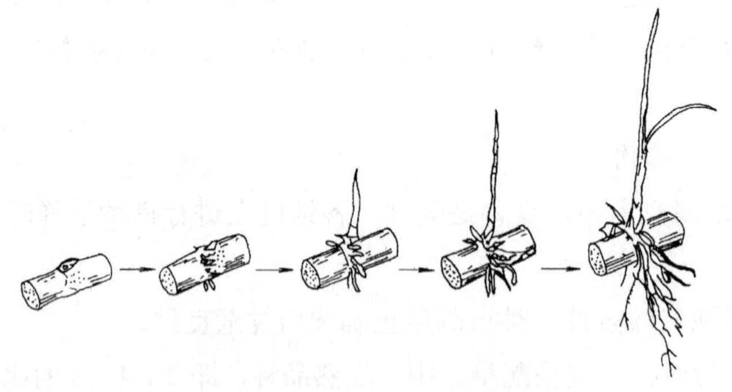

图 1-1　甘蔗种苗萌发过程

3．分蘖期

自 10%的幼苗有分蘖起至全田蔗苗开始拔节，此时蔗茎平均伸长速度为每旬 3cm，称为分蘖期。在 20～30℃内，随土温升高，分蘖率增加。水分过多会妨碍土壤通气和土温提高，不利于分蘖的发生。但过于干旱，肥料难于溶解吸收，同样不利于分蘖。一般以田间最大持水量的 70%～80%为宜。在荫蔽情况下分蘖少，阳光充足则分蘖多而旺盛。分蘖芽的萌发对氮、磷需要较多，钾需要较少。早期施磷钾肥效果较好。一般细茎种分蘖力较强，成茎率也较高，其次是中茎种，大茎种最弱。

4．伸长期

自蔗茎开始拔节，平均伸长速度达每旬 3cm 以上，至基本停止伸长为伸长期。甘蔗是“四碳”植物，喜温喜光，对光合能量转化率高，光呼吸低，光饱和点高，二氧化碳补偿点低。

蔗茎伸长期是甘蔗生长最快的时期，要求较高的光温条件。最适伸长温度是 30℃左右，低于 20℃生长缓慢，10℃以下则停止生长。当阳光充足时，蔗株生长粗壮，叶阔而绿，单茎重大，纤维含量高，干物质和蔗糖含量高，不易倒伏；相反，如阳光不足，则蔗茎细长，叶薄而狭，低产质劣。伸长期甘蔗需水量最大，占全期的 50%～60%。此期的土壤水分以最大田间持水量的 80%左右为宜。我国华南蔗区一般 6～9 月的日光、温度和雨水较充足，故甘蔗伸长也以这几个月较快，特别是 7、8 月伸长最快，每月平均可达 30～60cm。甘蔗伸长期也是需肥最多的时期，其中氮需要量约占全期的 50%，磷钾需要量为 70%以上。甘蔗伸长期同样需要土壤通气，其要求与前期基本相似。

5．成熟期

甘蔗成熟期分为工艺成熟期和生理成熟期。

（1）工艺成熟期

蔗茎中糖分积累达到最高峰，蔗汁纯度达最适于工厂压榨制糖的这段时期，称为工艺成熟期。工艺成熟所需的气候条件是冷凉、干燥和晴朗。在不会引起冻害的前提下，气温较低，昼夜温差较大，有利于甘蔗成熟。据研究，昼温在 13～18℃以下，夜温在 5～7℃，温差 10℃左右的冷凉干燥气候，有利于蔗糖糖分积累，蔗汁最清。但过于干燥，会使蔗汁中胶体增加，也会影响制糖。成熟期所需水分一般约占整个生育期耗水量的 5%～10%，土壤湿度以田间持水量的 60%～70%为宜，水分过多会妨碍或延迟甘蔗成熟，降低糖分。因此，在收获前一个月要停止灌溉。施用氮肥过多、过迟，也不利于成熟，会使品质降低，通常在收获前三个月停止施肥。

（2）生理成熟期

蔗茎经过一定时间生长，在适宜的自然条件下，停止营养生长，转向有性生殖器官的发育，进而花芽分化而孕穗、抽穗、开花、结实的这段时期，称为生理成熟期。生理成熟一方面使蔗糖减少，转化糖增多，蔗汁品质变劣；另一方面还会造成蔗茎空心、绵心，降低蔗茎重量。

实训 调查当地生产上采用的甘蔗类型并认识良种特性

1. 目的要求

学生 3～4 人一组，走访种有甘蔗的当地农户、农业企业或专业合作社 3～5 家，调查当地生产上采用的甘蔗类型。通过调查，掌握甘蔗形态特征的观察方法，并认识良种特性。

2. 材料工具

材料：当地推广种植的甘蔗优良品种 3～5 个。

工具：米尺、卡尺、放大镜、天平、铅笔、实验纸等。

3. 实训步骤

流程：

当地种植甘蔗类型及品种调查→甘蔗良种特征识别→填表→整理实训报告

01 调查当地种植甘蔗的类型及品种。选择种有甘蔗的农业企业、家庭农场或专业合作社 3～5 家，与技术负责人直接座谈，通过询问的方式了解、调查单位种植的甘蔗类型及品种，各品种的生育期、产量及栽培注意事项等并做好记录。

02 识别甘蔗良种的特征。 在调查时，从调查对象（农业企业、家庭农场或专业合作社）取得当地良种 3～5 个，每品种选一代表茎观察下列项目：

1）节间形状。比较各品种节间形状的差异，分别鉴定其属下列形状的哪一种：圆筒形、圆锥形、倒锥形、腰鼓形、细腰形、弯曲形。

2）茎色。比较各品种茎上部定型的茎色，鉴别其属哪种颜色。

3）茎径。用卡尺测量茎中部节间的茎径，比较各品种茎径的大小，以厘米（cm）表示。

4）蜡粉带和蜡粉。比较各品种茎上部定型节间蜡粉带的蜡粉厚度和条数。

5）芽沟。比较各品种是否有芽沟及其深浅。

6）芽的形状。比较各品种芽的形状差别，鉴定其属下列哪种形状：三角形、椭圆形、倒卵形、五角形、菱形、圆形、卵圆形、长方形、鸟咀形。

7）根带。比较各品种根带内根点的行数。

8）生长裂缝及木栓裂缝。比较各品种有无生长裂缝和木栓裂缝及深浅。

9）叶姿。比较各品种的叶姿差异及其属何种叶姿。

10）叶鞘。比较各品种叶鞘的颜色，背面是否有蜡粉和茸毛及多少。

11）叶片。比较叶片的大小及叶缘锯齿的稀密。

03 把调查结果填入表 1-2。

表 1-2　甘蔗良种特征调查表

项目 \ 品种名称					
节间形状					
茎色					
茎径					
蜡粉带和蜡粉					
芽沟					
芽的形状					
根带					
生长裂缝及木栓裂缝					
叶姿					
叶鞘					
叶片					

4．实训报告

进行调查时，询问用词要礼貌，记录要完整。调查完毕后要及时整理成报告。

1）结合已学知识，请对调查单位甘蔗类型及品种的选择给予评价。

2）根据所调查的当地种植制度、甘蔗类型及品种现状，为当地种植大户制订甘蔗品种选用计划并说明理由。

拓展　甘蔗植株的构成

甘蔗的植株由根、茎、叶、花和果实（种子）构成，其形态具有禾本科植物的一般特征。

1．根

甘蔗的根属须根系，其组成如图 1-2 所示。用种子播种的，最先由胚轴产生一条根叫种根。用蔗茎繁殖的，其种根由节上根点产生。当幼苗长出 3 片真叶时，由基部节上根点长出新根，称苗根，也叫永久根，是甘蔗的主要根系。

永久根多分布在表土层 30cm 左右处，分为表根、支持根和深根群。在田间湿度大，通气不良，倒伏或遭受病虫害时，有的品种地上茎部的根点可萌发成根。

2．茎

甘蔗的茎由节和节间组成，如图 1-3 所示。节的范围，下自叶痕上至生长带，包括叶痕、芽、根带和生长带。叶痕是叶脱落后留在茎上的痕迹。芽则生于叶痕上方的根带之中。芽由芽鳞、芽翼和生长点组成，其形状有三角形、卵形、五角形、倒卵形等，是区别品种的重要依据。

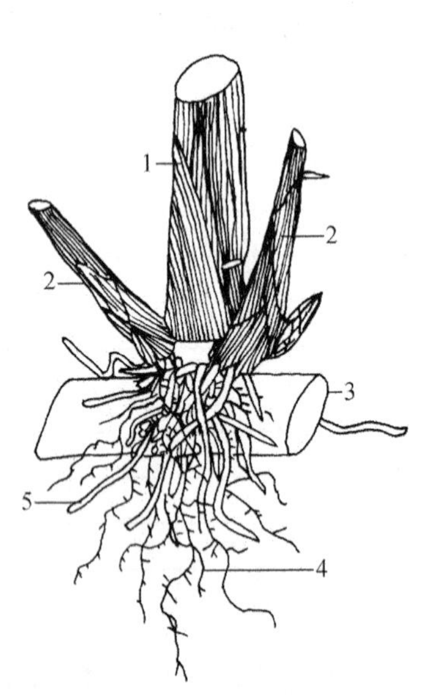

图 1-2　种根和苗根

1—主苗；2—分蘖；3—种茎；4—种根；5—苗根

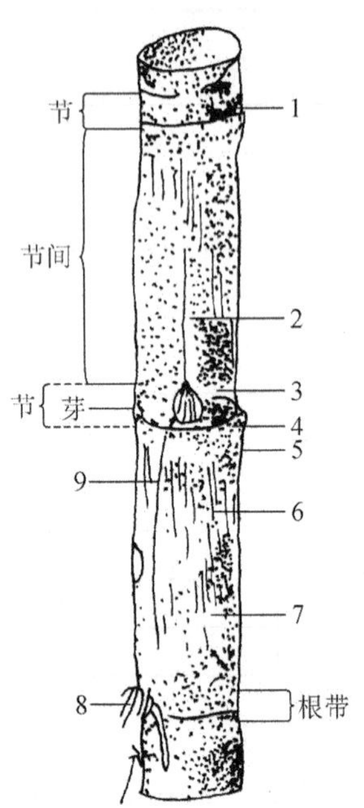

图 1-3　甘蔗的茎

1—根点；2—芽沟；3—生长带；4—叶痕；5—蜡粉带；6—木栓裂缝；7—木栓斑块；8—气根；9—生长裂缝

节间是指生长带以上叶痕以下的蔗茎部分，节间形状有圆筒形、腰鼓形、细腰形、圆锥形、倒圆锥形和弯曲形等，也是识别品种的重要依据。节间的颜色自淡黄绿至紫黑色，还有花条纹等。一般成熟的节间 5～25cm 长，一条蔗茎中基部和梢部节间短，中部较长。

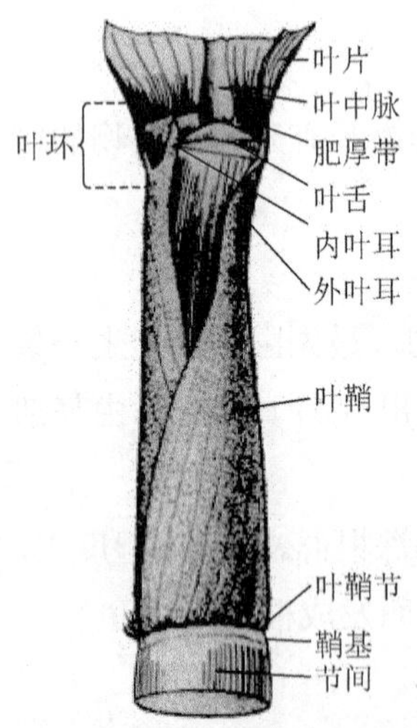

图 1-4　甘蔗的叶

3．叶

甘蔗的叶由叶片和叶鞘两部分组成，如图 1-4 所示。叶鞘与茎节部相连处有明显隆起，称为叶节或叶鞘节。叶表面多披蜡粉或长刺毛。叶片与叶鞘相连处称叶环，叶环上有叶舌、叶耳、肥厚带等附属器官。在叶片内面的叶鞘上缘伸出的膜质物或整片裂开，称叶舌。叶舌有三角形、新月形、弓形、舌形之分。叶鞘肩部突出部分，称为叶身，有三角形、齿形、钩形、倒钩形、披针形等形状。叶片表面粗糙，有细胞突起而成的刚毛，叶缘锯齿状。

4．花和子实

甘蔗的花穗为总状花序，由主轴、支轴、小穗梗和小穗组成。每一小支轴节上着生两个小穗，上部小穗较小（有柄），下部小穗大（无柄）。小穗基部有丝状毛。每个小穗由外护颖、内护颖、不孕外颖、孕内颖及小颖组成。花具三雄蕊，一雌蕊及二鳞片。子房单室，柱头分叉，羽毛状。花药多为深紫色。子实为颖果。

任务 1.2　甘蔗催芽与下种

知识目标

1．掌握甘蔗不同栽培类型的适时下种期；
2．掌握蔗地耕整方法及甘蔗的需肥规律；
3．掌握甘蔗的产量形成与合理密植。

能力目标

1．会选择甘蔗种苗；
2．能进行甘蔗种苗的处理；
3．会进行甘蔗下种。

知识 1　甘蔗的不同栽培类型

甘蔗栽培可分为新植蔗和宿根蔗两大类。新植蔗因植期不同又可分为春植蔗、夏植蔗、秋植蔗和冬植蔗四种。

1．新植蔗

（1）春植蔗

春植蔗是我国栽培历史最长、范围最广、面积最大的一种种植类型。它是广东、广西、福建、江西、云南、四川、贵州、湖南、浙江等省（自治区）蔗区的主要种植类型，对我国蔗糖生产起着重要的作用。

春植蔗的下种期一般在2～4月，收获期在霜冻前或当年11月至次年4月。在2～4月的植期内，越偏南的蔗区下种期越早，越偏北的蔗区下种期越迟，其影响的主导因素是气温。春植蔗在春季下种后，气温较低，但甘蔗发芽和幼苗生长的要求尚可满足；甘蔗的分蘖和蔗茎生长期正值夏季，高温、强光、长日照、雨量充足，适宜快速生长；秋季降温后因日夜温差大，雨量减少，日照充足，有利于糖分的积累，故而各地春植蔗易获高产。同时由于春植蔗生长期较短，土地利用率高，适合人多地少的精耕细作和轮作复种的种植制度。在保证春植蔗萌芽出苗较好的前提下，争取植期提早，延长生长期，从而提高产量。

（2）夏植蔗

夏植蔗是指从5～6月下种，至次年3月底至4月中旬收获的一种种植类型。其生长期只有10个月，是新植蔗生长期最短的类型。因其生长期短，糖分积累少，产量低，成本高，故只在人多地少、冬季气温较高且常年无霜冻地区，做少量的搭配栽培。夏植蔗要想获得较高的产量，必须要有较好的水肥条件和较高的管理水平。

（3）秋植蔗

秋植蔗是指从立秋至霜降前（8～10月）下种，次年11～12月收获的一种种植类型。其生长期长达14～18个月，产量高，一般可比春植蔗增产30%左右；早熟，在榨季初期（11～12月）的蔗糖分可比同期春植蔗高1%～2%（绝对值）；同时能错开农时，调节劳动力，有利于农业生产的合理安排及解决春季干旱或缺水地区的甘蔗种植问题。所以，秋植蔗在我国蔗糖生产中占有一席之地。缺点是秋植蔗由于多占了一造土地，与粮食作物争地，故土地难于安排。目前随着套种技术的发展，基本解决了秋植蔗土地安排的问题。现阶段各蔗区秋植蔗的种植形式主要有以下几种。

1）薯底秋植蔗：是旱作物套种秋植蔗的主要形式，适宜在一般的旱地、坝地和洲地蔗区推广。

做法：先按甘蔗要求的行距99～115cm起垄种薯。甘蔗下种前，先犁松薯沟底，共犁2～3遍，深6～10cm，宽18～21cm，植蔗沟靠近垄侧（可选择薯藤较少的一侧），略削薯垄，用锄头开成平沟，然后施底肥下种。下种覆土时在沟底另一侧取土，并挖成一条小排水沟，以利排水，同时又可作走道，便于甘薯田间管理（图1-5）。

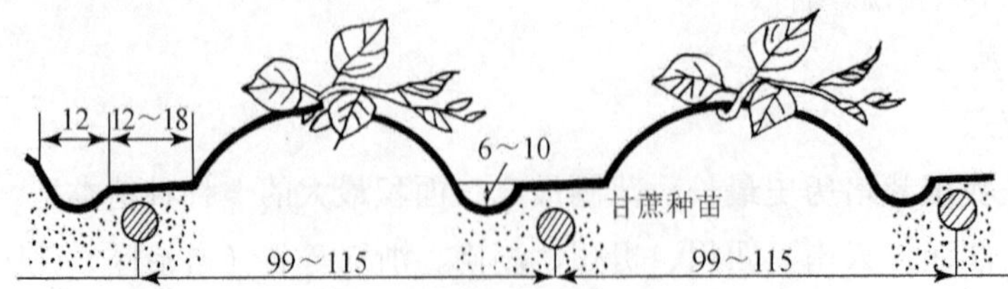

图1-5　薯底秋植蔗（据肖泽君，农作物生产技术，2001）（单位：cm）

利用夏薯和秋薯地套种都可以，目前以利用8～9月种的秋薯地套种的秋植蔗面积较大。一般在甘薯种后20～30d开始结薯后套种，由于薯、蔗两种作物同在一块土地上生长的时间长达3～4个月以上，彼此争光、争肥的矛盾比较突出，必须采取相应的措施协调彼此的矛盾，才能获得薯蔗双丰收。注意甘蔗套种的时间不宜过迟，要注意选用短蔓、早熟、高产的甘薯品种，以减少对蔗苗生长的影响。

2）稻底秋植蔗：是双季稻区套种秋植蔗的主要形式，即晚稻收割之前，把甘蔗套种在晚稻行间。

做法：宜选择地势较高、平坦、排灌方便的连片水田种植，以利于排渍和田间管理、收获、运输。宜选用矮秆早熟、抗倒的晚稻品种，以减少对甘蔗幼苗的荫蔽。晚稻先插，行距15～18cm，晚稻插后1个月左右，约在“秋分”后套种甘蔗。每隔6～7行禾苗的距离，用木条、蕉树秆或石块等拖一条10cm左右深的浅沟，以利于排水和防止浸坏蔗种。下种时一般先排水露田，以踩下起脚印而不陷时为适度。下种时常用单行条植，把蔗种平放在原先已拖出的两条浅沟中间的禾行间，用脚轻轻把蔗种压入土中，至两侧芽刚贴泥即可（图1-6）。注意不要把蔗芽全部压入土中，否则，在土壤水分过多的情况下，很容易把蔗芽闷死。

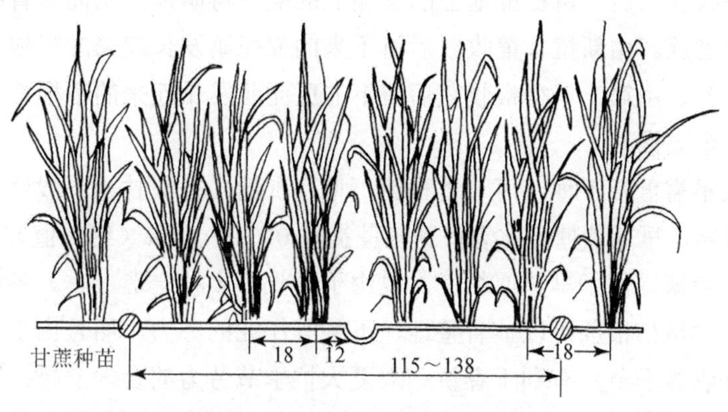

图1-6　稻底秋植蔗（单位：cm）

3）花生底秋植蔗：适用于秋花生种植地区。

做法：在秋花生下种时，按行距125～132cm起平畦，畦面宽100cm，种花生4行。在花生进入结荚期后，距离收获一个多月前套种甘蔗。此时花生处于生长后期，茎叶逐渐枯黄，既方便操作，又不至于影响甘蔗幼苗生长。

4）菜底秋植蔗：即利用蔬菜地套种秋植蔗，主要在城市郊区和蔬菜基地采用。

做法：一般按蔗行距做成平畦，每畦种蔬菜2～4行，甘蔗套种在畦的中央或一侧。以套种在畦侧较好，可以减少荫蔽，如图1-7所示。

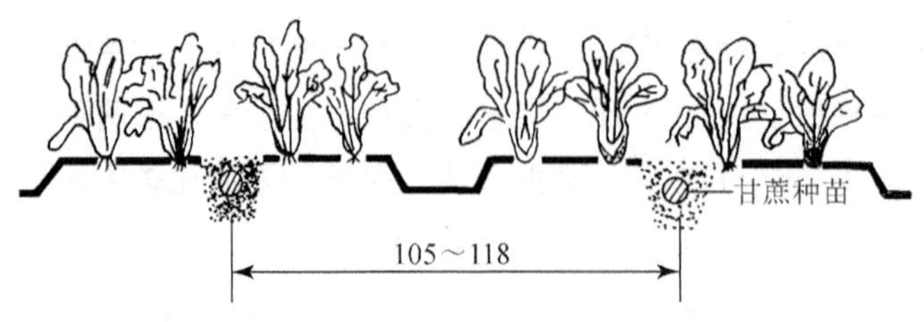

图 1-7　菜底秋植蔗（单位：cm）

（4）冬植蔗

冬植蔗是指立冬至次年立春这段时间下种的甘蔗。冬植蔗生长期长，根系发达，植株较高，蔗茎较粗，产量高于春植蔗，成熟也较早。并且冬植蔗可在甘蔗收获时边砍收，边留种，边下种，不需进行种苗储存。所以因地制宜地发展部分冬植蔗对蔗糖生产十分有利。目前冬植蔗主要采用冬季或早春地膜覆盖或薄膜育苗移栽技术，以利于冬植蔗全苗、齐苗及壮苗，为增产打下良好的基础。冬植蔗种植的主要问题是冬季下种时的低温、干旱及病虫害多。因此，冬植蔗种植时要求有足够的有机质基肥，并且加强覆土，以利于保温、保湿，进而获得高产。

2．宿根甘蔗

上季甘蔗收获以后，留在蔗地上的蔗蔸上的蔗芽再萌发，从而培育成新的一季甘蔗，称为宿根甘蔗。由新植甘蔗收获后留下来的蔗蔸萌发长起来的宿根蔗称为第一年宿根（两年头），由第一年宿根收获后留下的蔗蔸萌发长起来的宿根蔗称为第二年宿根（三年头，余类推）。

宿根甘蔗不需重新下种，可节省种苗，增产食糖；宿根甘蔗一般比春植新植蔗提早 20～30d 成熟，早期蔗糖分比春植新植蔗提高 0.7%～1.5%（绝对值），既为糖厂提早开榨，多产食糖提供了早熟原料蔗，也由于早收可多种一造（季）冬作，有利于提高复种指数；种植宿根蔗可以节省整地、下种等作业的劳力。而且由于宿根甘蔗早管理而可以错开农事季节，有利于春耕和双夏大忙季节劳力的合理安排。因此，只要适宜新植蔗栽培，且冬季低温不冻死蔸芽的地区，都可进行宿根栽培，但因宿根蔗产量低，且随宿根年限延长而减产逐步增大，所以一般多采用宿根一年栽培制度。

我国幅员辽阔，各甘蔗种植地气候条件、肥水条件、种植制度差异很大，生产上要根据实际情况选择适宜的栽培方式。

知识 2　蔗地耕整方法及甘蔗的需肥规律

1．蔗地耕整、开植蔗沟

（1）蔗地耕整

深耕是增产的基础。甘蔗根系发达，深耕有利于根系的发育，使地上部分生长快、产量高。深耕的深度要根据土壤类型、土层深浅、晒白时间、施肥数量、劳动力、农机具种类及经济效果等因素因地制宜地来确定，一般深耕深度以20～35cm为宜。

整地是为甘蔗生长提供一个深厚、疏松、肥沃的土壤条件，以充分满足其根系生长的需要，从而使根系更好地发挥吸收水分、养分的作用。同时，整地还可减少蔗田的病虫害和杂草。甘蔗吸收作用最旺盛的是根径1mm以下的须根，而这些根大部分分布在最上层厚30cm左右的土层中，所以精细整地，达到深、松、细、平的要求，有利于根系对土壤水分、养分的吸收，是夺取高产的条件之一。

（2）开植蔗沟

植蔗沟的深浅宽窄，要因地制宜地根据蔗区的具体条件而定。一般以沟深18～28cm（从沟底到松土面），沟底宽18～22cm，沟面宽35～43cm为宜。植蔗沟底土要打碎，整平后再施基肥。如土壤坚实，还要酌情深耕碎土，务求沟底有松土7cm左右。同时，必须强调配合搞好排灌系统，做好排水工作，以免田间积水，妨碍种苗萌发和幼苗生长。水田蔗更要特别注意，以免烂种、死苗。

2．增施肥料，施足基肥

甘蔗生长期长，植株高大，产量高。所以在整个生长期中，施肥量的多少是决定产量高低的主要因素之一。由于甘蔗的需肥量大，肥料在甘蔗生产成本中占有很大的比重，因此，正确掌握施肥技术，做到适时、适量，而又最大限度地满足甘蔗对肥料的需要，有着重要的意义。

（1）甘蔗的需肥规律

甘蔗一生中以钾需要最多，氮次之，磷较少。幼苗期吸肥占总肥量的1%；分蘖期占7%～8%；伸长期吸氮肥占50%，磷、钾各占70%；成熟期较少，氮占30%～40%，磷、钾各占20%，表现为“两头少，中间多”的吸肥规律。

根据甘蔗在不同生育期的需肥特征，制定出的施肥原则是：“基肥与追肥结合，施足基肥，三攻一补，两头轻，中间重。”基肥与追肥结合，可防止头重脚轻，只施基肥，不施追肥，后劲不足，形成“鼠尾蔗”，影响产量。反之，如果只施追肥，而不施基肥，则甘蔗容易长成头重脚轻、上粗下细，容易倒伏。

“三攻一补”是指头攻长苗，二攻长蘖，三攻长茎，一补壮尾肥。“两头轻，中间重”是指苗期、分蘖初期及生长后期应轻施，分蘖盛期至伸长期应重施。

蔗田实际的施肥量，应根据当地土壤肥力、土壤性质、肥料种类、施肥方法和产量水平及施肥的经济效益等因素综合考虑。

甘蔗对养分的吸收主要是在前、中期，磷（P）、钾（K）肥尤其明显。并且根据生理学的研究，在前中期吸收的磷、钾素可通过转移再利用，供给蔗株后期生长所需。因此，生产上强调早施磷、钾肥是符合甘蔗的吸肥规律的。磷、钾肥一般与有机肥拌匀作基肥，施于种苗周围。

甘蔗施用磷肥的增产效果不似氮肥那么稳定和一致，而与土壤中的有效磷水平关系密切。一般红壤都比较缺磷，施磷增产效果显著，并有提高早期糖分的作用。一般以每公顷施磷素（P_2O_5）60～75kg（相当过磷酸钙 30～45kg）较为经济合理。肥沃的冲积土蔗区，由于有效磷含量高，施磷效果则不显著。

甘蔗是喜钾作物，在氮、磷、钾三要素中以吸钾最多。施钾的效果也决定于土壤有效钾的水平。目前各蔗区一般都缺钾，施用钾肥都会增产。一般每公顷施氯化钾 75～150kg 为宜。

（2）施足基肥

甘蔗是高产作物，需肥量大，所以要施足基肥。基肥应以堆肥、厩肥等有机肥为主，并加入适量的速效氮、磷和钾肥。要将甘蔗全生育期所需的磷肥、钾肥全部作为基肥，氮肥则施 20%左右。高产栽培可每亩用农家肥 1000～2000kg，混 100kg 过磷酸钙，堆沤 7～15d 后，加 25kg 尿素，15kg 氯化钾施入植蔗沟。基肥的施用，一般选在天气晴朗、土壤温度较低的种植前一天施下较好。基肥施用的方法：肥料应均匀施放在种植沟内，然后将肥料与土壤拌匀后再下种，尽量避免蔗种与肥料直接接触，以防止烧伤种苗。肥多的可结合深耕全面撒施一部分，另一部分施于植蔗沟。一般施于植蔗沟中与土壤混合后再下种，或先下种，再施基肥，最后用细土覆盖种苗。

宿根蔗基肥施用方法：前茬甘蔗收获后及时破垄松蔸露晒蔗头，破垄后 10～15d 及时施基肥小培土。每公顷施用土杂肥 15000～30000kg，甘蔗专用复合肥 1500kg。为防止地下害虫及苗期蔗螟的为害，每公顷可施用 75kg 的 3%呋甲合剂（或 3%呋喃丹）或 5%特丁磷 45～60kg，随后回埋垄平整蔗畦。

知识 3　甘蔗的合理密植与产量形成

1．合理密植

合理密植是根据当地自然环境条件、耕作制度、栽培水平等实际情况，在单位面积内采用合理的下种量，合适的种植规格，使种苗均匀分布于全田；在人工调控或自然生长情况下，形成足够苗数，使群体和个体得到协调发展；使甘蔗株高、茎粗、有效茎数及单茎重四个方面都得到充分发展与生长；最终使甘蔗生产达到高产、优质、低耗、高效益的目的。

2．甘蔗的产量形成

以制糖为目的的栽培甘蔗，单位面积的糖产量是由单位面积蔗产量和平均含糖分决定的，蔗糖分的收回率也影响糖产量。单位面积的蔗产量又是由有效茎数和单茎重构成的；单茎重由体积和比重决定，体积由株高和茎粗决定。不同甘蔗品种的含糖分差异较大，但比重相差较小，为1.01～1.06，通常当作1.0计。所以，理论上甘蔗产量形成和计算可用下列简式表示：

糖产量（kg/hm^2）＝蔗产量（kg/hm^2）×平均含糖分（%）×糖分收回率（%）

蔗产量（kg/hm^2）＝有效基数（条/hm^2）×单茎重（kg/条）

单茎重（kg/条）＝茎径（cm^2）×茎长（cm）×0.78×10^{-3}

上式可用于甘蔗估测产，式中0.78约等于1/4π，10^{-3}是比重为1.0时，以体积1000m^3折算1kg重的换算系数。

形成甘蔗产量的最重要因素是有效茎数，其次是含糖分和茎径，株高的贡献最小。因此，在选择高糖品种的前提下，保证足够的有效茎数是甘蔗高产的关键。但由于有效茎数与茎粗之间存在负相关，需要通过合理密植，使一定茎粗的品种获得尽可能多的有效茎数，以达到高产的目的。通常茎粗与品种本身关系较大，而每公顷有效茎数：大致细茎种可达10.5万条，大茎种7.5万条，中茎种介于其间。

构成甘蔗茎的物质，含水分70.5%～76.5%，平均约73.0%；有机质23.5%～29.0%，平均约26.0%，其中纤维占9%～16%，平均12%左右，余为糖类（约14%）；含灰分0.65%～1.0%，平均0.9%。甘蔗的干物质有90%～95%是光合作用所合成的有机质，只有5%～10%是来自土壤的矿物质。但目前甘蔗的光能利用率也只有2%左右，因此，通过各种途径提高光能利用率，是提高甘蔗产量的重要途径之一。

实训　甘蔗催芽与下种

1．目的要求

学生8～10人一组，划分实验田，可自由选择下种方式。让学生通过在实验田实地操作，掌握甘蔗催芽与下种的方法。

2．材料工具

材料：甘蔗种苗、耕整好的地块、肥料。

工具：蔗刀、锄头、铅笔、实验纸等。

3．实训步骤

流程：

试验田划分→甘蔗种苗准备→蔗种催芽→施足基肥→甘蔗下种→覆土→苗情调查

01 试验田划分。教师把学生按要求分成几组（一般8～10人一组），划分试验田，每组自由选定下种方式。

02 甘蔗种苗准备。

1）精选种苗：包括大田块选、收获株选、斩种段选和下种芽选等四个程序。要选择无其他品种的蔗田采种，采生长健壮、无病虫、不倒伏的中上部蔗茎做种。

2）砍种：甘蔗种苗按芽数不同分单芽苗、双芽苗和多芽苗三种。双芽苗比单芽苗储存养分丰富，抗不良环境力强，而比多芽苗萌芽率高，用种量少，成本低，因此，目前生产上普遍采用双芽苗。

砍种要求：切面小而平滑，种茎不裂破，蔗芽不受损伤；蔗芽下端的节间要留长些（约占节间的2/3）。砍种宜用锋利薄刀和硬面稍凸的垫板，将蔗种放置在垫板上，芽要向两侧，一刀两断。

3）晒种和浸种：晒种一般用于含水量较高的鲜梢头苗，经过晒种可提高种苗的温度，加速酶的活动及蔗糖分的转化，打破蔗芽休眠状态，促进萌发。一般晒1～2d，以叶鞘略呈皱缩为适度；浸种有清水、石灰水、热水和尿水浸种等多种。据福建农学院试验结果：流动清水浸种24h，40%半腐熟尿水浸12h，2%石灰水浸种24h和47～48℃热水浸种处理后，发芽率、发芽势、分蘖率、株高、茎粗及芽的有效率均比对照（室内阴干24h）为高。其中热水浸种能促进酶的活动和蔗种物质转化，促进萌发；能杀死种苗上的粉介壳虫和螟虫，对病害也有一定防治效果。用50%多菌灵、50%苯来特、50%托布津等千倍水溶液浸种10min，均可防凤梨病；用52℃热水浸种20～30min，可预防甘蔗黑穗病。

03 蔗种催芽。目前，生产上一般采用堆积保温催芽和堆肥酿热催芽两种方法。

堆积保温催芽：将经过浸种、消毒处理的蔗种，用箩筐盛装，使种堆宽和高各1m左右，长度视播种量而定，淋水保湿，上面盖一些稻草，再盖薄膜封严保温或放置温室内，控制室温30℃，经一天多即可萌发。此法简单易行，但因没有酿热材料，催芽时间长些，发芽率低，适于春季温暖的地区采用。

堆肥酿热催芽：先垫上一层12～15cm，宽约120cm（长度因需要而定）的半腐熟堆肥，然后放一层约15cm厚的经过浸种消毒处理的蔗种，再盖堆肥6cm，这样分层放种苗4～5层，最后盖上堆肥15cm，覆盖稻草和塑料薄膜，堆内温度控制在25～30℃，一般经5～7d，达催芽标准即可下种。催芽标准以芽体胀大、芽鳞张开、芽尖显露，芽呈“莺哥嘴”状，种根刚显露为适度。

04 施足基肥。每亩用农家肥1000～2000kg。混100kg过磷酸钙，25kg尿素，15kg氯化钾，其中有机肥和磷肥应先堆沤15d后再施入植蔗沟。肥料应均匀施放在种植沟内，然后将肥料与土壤拌匀后再下种，尽量避免蔗种与肥料直接接触，以防止烧伤种苗。

05 甘蔗下种。

1）下种期的确定。

① 春植蔗的下种期一般在2～4月。春季甘蔗早下种不但可提早出苗，延长生育期，

提高产量，还由于提前拔节，可避过螟害高峰期。但早春下种特别要注意选择在冷尾暖头晴天下种，以保证苗全。如遇到低温阴雨期下种，则土壤湿度过大，种苗不能萌发，且易染上凤梨病或引起种苗腐烂，易造成缺苗。如遇干旱天气，则应抗旱抢种，以保证种苗及时萌发。

② 秋植蔗以白露至寒露这段时间下种较适宜。不同植期的秋植蔗由于遇到气候条件不同，其生长特点及产量也不一样。因此，根据当地的自然条件和耕作制度选择适宜的植期很重要。一般来说，8 月下种的早秋植，能充分利用两个高温多湿的季节，产量提高的可能性最大，许多高产甘蔗都采用这一植期；早秋植蔗冬前生长快，封行早，不但影响当年秋季作物的产量，而且不利冬、春的间种，降低了土地利用率，在耕地少的地区难于实行；早秋植蔗，霜冻之前已进入拔节伸长阶段，生长点高出种苗 15cm 以上，难于培土防霜，受害较重。因此，早秋植只适用于地多人少、土地瘦瘠、冬季霜害不严重、种苗容易解决的地区采用。当前以 9 月至 10 月上旬种植的中秋植蔗面积最大，它的产量虽略低于早秋植蔗，但下种期间各产区的气温仍在 20℃以上，大部分蔗区还处于雨季的中、后期，而且暴雨期已过，利于甘蔗萌芽出土和栽培管理，产量比晚秋植蔗或冬春植蔗高。因此，中秋植蔗能为广大蔗农普遍采用。中秋植蔗的下种期从处暑至寒露前，长达 40～50d。在有霜冻地区，须在初霜期前 40d（前期生长快的品种）至 60d（前期生长慢的品种）下种完毕，以便达到当年冬前不拔节、主苗生长繁茂并有分蘖的要求；在干旱地区，则要求在雨季结束之前达到齐苗阶段，冬前达到分蘖始期或盛期。就是同一气候的地区，也要根据当地的土壤类型、肥力、灌溉条件，甘蔗的品种和种苗来源，间、套作物的生长特点等因素确定具体下种期。

晚秋植蔗由于离冬期近，气温已明显下降，尤其是雨季已基本结束，往往萌芽期遇到干旱，对幼苗生长不利，一般不宜采用。

③ 冬植蔗下种期的确定十分重要。常年有霜冻的蔗区一般宜在重霜来临之前，气温稳定在萌芽温度（13～15℃）以上时下种，使越冬期“扎好根，芽萌动，未出土”，从而安全越冬，不至于因过早下种、过快长苗遇霜冻为害，或者出现过迟下种遭遇霜冻，根芽无法萌动而长期闷在土中，造成烂种死芽。没有霜冻的地区，冬季各月均可下种。11 月下种的称早冬植，当年蔗种可萌芽出土，冬后早发，增产效果最大；12 月中旬至次年 1 月上旬下种的称中冬植，温度低，萌芽慢，出土成苗时间较长，发芽率低，缺株断垄多，产量难保证，生产上一般少采用；1 月中、下旬下种的称晚冬植，这段时间虽温度低，但离春暖较近，在土中时，可先扎根，春暖后早萌芽出土，因而也多采用。

2）下种量的确定。

甘蔗的下种量应根据当地水肥条件、管理水平和甘蔗品种而定。蔗株高大，生长期长，为了使蔗株分布均匀，通风透光良好和便于田间管理，须合理密植。一般原则是：早熟品种因生长期短，分蘖率差，蔗茎中等植株较矮，所占空间小，以增加有效茎数来提高产量，下种量要多些。而迟熟品种，生长期长，蔗株粗大，所占空间也大，下种量就可适当少些。一般下种量大茎种以每公顷 37500～52500 段双芽苗为宜，中小茎种以每公顷 60000～75000 段双芽苗为宜。

3）下种方式。

有单行条植、三角条植、双行条植、两行半条植、三行植等多种（图 1-8）。行距大小应根据当地土壤种类、栽培水平和甘蔗的生长期等不同情况来确定，一般以 100～130cm 较为适宜；中等肥力以上的蔗地要改变传统的窄行种植（90～100cm）为宽行种植（120～130cm）；水田种蔗，肥水充足，行距还要适当加宽。

甘蔗下种前，浅水过沟，等蔗沟吸水后即行下种；蔗种要平放在植沟，芽向两侧，回土盖种时先将种苗轻压入土后，再回土以利发根。播幅一般以 12～18cm 为宜，播幅太窄，蔗株互相拥挤；播幅过大，相对缩小了行距，不但不便于中耕除草、培土等工作而且蔗田通风透光不良，不利甘蔗生长。

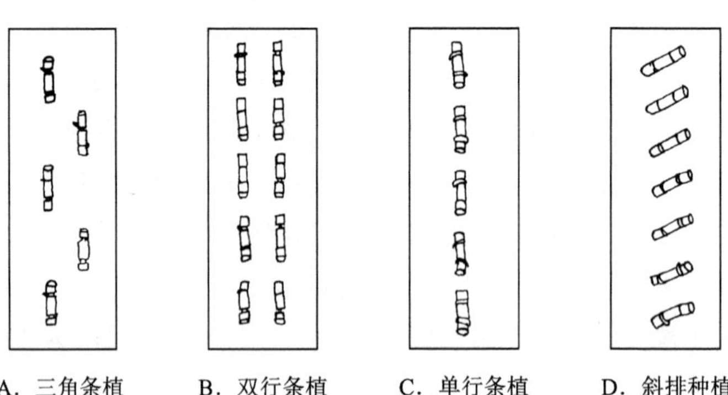

A．三角条植　B．双行条植　C．单行条植　D．斜排种植

图 1-8　甘蔗排种方式示意图

06 覆土。甘蔗下种后用潮湿细土盖种，盖种土不可过厚，以 3～5cm 为宜，平整沟面、中间稍有凸起。

07 苗情调查。栽后 15d 调查苗情，将结果填入表 1-3 中。表中枯叶株是指叶片在 1 片以上的薯苗；小株是指苗高不足 4cm，叶片大部脱落的薯苗。

表 1-3　苗情调查表

插植方法	调查株数	正常株		枯叶株		小株		死亡株	
		株数	比重/%	株数	比重/%	株数	比重/%	株数	比重/%

续表

插植方法	调查株数	正常株		枯叶株		小株		死亡株	
		株数	比重/%	株数	比重/%	株数	比重/%	株数	比重/%

拓展 果蔗下种技术

1. 果蔗简介

果蔗是我国人民喜爱的传统果品，发展果蔗生产对满足人民生活的需要和发展农村经济都具有实际意义。

优质果蔗要求皮薄、肉嫩、松脆易断，组织充实，没有空心和绵心，咬落成块，嚼之汁多酥软，品味清新甜口，具有冰糖清味。此外，还要有外观美，达到“粗、平、匀、净”，即茎型粗大、平直、上下粗细比较均匀，节间长度要适当，节要干净，茎色鲜艳，没有水裂、气根、木栓裂缝和虫蛀节等。

2. 果蔗下种技术

果蔗下种一般以气温回升、春雨开始时为好。广西的适宜下种期为 3 月上中旬，最迟不过 3 月下旬。如果进行防寒育苗移植，可于 2 月上旬下种。由于果蔗种容易干枯腐烂，因此种苗宜长些，芽数宜多些，有 2～4 芽或 4～6 芽不等。下种前要先进行种苗处理：最好采用梢头苗做种，每段留 3～5 芽，砍种后剥掉蔗壳，先浸种 12～24 小时（用 2%石灰水浸更好），再洗净后用 800～1000 倍的甲基托布津或多菌灵浸种 10 分钟。有条件最好经催芽后下种，催芽方法与糖蔗相同。把经过浸种消毒的蔗种堆成宽和高各 1m 左右的种堆，长度视播种量而定，淋水保湿，上面盖一些稻草，再盖薄膜封严保温。此法简单易行，但因没有酿热材料，故催芽时间长些，发芽率低，适于春季温暖的地区采用。

果蔗下种要求较高，首先在植蔗穴施基肥后与碎土拌匀并和水拌成泥浆，将蔗种浅种于种植穴内，蔗种平放，芽向两侧，并定向下种。方法是顺畦走向，芽统一朝东或朝南，有利于蔗芽接受阳光，提高温度，促进出苗快而齐。日后蔗苗生长均匀整齐，便于开展田间管理工作。果蔗下种时要将蔗种略压紧，使蔗种大部压入泥浆中，以蔗芽下面刚接触土壤为度，并注意蔗种两端切口用泥浆封住。下种后可在蔗种上浇一层薄薄的泥浆，但一般不覆土，待出苗后再盖薄薄一层碎土。果蔗下种行距要比糖蔗宽些，下种量一般每公顷为 5000～8000 个芽。

任务 1.3　甘蔗苗蘖期田间管理

知识目标

1．了解甘蔗苗蘖期生长发育特点；

2．掌握甘蔗苗蘖期田间管理的主攻目标及田间管理技术。

能力目标

1．会进行苗情诊断；

2．会进行甘蔗苗蘖期田间肥、水管理；

3．会识别甘蔗苗蘖期病、虫、草害，并能采取正确的防治方法。

知识 1　甘蔗苗蘖期生长发育特点

甘蔗从齐芽到拔节前的阶段称苗蘖期。苗蘖期是甘蔗的营养生长期，分为苗期和分蘖期。苗期地下根系生长较快，地上部叶片生长缓慢。而分蘖期是以分蘖为中心，根、叶、蘖营养生长较旺盛的时期，这段时间是决定有效茎数的重要时期。

苗期管理的主攻方向：保证苗全、苗齐、苗壮，为能早分蘖争取足够的有效茎数打下良好基础。苗期壮株的长势长相：出苗快、齐，且出苗率高，每亩苗数要求有 4000～4500 株，且分布均匀。幼苗生长旺盛，整齐粗壮，不缺苗，病虫少，杂草少。

分蘖期管理的主攻方向：促进分蘖早、分蘖壮，抑制后期无效分蘖，为达到预期的有效茎数打好基础。分蘖期壮株的长势长相：生长旺盛，一叶比一叶长大，叶色浓绿，不徒长，分蘖粗壮，每亩有壮苗 6000～7000 苗。

知识 2　苗蘖期的田间管理措施

1．查苗补苗

保证全苗是获得高产的条件之一。但是往往由于种苗的选择或处理不当，下种期不适，下种技术粗放，气候失调或病虫危害等原因造成缺苗。所以，必须做好查苗补苗工作。补苗时期：在萌芽基本结束，蔗苗长出 3 ～ 5 片真叶时，发现缺株断行达 50cm 以上的就要及时补苗。补苗用种苗来源：①用假植苗来补，即在蔗沟两端或田边按下种量的 5%多播一些蔗种，以备补苗之用；②用预育苗来补；③移密补稀；④挖不留宿根的蔗蔸来补。补苗技术：挖苗带土，剪去半截叶片，浇足定根水。

2．间苗定苗

间苗定苗的目的：拔除过多分蘖，减少养分消耗，使蔗株分布合理，生长健壮。除蘖原则可归纳为“五去五留”，即去弱留强，去密留稀，去迟留早，去病留健，去浅留深。在操作上需要“稳”、“狠”相结合。“稳”就是做到心中有数，同时又留有余地，具体操作是：先根据甘蔗生长状况和水肥管理水平，确定每亩有效茎数，然后在这个基础上多留 10%～15%的苗，再大体上计算出每 1 米行长应留的苗数。“狠”就是在确定了应留的苗数后，应坚决间掉多余的分蘖，以免白白消耗养分，影响生长。

3．施好攻苗、攻蘖肥

1）攻苗肥一般在下种后 1～2 个月内，基本达到齐苗时进行。

2）攻蘖肥：以速效氮为主，每次每公顷施纯氮 15～30kg。如基肥和攻苗肥比较充足，幼苗生长比较旺盛，可在分蘖盛期施一次，称为壮蘖肥。若基肥不足，攻苗肥又不多，蔗苗生长不良，攻蘖肥可分两次施用。

4．中耕、除草和培土

（1）中耕、除草

苗期地上部生长慢，加上行距宽，容易滋长杂草，消耗养分，遮盖蔗苗，应及时中耕除草 1～2 次，以在杂草 3～4 片叶时进行为好。

（2）培土

培土是甘蔗栽培上一项必需而又繁重的田间管理工作。苗期一般要求进行两次。中培土既促进母茎早期分蘖的发根和生长，又能抑制迟生的无效分蘖。

5．灌溉和排水

苗期遇干旱，有条件的应及时灌跑马水或淋水抗旱。雨后中耕松土也是保水抗旱的有效方法。蔗田积水，出苗前种茎易感染凤梨病，引起烂种烂芽。出苗后则根系发育不良，蔗苗转黄，甚至烂根死亡。因此，必须及时排水防渍。甘蔗分蘖期需水比苗期稍多一些，一般保持土壤持水量 70%左右为宜。土壤湿润、养分充足，有利于甘蔗的分蘖，而过旱或水分过多，会影响甘蔗的分蘖和生长。因此，分蘖期应注意雨后排除渍水。

6．病虫害防治

虫害主要是蔗螟、蔗龟、蓟马和绵蚜虫等为害。

实训　甘蔗苗蘖期田间管理

1．目的要求

教师安排学生4～5人一组管理一块甘蔗地，首先进行苗情调查，在苗情诊断基础上制定相应田块苗期田间管理方案，确定管理措施。与教师讨论后，付诸生产实践。

2．材料工具

材料：甘蔗地、肥料。

工具：锄头、镰刀、米尺、杀虫剂、放大镜、天平、铅笔、实验纸等。

3．实训步骤

流程：

指定甘蔗地苗情调查、诊断→制定苗期田间管理方案→苗期田间管理实践→总结与交流

01 指定甘蔗地苗情调查、诊断。

教师安排学生 4～5 人一组管理一块甘蔗地，进行苗情调查，主要掌握甘蔗亩苗数、蔗苗分布均匀程度、蔗苗高度、长势均匀及壮旺程度、甘蔗苗期病虫情况等。

调查项目包括总苗数、主苗数、分蘖苗数、分蘖率、枯心苗数、枯心苗率、株高、假茎粗和其他病虫害等，填入表 1-4 中。

表 1-4　甘蔗苗蘖期生长情况调查表

调查地点	甘蔗植别	甘蔗品种	总苗数/（苗/亩）	主苗数/（苗/亩）	分蘖苗数/（苗/亩）	分蘖率/%	株高/cm	假茎粗/cm	枯心苗数/（苗/亩）	枯心率/%	长势描述（差、一般、良、好）

1）总苗数：指某一时期单位面积的总苗数（包括死苗数在内）。

在萌芽末期和分蘖末期各调查 1 次。

$$总苗数（苗/亩）=\frac{平均每米苗数\times 666.7m^2}{平均行距（m）}$$

2）主苗数：指由种苗萌发出土的单位面积苗数（包括死苗数在内）。

$$主苗数（苗/亩）=\frac{平均每米主苗数\times 666.7m^2}{平均行距（m）}$$

3）分蘖苗数：指由主苗（茎）分生出来的苗数。

分蘖苗数（苗/亩）＝总苗数（苗/亩）－主苗数（苗/亩）

总苗数、主苗数和分蘖苗数均包括死苗在内。

4）分蘖率：指分蘖苗数对主苗数的百分率。即

$$分蘖率=\frac{分蘖苗数}{主苗数}\times 100\%$$

5）枯心苗数：指单位面积的枯心苗数。

$$枯心苗数（苗/亩）=\frac{平均每米枯心苗数\times 666.7\text{m}^2}{平均行距（\text{m}）}$$

6）枯心率：虫害枯心死苗数占总苗数的百分率。

$$枯心苗率=\frac{枯心苗数}{总苗数}\times 100\%$$

7）幼苗株高：指植株从地面至最高可见肥厚带的高度。

8）假茎粗：幼苗地表部分的粗度。

9）其他病虫害情况：除虫害枯心外，如果还有其他病虫危害，用文字注明。

02 制定苗期田间管理方案并修订。根据苗情调查情况，在苗情诊断基础上制定相应田块苗期田间管理方案，确定管理措施。主要包括以下几项内容：

1）查苗补苗。

发现缺株断行达40～50cm以上的就要及时补苗。补苗技术：挖苗带土，剪去半截叶片，浇足定根水。

2）间苗定苗。

在分蘖盛期以后，为了有效控制苗数，减少养分消耗和后期植株互相荫蔽，提高蔗田群体整齐度，要合理留苗和间除过多的无效分蘖苗。除蘖原则：去弱留强，去密留稀，去迟留早，去病留健，去浅留深。根据这个标准进行间苗，一般比计划有效茎数多留 10%～15%。间苗分两次进行：分蘖盛期一次，到伸长初期再间苗一次。间苗要结合剥除枯叶进行，多以手拔或刀割方式来间苗。

3）施好攻苗肥、攻蘖肥。

攻苗肥：以速效氮肥为主，一般每公顷用稀粪水22500～30000kg或尿素5～8kg。注意弱苗多施，以达到苗匀、苗壮。如基肥中缺磷、钾肥，则宜在这个时候补施，施后薄培土。

攻蘖肥：以速效氮为主，每次每公顷施纯氮15～30kg。幼苗生长比较旺盛的，可在分蘖盛期施一次壮蘖肥。若蔗苗生长不良，攻蘖肥可分两次施用。第一次在分蘖初期，即主苗具有6～7片真叶时进行，每亩施尿素5～7kg或淋粪水；第二次在分蘖盛期，即主苗具有10～11片真叶时施用，每亩施尿素 7～8kg或腐熟农家肥1000kg，淋

粪水更好，然后覆土盖过肥料。

4）中耕、除草和培土。

中耕、除草：苗期容易滋长杂草，应及时中耕除草 1～2 次，掌握在杂草 3～4 片叶时进行为好。一般结合中耕培土，以手工操作进行。有条件的地方可施用化学除草剂。常用除草剂有“西马津”和“阿特拉津”等，每亩用 200～250g 兑水 50～75 kg 在甘蔗出苗之前喷雾处理土面，效果不错，药效长达 3～4 个月。

培土：苗期一般要求进行两次。在幼苗 7～8 片真叶时结合施攻蘖肥进行一次小培土，在蔗株基部培高 3cm 左右。当母茎株高 50cm 左右，结合攻蘖肥，进行中培土一次，培土高 6～10cm，一般培至填平植沟为度，畦面或平地下种的培高 15cm 左右。

5）灌溉和排水。

苗期遇干旱，有条件的应及时灌跑马水或淋水抗旱。雨后中耕松土也是保水抗旱的有效方法。蔗田积水，必须及时排水防渍。甘蔗分蘖期需水比苗期稍多一些，一般土壤持水量保持在 70%左右为宜。土壤湿润、养分充足，有利于甘蔗的分蘖，而过旱或水分过多，会影响甘蔗的分蘖和生长，因此，分蘖期应注意灌溉及雨后排除渍水。

6）病虫害防治。

可结合分蘖盛期追肥培土时，每亩施呋喃丹 4～5kg。对防治绵蚜虫，要及时消灭早期发虫中心，可用 40%乐果乳剂冲水 800～1000 倍药液喷雾可兼治蓟马等害虫。

03 苗期田间管理实践。各组根据苗期田间管理方案进行实践，并做好各项操作记录。

04 总结与交流。各组根据实践操作结果，定期交流实践经验。

4．实训报告

学生根据田间实践操作结果，写出总结报告，提出改进设想。

拓展　果蔗苗蘖期田间管理

1．合理施肥

果蔗是高产作物，用肥量大，合理用肥，有机肥、氮、磷、钾及微肥合理搭配，是果蔗高产优质与高效栽培的关键。

为了使果蔗松脆多汁和高产，应多施氮肥。施肥量可比糖蔗多 20%～30%；也要适当增施磷肥，以提高蔗汁甜味；和糖蔗相比，要少施钾肥，避免蔗皮硬，纤维粗糙。氮肥要早施、勤施、薄施，苗期和后期轻施，分蘖盛期和伸长期重施，止肥期适当迟些施用。施用人粪尿或海肥会使蔗汁带咸，宜少施或不施。

对果蔗进行根外追肥，也是一项有效的增产技术措施，可根据果蔗生长的不同阶段，选用磷酸二氢钾、尿素及微量元素类、氨基酸类叶肥进行根外追肥。在果蔗长至6～10叶时，每亩用“蔗丰灵”80～100mL兑水50～60kg喷雾，可起到良好的增产、增糖效果。

2．做好排灌工作

果蔗整个生长期需水量较大，但各个时期的需水量不同，做好各个时期的排灌工作很重要。果蔗幼苗期，为了促进根系生长，提高土温，保持土壤疏松，防止烂根，应适当控制水分，以土壤最大持水量在60%～70%为宜，雨季多时应注意及时开沟排水。果蔗伸长期需水量较大，此期应保持土壤最大持水量的80%左右，保持畦沟薄水层，遇旱时要及时灌溉，在畦面干时要经常淋水，但也要注意不能大量灌水，因为水分过多，也会影响果蔗根系的正常生长，抑制土壤微生物的活动，使肥料分解与供应失去平衡。果蔗生长后期，即收获前一个月左右，应适当控制水分，目的是使果蔗组织结实，利于砍收搬运，使果蔗不易失水与变色，以提高果蔗质量，此期的土壤含水量在60%左右为宜。

3．补苗间苗

根据果蔗定向栽培计划，亩有效茎3500～4500株。由于病虫害等多种原因，有时会出现断垄缺苗或出现病弱苗现象。为了保证全苗与壮苗，在齐苗后应加强检查，对缺苗或幼弱苗，应及时从苗圃中移苗补缺，间苗一般要进行2～3次，在苗高为20～30cm时进行1～2次，40～50cm时定苗。目的是促使蔗田有合理的苗数，使蔗株分布均匀，生长整齐。这是促进全田植株大小、高矮基本一致，保证果蔗外观质量的重要技术环节。间苗的原则是去密留疏，去弱留强，去病留健。需要强调的技术要求是，只要是弱小苗、病虫苗及迟生的分蘖苗，不论亩苗数是否足够，也要坚决间掉，因为这种苗竞争力弱，最终不能成为符合质量要求的果蔗，徒耗营养与占据空间而已。

4．及时培土，防止倒伏

果蔗茎秆高大，遇风容易倒伏，影响果蔗的生长与外观质量。结合追肥，每月进行1～2次的培土工作，培土后适当加以压实。遇到大风天气，及时检查，将被风吹斜或吹倒的蔗及时扶正，并培土压实。必要时可将每蔸蔗用绳子扎起，以增强抗风能力。

5．及时防治病虫害

果蔗的病虫害主要有立枯病、根腐病、束顶病、纹枯病、花叶病，以及钻心虫、绵蚜、蓟马等，应根据病虫情报及时进行防治。

任务 1.4　甘蔗伸长期田间管理

知识目标

1．了解甘蔗伸长期的生长发育特点；

2．掌握甘蔗伸长期田间管理的主攻目标及田间管理技术。

能力目标

1．会进行苗情诊断；

2．会进行甘蔗伸长期田间肥、水管理；

3．会识别甘蔗伸长期病、虫害并能采取正确的防治方法。

知识 1　甘蔗伸长期生长发育特点

本期是以长茎为中心的营养生长旺盛期，是决定有效茎数和茎重的关键时期，也是决定甘蔗产量的关键时期。此时期的生育特点是根群发达，吸收水分和养分充足，叶面积迅速扩大，叶片蒸腾作用和光合作用很强，蔗株生长加快，蔗茎迅速伸长增粗。

伸长期管理的主攻方向：在保证有效茎数的基础上，促进蔗茎迅速长高增粗，提高单茎重，争取高产。甘蔗伸长期长势的好坏，与产量关系很大，也是高产高糖的重要时期，应加强肥水管理，促其生长。

伸长期壮株的长势长相：蔗株生长旺盛，开大叶、拔大节、长大茎，叶片宽长略下垂，叶色深绿至浓绿色，蔗茎长高快，节间粗而长，病虫害少。

知识 2　伸长期管理措施

甘蔗进入伸长期后，发大根、开大叶、长大茎，蔗茎平均每旬伸长 10cm 以上，在水肥充足的情况下，伸长最盛时，每旬伸长可达 30cm 以上。伸长期是甘蔗一生中生长最旺盛的时期，也是决定甘蔗产量的关键时期，必须在施肥、灌溉、培土及其他栽培管理上紧密配合，加强管理，争取蔗茎伸长达最大生长量，以获得高产。

1．重施攻茎肥

甘蔗伸长期需肥最多，吸肥最强，施肥的增产效率高，因此，是施肥的关键时期，必须在伸长期、伸长盛期和伸长后期分别追施攻茎肥2～3次。特别是伸长初期至盛期，即在株高70～80cm时施放，应结合大培土重施攻茎肥，通常要占全部追肥量的80%左右。肥料种类以长效的有机肥配合速效氮肥为宜，每次施纯氮37.5～45kg。如间种绿肥，则结合培土进行压青，压青时，每公顷施石灰375kg左右，以利绿肥分解腐烂。伸长后期的攻茎肥又称壮尾肥，有延长生长期，防止后期因肥料不足而出现“老鼠尾”的作用，对滋养地下芽、促进宿根萌发、增加有效茎数有良好的效果。但施用不宜过迟、过量，以免延迟成熟。一般华中蔗区在8月下旬至9月上旬，华南蔗区在9月中、下旬施用，每公顷施纯氮22.5～30kg。伸长期是甘蔗一生中需肥最多的时期，占全生育期吸收量的60%～70%。伸长期施肥可分两次进行。第一次是在伸长初期，此时应重施，可施尿素15～30kg。如间种绿肥应在此时压下，结合施用石灰10～15kg，以加速绿肥分解，然后中培土10cm左右，以抑制后期无效分蘖和防止肥料流失。第二次施肥是在伸长盛期，株高1m以上可施尿素10kg左右，施肥尽可能与土杂肥相结合，（因为土杂肥有利于第二年宿根发株）结合大培土15cm左右。

2．大培土

甘蔗进入伸长期后，必须搞好培土工作。大培土的作用是压青、保肥、促进根群生长、抑制后期分蘖、增强抗倒伏能力和方便排灌等。大培土宜在“双夏”大忙前，结合攻茎肥及压埋绿肥进行。大培土具体做法：先剥除蔗株基部枯叶及间去无效分蘖，接着施攻茎肥，然后把行间畦沟加深，使碎土覆盖蔗株基部，填满蔗株基部丛间，边培边踩实，使泥土紧贴蔗头，培高25cm左右，把畦面培成瓦筒形。如是旱坡地甘蔗田，大培土时要结合筑埂封沟储水，保水防旱。

3．灌溉与排水

甘蔗伸长期是一生中需水最多的时期，如遇干旱，则植株矮小，节间缩短而减产。因此，在伸长期必须保持土壤湿润，一般土壤持水量保持在80%为宜。低地蔗田要做好防涝防渍工作，降低地下水位，使根系深扎；高旱地蔗区则要封畦（垄）蓄水。有灌溉条件的蔗田，在9月中、下旬，如天气干旱，应结合施壮尾肥，灌一次“壮尾水”，以利宿根蔗孕育。

4．剥枯叶

8～9月以后，随着蔗茎的伸长，基部叶片自下而上逐渐枯黄，在甘蔗生长后期剥去枯黄脚叶可以降低田间湿度，改善田间通风透光条件，减少气根和侧芽萌发对养分的消耗，减轻鼠害和病虫危害，有增产、促熟、增糖的作用，同时使蔗茎纤维含量增加，蔗皮变硬，增强抗倒伏能力。凡水肥条件好，甘蔗生长茂盛，田间荫蔽和湿度大的田块，应剥除枯叶 2～3 次，每次可剥除 3～4 片叶。高旱地甘蔗易受秋旱威胁，为了防旱保水，一般不剥除枯叶，或剥叶后留在蔗地，复盖蔗畦。留种田为保证蔗芽不受损伤，只去掉叶片，保留叶鞘护芽。剥叶时，不能剥去青叶。每株甘蔗要保持 9～11 片绿叶，否则会影响产量。

5．防治病虫害

此期各种蔗螟继续为害，造成螟害节、死尾，既影响生长，又易引起风折。此时绵蚜虫繁殖也很快，有的蔗区发生黄斑病、褐条病和眼点病，致使叶片早衰，这都会影响甘蔗生长，故要加强检查，及时防治。对发病的蔗田，要根据病虫害发生情况，采用化学防治，对症下药。例如，蔗蚜可用 40%乐果 1000 倍液或抗蚜威等药剂喷雾；蔗龟、白蚁等地下害虫防治可用 3%呋喃丹颗粒，每亩 3～4kg 施于蔗沟；也可用 90%敌百虫 500g，50%辛硫磷 500～750g 兑水 1000～1500L 淋蔗苗行间；防治褐条病可用 50%多菌灵可湿性粉剂 500 倍液喷雾 2～3 次，或用 0.5∶1∶100 的波尔多液每周喷 1 次等。

实训　甘蔗修叶及伸长期肥水管理

1．目的要求

1）学生分组管理一块甘蔗地，先进行甘蔗伸长期调查，掌握甘蔗生长情况，为田间管理提供依据；在调查基础上确定伸长期肥水施用水平，然后进行实践。

2）8～9 月，甘蔗中下部叶片开始枯黄，安排剥枯叶两次。

2．材料工具

材料：甘蔗地、肥料。

工具：锄头、镰刀、铅笔、实验纸等。

3．实训步骤

流程：

指定甘蔗地生长情况调查、诊断 → 确定伸长期肥水管理措施 → 伸长期肥水田间管理实践 → 修叶

（1）指定甘蔗地生长情况调查、诊断

教师安排学生 4～5 人一组，管理一块甘蔗地，先进行甘蔗地生长情况调查。调查内容包括株高、有效茎、长势情况描述等。将上述调查结果汇总于表 1-5。

表 1-5 甘蔗伸长期生长情况调查表

时间	地点	品种	植期	有效茎/（株/亩）	分蘖/（株/亩）	株高/cm	长势描述：叶色、叶片大小（差、一般、良、好）

（2）确定伸长期肥水管理措施

根据甘蔗田间长势情况调查结果，确定伸长期肥水管理措施（包括施肥次数、用肥水平、是否灌溉等）。

1）伸长期施肥可分两次进行。第一次是在伸长初期，苗高 70～80cm，此时应重施，可施尿素每亩 15～30kg。第二次施肥叫壮尾肥，是在伸长盛期、株高 1m 以上进行，可施尿素每亩 10kg 左右，施肥时速效肥尽可能与土杂肥相结合。

2）伸长期必须保持土壤湿润，一般土壤持水量保持在 80%为宜。

（3）伸长期肥水田间管理实践

按前面制定的肥水管理措施操作，并做好日常记录。

1）施肥方法：施肥一般是在雨后或土壤湿润时进行，施追肥结合大培土进行，可减少工作量，提高工效。先除去杂草，然后将混合均匀的肥料条施（或点施）于蔗蔸旁 10cm 处，用厚土覆盖。

2）施肥注意点：①严禁将肥料撒施于蔗蔸上，以免烧蔗苗基部的芽眼，影响来年宿根蔗萌芽；②大雨前不施肥，以免雨水带走肥料；③土壤干旱时也不施肥，以免降低甘蔗的抗旱能力。如使用碳铵，一般 1kg 尿素折合 2.5～2.6kg 碳铵。

3）在甘蔗生长后期，若秋冬季旱期较长，可每隔 10～15d 灌水 1 次。收获前 1 个月要避免灌水。

（4）修叶

在 8～9 月间，甘蔗生长中后期，蔗茎基部叶片自下而上逐渐枯黄，可安排剥除枯叶 2～3 次，每次可剥除 3～4 片叶，剥叶时，不能剥去青叶。每株甘蔗要保持 9～11 片绿叶，否则会影响产量。

4．实训报告

对各组本次任务的实践情况进行综合分析，进一步明确甘蔗伸长期田间管理的关键措施。

拓展 果蔗伸长期田间管理

1）适时剥叶：为了使蔗茎嫩脆，一般前期不剥叶，伸长中期开始剥叶，剥叶相隔的时间应均匀。半个月或一个月剥一次，每次剥除 3～4 片枯黄叶。剥叶可增强田间通透性，可保持茎色匀净，提高糖分，减少病虫害，方便田间作业。如果长期不剥或一次剥很多，蔗茎会有青、红、白等多种颜色而不美观。剥叶时应注意不要剥伤蔗茎，同时避免碰断健壮蔗叶，因为每一片蔗叶，都是该节蔗茎的营养源，碰坏蔗叶，该节蔗茎的生长就会受到抑制，严重影响该条蔗的生长与外观质量。茎色淡绿、蜡粉很少的品种（如白玉果蔗），为了保持蔗茎脆嫩多汁，可不剥叶，但要加强病虫害防治。

2）及时培土，防止倒伏：果蔗茎秆高大，且质地嫩脆，遇风容易倒伏，影响果蔗的生长与外观质量。可结合追肥，每月进行 1～2 次的培土工作。培土后适当加以压实。遇到大风天气，及时检查，将被风吹斜或吹倒的蔗及时扶正，并培土压实。必要时可将每蔸蔗用绳子扎起，以增强抗风能力。

3）科学施肥：伸长肥一般施两次，第一次在 7 月中下旬左右，亩用尿素 8kg 或碳酸氢铵 25kg 加复合肥 30kg，施后高培土。第二次在 8 月中旬左右，亩用复合肥 25kg、尿素 5kg，兑水 600kg 浇施。壮尾肥应看天、看地、看苗施肥，一般在老蔗地或高温时施，新蔗地或气温低时不施，亩沟施尿素 8kg，后灌半沟水。

4）围篱：果蔗长到 150～180cm 高时应进行围篱，以减少日晒风吹，使蔗色鲜艳，汁多嫩脆。

5）及时防治病虫害：果蔗的病虫害主要有立枯病、根腐病、束顶病、纹枯病、花叶病，以及钻心虫、绵蚜、蓟马等，应根据病虫情报及时进行防治。但要注意剥叶后不施杀虫双，以防药液下挂影响蔗皮蜡质，造成果茎花斑。

6）应用生长调节剂：应用生长调节剂对促进果蔗平衡生长、节间伸长，改善株相，增产增值有明显作用。方法：培土后果蔗拔节伸长期喷施赤霉素，每亩 1g 兑水 45kg 喷雾。长势好的果蔗和来年留种的果蔗不施用。

任务 1.5　甘蔗收获与储运

知识目标

1. 甘蔗的适时收获；
2. 甘蔗的储运。

能力目标

1. 会进行甘蔗田间测产；
2. 能进行甘蔗收获与储运。

知识 1　甘蔗的成熟标准

甘蔗收获以达到工艺成熟期为好。甘蔗工艺成熟检定可根据蔗株的形态特征及解剖特征进行，主要包括蔗叶特征、蔗茎特征和蔗茎的含糖分情况。

1）从蔗叶来看，甘蔗达到工艺成熟时蔗叶颜色变浅，为淡绿色或黄绿色，枯叶数增加，青叶数减少至 6～7 片（正常的为 8～10 片），新出叶减少，叶片变短窄而直立，梢部几片叶的叶距缩小而显得簇生。

2）从蔗茎外表看，甘蔗达到工艺成熟时，茎色变深，茎为黄绿色的品种，其茎色转为黄色或黄褐色；茎为红色的品种，其茎色转为深红色或红褐色；茎表面的蜡粉脱落，节间表面显得光滑；茎横切面因薄壁细胞内的液泡充满蔗糖而呈现玻璃银光。

3）从蔗茎的糖分含量看，由于甘蔗的工艺成熟是指蔗茎蔗糖分达到该品种固有的较高水平，并且全茎上下节间的蔗糖分接近一致，因此，可根据测定的田间蔗汁平均锤度（上、中、下部节间的锤度平均值）与某品种历史上的平均锤度相比较来判断该品种的成熟期。另一方面，也可根据蔗茎上部与下部节间的锤度比来判断甘蔗是否成熟。

① 锤度定义：锤度是判定甘蔗成熟度的简单而准确的指标。糖锤度是指蔗汁中固溶物的重量占蔗汁重量的百分率（固溶物包括蔗糖分和其他可溶性干物质，如还原糖、盐类、有机酸等）。糖锤度和蔗糖分高低有密切关系，一般来说，平均糖锤度高，蔗

糖分也高。蔗茎的成熟度与“回糖”均是自下向上逐渐发展，故上下节间锤度越接近表示越成熟，如节间糖锤度上部高于下部，则是过熟“回糖”的表现。据此原理，通常用上部节间糖锤度与基部节间糖锤度的比率作为衡量成熟度的标准，即成熟度＝（上部节间糖锤度/基部节间糖锤度）×100%。成熟度达 80%时称为成熟，即可开榨；成熟度达 95%～100%称为最成熟；大于 100%称为过熟。

② 测定糖分的其他方法：衡量蔗汁质量及甘蔗的成熟度时，较准确的方法是测定蔗汁还原糖比（即还原糖占蔗糖分的百分率）和重力纯度（蔗汁蔗糖分占蔗汁糖锤度的百分率）等，但这只能在实验室中进行。

知识 2　甘蔗的收获方法

甘蔗适时收获，是实现高产多收的重要环节。甘蔗达成熟时收获，蔗糖分最高，加工制成糖最多，经济效益最大。但是，在甘蔗不能完全越冬的蔗区，必须在常年低温来临之前收获完毕；同时，收获工作还受当地劳动力、运输条件和糖厂的加工能力等因素限制，不可能在短时间内全部收完加工。因此，收获期必须根据甘蔗成熟度、运输和压榨能力等方面综合考虑确定，做到先熟先收，后熟后收。收获的顺序，应先收秋植蔗，次为宿根蔗，后收冬植、春植蔗。收获工作必须与运输和压榨工作密切配合，以保持原料蔗的新鲜度，避免蔗糖转化，提高出糖率，增产食糖和提高经济效益。

知识 3　蔗种的收藏

1. 留种

甘蔗留种，最好预设留种田，采用先进的技术措施，培育种蔗。没有设置留种田的，应在收获前选择品种纯度高，未受过旱、涝、病虫等为害，蔗株健壮、均匀、无倒伏的新植蔗田留种，在块选的基础上再行株选。株选要求是，蔗株健壮，无病虫，不倒伏，无气根，茎粗、节密，芽大饱满。

采种时，先削去叶片保留叶鞘，以保护蔗芽，再从生长点处砍去蔗梢，截取梢头30～80cm，或蔗茎上半部留种，有些地区需整株留种的，因储种时间长，宜整蔸连根收获，不要每条分开，以免引起伤口腐烂。

留种量多少应根据下种密度、品种茎径、种苗芽数、储种损耗等综合考虑确定。一般春植蔗，每公顷下种 37500～52500 段双芽苗的，需大茎种 6000～9000kg，中茎种3000～6000kg。

华南蔗区和华中蔗区的瓯闽南岭黔东南亚区南部，以及四川盆地亚区一带，冬季气候温暖，全年无雪少霜，或霜期很短，冻害不严重，蔗种可以边收边种，或将留种蔗延至下种时才砍收。需要储种的；一般储种时间也较短，而华中蔗区瓯闽南岭黔东南亚区北部地区，蔗种要在霜冻来临前采收，采种后须经 2～4 个月才可以下种，必须认真做好储种工作。

2．储种

储种方法，因当地气温高低和储种时间长短而异。

（1）窖藏法

在冬天较冷、霜冻严重的地区，必须采用窖藏法。

1）田坑窖藏。选择地势较高，排水良好，避风向阳，离蔗田较近，没有老鼠、白蚁等为患，便于管理的地方挖坑窖。窖深应根据土质、地下水位的高低，以及蔗种放置方式而定；窖的宽度和长度，视蔗种的长短及数量决定。蔗种平放窖中叫“平窖”，直立叫“立窖”，斜放的叫“斜窖”。

储梢头种的平窖，深约 40cm，长度视种量多少而定，一般约 3.3m，窖宽随蔗种长度而异。储全茎苗的平窖，深 50～60cm，纵放的宽约 60cm，长度视种量而定；横放的宽度视蔗种长度而定，长约 3.3m。

窖挖好后，将窖底铲平，填上细砂土。放种时，横放的蔗种整齐地横放在坑里，头端接触窖壁泥土，一层层头尾交换堆叠起来；纵放的顺坑放置，每两堆蔗种梢顶相对交错叠在一段，两段间隔 30cm 以上。间隔处填上细土，使蔗种基部和土壤密接，高底以略高于窖面为宜。有些地方在窖中每隔 3.3m 左右，装上一个竹筒制成的通气筒（最后一节不凿破，在节下开一通气口），下端插入窖底的蔗种中间，上端稍露出窖面。窖装好后，上面盖上蔗叶约 6cm，再盖碎土 6～10cm，使略成屋脊形，四周开好排水沟。

立窖或斜窖，一般用米窖藏梢头苗，窖的规格比平窖稍深、稍狭、稍短。蔗种束成把，直立或斜放，基部紧贴于坑内疏松湿润的泥土上，再像平窖法一样，在上部覆以蔗叶和碎土。

2）蔗沟平窖。蔗沟平窖是利用宿根蔗田行间，每隔一条蔗沟用锄清除杂草和铲平表土，就原蔗沟的深度和宽度稍加整理而成。窖深 25～28cm，宽约 30cm，长随蔗种多少或蔗沟长短而定。入窖时，两堆蔗种梢顶相对交叉，堆到稍高出窖面为止，上部堆成屋脊形。每堆完一段，两端各留出约 30cm 的空隙，填满碎土，使蔗种基部和泥土密接。全部装完后，覆盖碎土 6～10cm，四周畦（垅）沟，稍加整理以利排水。

窖藏蔗种期间，必须加强管理，注意防冻、防热、防干、防涝、防鼠、防蚁。窖温应保持在 2～13℃，最好能保持 5～8℃；相对湿度以 90%为宜，低于 80%或高于 95%均属不利。窖藏初期，外界温度尚未转冷，蔗茎新鲜，水分多，容易发生烧窖，要注意降低窖温。除入窖前晾种外，窖顶盖土要薄，通气孔要敞开，以后随着气温下降，覆土逐渐加厚，当大气温度和窖温降至5℃以下时，通气孔昼夜无需关闭。低温期间主要是防冻，雪后要及时扫除窖顶积雪，严防雪水渗入窖内。储种后期，外界气温逐渐上升，窖内易产生高温，这时要防止蔗芽过早萌发，宜将通气孔敞开（或昼开夜堵），并选择晴天进行检查，如窖内温度达40℃以上或蔗芽发红时，应揭开覆盖物，甚至将蔗种疏散一部分，以利散热。

（2）简易储种法

冬季无霜或霜期较短的蔗区，可根据当地情况采用蔗沟藏种或泥砂堆藏等简易方法进行短期储种。

1）窖沟藏种。把砍下的蔗种就地藏于蔗地畦沟中，如采用全茎种的，把蔗株整蔸连叶砍倒，两三行甘蔗堆在一条畦沟中，盖上蔗叶，再在上面盖少许泥土；如用梢头苗的，则扎成小把，梢头向下，直立于沟中，然后加盖蔗叶和泥土。储存时间可达1个月。

2）泥砂堆藏。把砍下的蔗茎或梢头种，平放、斜靠或竖立在背风向阳、土壤湿润、排水良好的地方，用碎土或细砂把蔗种基部培好，上面盖些蔗叶，四周开好排水沟。下雨时注意排水，干旱时淋水，霜前加厚覆盖物。此法可保存1～2个月。

此外，有些地方把蔗种（梢头种），用浓石灰水蘸切口后，直立堆放在背北风的地方，上面盖上蔗叶，防止日晒，也可以保存一定时间。

3．原料蔗的储存

原料蔗是一种极不耐储存的农产品工业原料。原料蔗一经砍下，蔗糖分即有转化为还原糖而损耗的倾向，转化的速度，除了同品种有关之外，还与温度、湿度、转化细菌及转化酶有关，也和储存方法有关。虽然储存甘蔗的过程中，甘蔗糖分会损失，但是，如果在可能遭受霜冻威胁的情况下，砍下储存较遭受霜冻的损失可以少很多。生产实践证明，只要储存得当，并不排除原料蔗的可储性，但必须注意如下几个问题。

1）储存的原料蔗砍收时应不去梢。

2）储存的原料蔗应成捆竖立存放。

3）储存原料蔗的堆垛四周和顶上应用蔗叶或禾草覆盖。

4）储存原料蔗的堆内温度，以2～15℃为适，寒潮霜冻期间，堆面上应加盖塑料薄膜保温；堆内湿度应保持相对湿度的90%为宜，储存时间较长的，每隔10～15d应向堆内浇水，以保持原料蔗正常的水分含量。

5）要千方百计缩短原料蔗的储存时间。

4．原料蔗的运输

原料蔗的运输管理是沟通甘蔗工农业生产的桥梁，应根据糖厂蔗区内交通运输情况，正确选择运输方法，合理安排和使用运力，通过每日每班的运输调度，以保持砍、运、储、榨的平衡。既要保证每日的原料蔗连续供应，又要求快速运输保持新鲜，并须注意甘蔗搬运、中转及装卸等各环节的配合。

我国蔗区的甘蔗运输采用汽车或船舶的运输方式较多，交通条件较复杂，日常运输的变化因素较多，而甘蔗运输是按日额供应的，在昼夜相继均衡榨蔗的条件下进行，既不能供应过少或中断（断槽停榨），也不能供应过多使原料蔗积压，造成不新鲜的转化损失。这便需要通过有效的调度，把砍、运、榨联系在一起，才能在恶劣的天气状况下，连续均衡地供应甘蔗。

实训　甘蔗成熟度测定及收获

1．目的要求

1）通过田间取样调查测定，使学生掌握利用手持折光计测定蔗汁锤度和成熟度的方法和技术。

2）使学生通过在实验田实地操作，掌握甘蔗收获方法。

2．材料工具

材料：成熟甘蔗田、蔗株、蒸馏水、药用棉花。

工具：蔗刀、手持折光计、蔗汁钻子、抹镜纸、小吸管实验纸等。

3．实训步骤

流程：

蔗株取样→锤度测定→判定甘蔗成熟期→甘蔗收获

（1）蔗株取样

在甘蔗田间按梅花形五点取样法选取 5 个有代表性的样点，每样点选取有代表性的 4 条蔗茎作测定对象。

（2）锤度测定

01 清洁和检查手持折光计。翻开折光计的盖板，用小吸管吸蒸馏水湿润棉花冲洗折光镜面和盖板后，用干棉花把镜面与盖板抹干净，滴二滴蒸馏水于折光镜面，盖上盖板进行观察，检查镜中视野的检验线是否对 0，如未对 0 则用小解锥调旋对 0 螺钉，使其对 0 为准（手持折光镜每次使用前、后均用蒸馏水进行清洁保证准确度）。检查对 0 后，用棉花把镜面和盖板抹干净。

02 钻取蔗汁。用蔗汁钻子（要用蒸馏水和棉花洗干净抹干）分次钻取样品茎的基部节间（地面上第一个节间）和上部节间（倒数第六全出叶下一个节间）的蔗汁（钻子每使用一次均要洗净抹干）。

03 把钻子取出的蔗汁滴于手持折光计的折光镜面上，盖好盖板。

04 观察。左手持镜筒以眼对准目镜进行观察，右手调旋目镜，调节焦距至视野看到最清楚的表尺数据为准，迅速读出准确的数据，该数据即为被检查蔗汁的锤度。

05 平均锤度计算。把全部样品茎的上部和基部节间的锤度测出后，算出上部节间的平均锤度和基部节间的平均锤度。

06 计算甘蔗成熟度。用蔗茎上、基部蔗汁锤度比计算：

$$\text{蔗汁锤度比}=\frac{\text{上部节间蔗汁平均锤度}}{\text{基部节间蔗汁平均锤度}}$$

蔗茎上、基部蔗汁锤度比值：0.9 以上为工艺未熟，0.9～0.95 为工艺初熟，0.95～1.0 为工艺完熟，大于 1.0 为工艺过熟。

07 把测定结果填入表 1-6。

表 1-6　甘蔗锤度测定表

项目 品种	测定日期（月、日）	基部节间蔗汁平均锤度	上部节间蔗汁平均锤度	蔗汁锤度比值	成熟度

（3）判定甘蔗成熟期

甘蔗收获以达到工艺成熟期为好。甘蔗工艺成熟检定可根据蔗株的形态特征及解剖特征确定，主要包括蔗叶特征、蔗茎特征和蔗茎的含糖分情况。

另一方面，也可根据蔗茎上部与下部节间的锤度比来判断甘蔗是否成熟。一般情况下，当蔗茎上、下部节间的锤度比值达到 0.9～1.0 为工艺成熟期。

甘蔗收获方法：要实行小锄低斩，提高收获质量。一般入泥低斩 5～10cm。小锄低斩时，要注意经常保持锄口锋利，用力均匀，一锄砍断，斩口要平滑，避免锄裂。不留宿根的要尽量低斩，留宿根的蔗株基部要留 10cm 左右。小锄低斩优点很多：首先，可多收蔗茎，提高产量，一般入泥低斩 5～10cm，每公顷就可多收蔗茎 2250～7550kg；其次，可提高斩蔗工效和斩蔗的质量，有利宿根蔗的生长；第三，可减轻螟害，蔗螟幼虫多数是在距离地面下 3～6cm 的蔗兜上越冬，实行低斩可消灭大部分蔗螟幼虫。

4．实训报告

根据当地糖厂蔗茎收购价，进行甘蔗种植户种植收益的调查与计算，最后写出实训报告。

拓展　果蔗收获与分级包装

1．果蔗的收获

果蔗的收获应在果蔗生长后期，生长基本停止时进行。每年10月份，气温开始转冷，果蔗生长基本停止，蔗汁的糖分已经较高，这时应根据市场的需要，有计划地收获上市。在广西等南方地区，果蔗种植面积大，果蔗适宜采收期长，可从每年的10月份延至次年4月份，长达7个多月，因此，果蔗只要进入适销季节，就应及时出售，做好市场均衡供应，避免淡季过淡，旺季过旺，甚至造成销售不出去的被动局面。

果蔗性喜温，怕霜冻，只要遇一次轻霜，叶片就会变黄，遇重霜或下雪，将会造成蔗茎糖分逐渐水解，品质变差甚至腐烂。因此，果蔗的收运过程应注意防霜冻，最好及早收获。 果蔗一般不留宿根，收获时成株挖起，清削干净，砍去蔗尾，然后捆扎成束出售。

2．果蔗的分级、包装及储运

果蔗的分级与包装，是提高果蔗外观质量、增加蔗农经营信誉与经济效益的有效途径，必须引起经营者的高度重视。

（1）果蔗的分级

果蔗的分级是果蔗规模生产与经营的要求。果蔗质量分级可根据实践要求进行，也可参考以下标准（表1-7）。

表1-7　果蔗质量分级标准（试行）

级别	株高/cm	茎粗/cm	备　注
特级	≥190	≥4.0	1．同一品种形态基本完整，表皮色泽黑亮基本一致，高矮、大小基本相近。无次蔗、花皮蔗。 2．无腐烂、霉变、发芽、皱缩现象，附着须根、泥块等杂质≤1%。 3．有果蔗特有的清甜味道，糖分含量≥12%
一级	≥180	≥3.5	
二级	≥180	≥3.0	
三级	≥170	≥2.5	

商品性好的果蔗，要求达到食用茎长1.5m以上，茎粗3.5cm以上，并上下均匀，直立圆筒，节间长10～15cm。蔗皮薄且紫黑发亮，蜡粉多有光泽，无生长裂缝，无虫蛀，无空心；蔗肉松脆，口感好，汁多味甜，含糖量12%以上。

（2）果蔗的包装

南方果蔗大部分销往全国各地，果蔗从收获到销售，经过多次的装卸与长途和短途运输。只有严格的包装才能保证果蔗搬运过程不松散，不折断，保证果蔗的外观质量。

甘蔗的包装材料应清洁、牢固、无毒、无异味，可选用粗细适宜的麻类、竹篾、食品塑料带等作为捆料。包装时以每捆蔗重25～30kg为宜，长度应基本一致。包装绳应结实耐用，每捆蔗要扎紧，以不能插入一条3 cm粗的蔗为合格。

（3）果蔗的储运

果蔗作为一种果品，运输工具应清洁、无毒、无异味、无污染，并应有防晒设施，不应与有毒、有害、有异味物质一起混运。甘蔗的储存场地也应阴凉通风、防晒、无毒、无异味、无污染源。

综合测试

一、选择题

1．从有利于甘蔗种茎根芽萌发生长，出苗齐、壮的角度出发，甘蔗的插植方式以（　　）为最好。

A．直播　　B．斜插　　C．平放

2．甘蔗生长期长，需肥多，施肥采用（　　）的布局才能使蔗株生长旺盛，蔗茎上下粗细均匀，有利高产。

A．重施基肥不施追肥　　B．不施基肥分次追肥　　C．基肥和追肥结合

3．甘蔗种茎用2%石灰水浸种具有提早发芽的作用，究其原因是（　　），因而能促进发芽。

A．石灰水具有杀菌防病作用　　B．石灰水具有退糖作用

C．石灰水具有增强呼吸作用

4．甘蔗种茎采用堆肥催芽，堆肥的湿度大则有利（　　）。

A．种根生长　　B．种芽生长　　C．根芽共同生长

5．甘蔗育苗移栽的适宜苗龄为（　　），这时移栽，有利栽后成活，一次全苗。

A．1～2叶期　　B．3～4叶期　　C．5～6叶期

二、判断题

1．种植甘蔗宜选用嫩茎作种茎，因嫩茎的根芽萌发力强。（　　）

2．甘蔗的苗根在蔗株进入分蘖期才开始长出。（　　）

3．甘蔗的茎可分为大茎种、中茎种和小茎种，大茎种的宿根性最好。（　　）

4．甘蔗早、中、晚熟品种的划分是根据甘蔗茎含粮量的高低而划分的。（　　）

5．留宿根蔗的蔗田，蔗头发芽多，但活芽少，因此易造成缺苗。（　　）

三、问答题

1．简述蔗种催芽的方法。

2．甘蔗种苗类型分为哪几种？生产上常用哪一种，为什么？

3．甘蔗田应该如何进行水分管理？

4．甘蔗施肥的原则是什么？

四、综合分析题

1．如何判定甘蔗工艺成熟期？

2．蔗种的安全储存技术有哪些？

3．比较新植蔗与宿根蔗地膜覆盖生产技术的异同。

【信息链接】

一、甘蔗地膜覆盖生产技术

1．甘蔗地膜覆盖种植的意义

甘蔗地膜覆盖种植具有明显的增温、保湿、提高肥料利用率的生态效应，能使甘蔗提早栽种，出苗快，出苗率高，幼苗齐、匀、壮，可节省蔗种，延长甘蔗生长期，提早开榨，减轻霜冻害，因而增产增糖效果和经济效益显著。因此，近年来全国各蔗区都在积极推广。

2．新植蔗地膜覆盖生产技术

（1）品种选择

因地制宜选用良种。水田、基地水肥条件好的蔗区可选择大茎种和中、大茎种；旱地可选择中茎种。

（2）种苗处理

选无病虫害的梢头苗或半茎苗作种苗。每公顷留种量：大茎种约 600kg，中、大茎种约 500kg，中茎种 400～500kg。

用 2%石灰水浸种 12～24h；用 50%甲基托布津 1000 倍液或 50%多菌灵 1000 倍溶液浸种消毒 3～5min，然后用箩筐盛装，放置温室内，控制室内温度 30℃，经 30h 可催出蔗芽。

（3）整地

深耕碎土，要求深耕 25～30cm，整碎泥块。整地要做到土层疏松，畦面平整，以利蔗苗早生快发。

（4）开植蔗沟

围田蔗区按 2.2～2.3m 包毛沟，种蔗 2 行（即“两蔗一沟”）；旱地蔗区行距 1.0～1.1m；基水地蔗区行距 1.0～1.2m；水田蔗区行距 1.1m。植蔗沟应有 15～25cm 深，沟底要平，底土要松，有 2～3cm 厚的细碎泥土。

（5）种植程序

1）施基肥。基肥施用方法有如下三种。

① 将土杂肥与复合肥或磷、钾肥作底肥施于植沟底，覆盖 7～8cm 厚的碎土后，下种，然后把尿素条施于距种苗两侧 10～15cm 处；

② 土杂肥和化肥全部作底肥施于植沟底，然后在植沟两旁削泥覆盖肥料，厚 7～8cm；

③ 先把土杂肥与磷肥堆沤 7～10d 熟化，开植沟深 15～20cm，下种，然后把尿素、钾肥条施，应用此法较多。

2）下种。一般采用单行条植形式放种，种苗芽向两侧，每公顷用 30000～32500 个双芽苗。

3）施农药。下种及施基肥后，每公顷施 3%颗粒剂呋喃丹和 3%颗粒剂甲基异硫磷各 45～60kg，混合撒施于植沟种苗四周，然后薄覆土，以盖过蔗种面为度，整成龟背形蔗畦，并淋湿畦面。

4）喷除草剂。每公顷用 72%都尔乳油或 40%阿特拉津胶悬剂 3000mg 兑水 900kg，均匀喷施于畦面，覆膜后，再喷施于行间表土。

5）覆盖地膜。喷除草剂后，立即盖地膜，膜要拉紧拉直，贴紧畦面，边缘用碎土盖严，做到全密封，也可用覆膜机覆盖地膜。覆盖地膜后 2～3d 要检查一次，若地膜被风吹开要及时重新盖好地膜。

（6）苗期管理

1）助苗穿膜。如发现种苗不能穿出膜外，用削尖的竹签开一个小孔，将苗引出膜外。

2）排除渍水和降低地下水位。围田蔗区重点挖通田间支渠、斗渠、毛渠，挖深蔗坑，使排水通畅，把地下水位降至 40～60cm；其他蔗区重点是疏通排水渠，及时排除渍水。

3）防治虫害。重点防治蔗螟和蚜虫。

4）除草。五月间若行间有杂草生长，可用牛犁或人工除草一次。

（7）分蘖期管理

间苗在五月中下旬，当甘蔗分蘖盛期过后进行间苗，原则是保留主茎第一次分蘖苗，间去过密的第二次分蘖苗和有病虫害的弱苗。

（8）伸长期管理

1）定苗。六月份由甘蔗普遍拔节时进行定苗工作。定苗的原则是“去弱留强、去密留疏、去迟留早、去浅留深”，去掉边行和畦头，畦尾多留苗。一般要求大茎种每米行长定苗9条左右，中、大茎种10条左右，中茎种11条左右。

2）剥脚叶。定苗的同时剥除脚叶，把脚叶和间除的无效分蘖置于甘蔗植株基部，压青作肥料。

3）揭膜。一般蔗区可在大培土时揭去地膜。旱地蔗区为了防旱保水，也可延长至甘蔗收获时清除田间残膜。水田蔗区为了防止蔗畦渍水，也可据实际情况提前揭膜。

4）追肥。揭膜后每公顷施尿素450kg和进口复合肥300kg或单施尿素600kg。若不揭膜的蔗区可采取穴施。蔗龟为害严重的蔗区，结合大培土时，每公顷施3%颗粒剂甲基异硫磷75kg。

5）培土。施肥后，立即进行大培土，培高至25～35cm。

6）剥叶。大培土后，水田、基水地膜蔗区可分期剥叶。旱地蔗区可根据实际情况不剥叶或将剥下的老叶覆盖蔗园，以减少水分蒸发。

7）施壮尾肥。8月中下旬（最迟不超过9月上中旬）要抓紧雨后施壮尾肥，1/15公顷施尿素10～15kg，尽可能做到穴施或施后覆土。

8）防风、抗倒伏。八九月间甘蔗株高2.5m左右，预计高产的蔗田，要结合施壮尾肥进行一次高培土，把畦高培至30～40m，并采取“扎叉”防倒。

9）防秋、冬旱。把剥下的蔗叶覆盖仍间防旱；遇干旱，有水源蔗区每隔10～15d喷灌一次，至收获前一个月停止灌溉。

10）收获计划。留宿根的蔗田要用小锄入土低斩 5～10cm；不留宿根的要尽量低斩或先用牛犁破垄，再低斩细收。

3．宿根甘蔗地膜覆盖生产技术

宿根甘蔗采用地膜覆盖栽培，在生产应用时要抓好以下几项技术工作。

（1）适时早收砍留宿根，并注重砍收质量

在华南蔗区，为了发挥宿根甘蔗在冬季覆盖地膜后能提早萌芽生长的优势，应对要留宿根的蔗田（尤其是早熟品种）适当安排早收砍。收获时要入土3～6cm低砍，且切口要平齐，并把所有露出畦面的秋冬蔗都齐地砍去，以防蔗头刺穿地膜。

（2）及早进行盖膜前的各项宿根处理工作

砍收后可随即清理蔗田，把留在地里的蔗叶残茎烧掉或清出蔗田，随后进行开垄松蔸、补植、施肥和施农药等工作。为避免切口感染病菌侵害蔗芽，可在松蔸后用0.2%多菌灵喷蔗头一次。要施足基肥，每公顷施用土杂肥15000～30000kg，甘蔗专用复合肥1500kg。为防止地下害虫及苗期蔗螟的为害，每公顷可施用75kg的3%呋甲合剂（或3%呋喃丹）或5%特丁磷45～60kg，随后进行回埋垄平整蔗畦。发现缺苗断垄时，立即补植。如覆盖普通地膜的，盖膜前要喷除草剂，防止膜内杂草的生长。一般每公顷可用甲草嗪 750kg 或 40%的阿特拉津 1500～1875g 兑水 750～900kg 喷洒蔗头周围。如果采用甘蔗专用除草地膜，则可以免去喷除草剂的工作，直接盖膜。

（3）湿地盖膜

为了保证盖膜后能满足宿根甘蔗萌发生长对水分的需求，应在雨后或灌水、淋水后泥土仍然湿润时覆盖地膜，以发挥地膜保水、保湿的作用。采用宽度为 50～60cm、尽可能薄的地膜单行覆盖为宜，每公顷用膜量约 52.5kg。膜要拉紧并紧贴畦面，膜两边要用碎土密封压实 4～6cm，中间曝光处要在 30cm 以上。

（4）盖膜期间的管理

如发现地膜被吹开了，要及时重新盖好，否则，会降低盖膜的效果。如有蔗苗不能穿膜时，可用"助产"法，用小刀或竹子将膜弄穿，将蔗苗引出膜外，但穿孔不要太大，以免影响地膜的保温、保湿作用。

（5）适时揭膜，及早进行田间管理工作

一般应在 3 月底至 4 月初、气温稳定升至适宜甘蔗生长时才进行揭膜，过早、过迟都不利于甘蔗的生长。随即进行中耕、补植和追肥工作，转入正常的田间管理，但各项工作都应适当提早进行。

二、宿根甘蔗生产技术

1．选种宿根性好的良种

选用宿根性好的品种是宿根蔗高产的基础。一般来说，大茎种比中、小茎种宿根性差，分蘖力强的通常是宿根性好的品种。生产上应因地制宜地选择宿根性好的品种，还要注意品种多样化，以适应不同的土壤条件、水肥条件、管理水平和有利于早、中、晚熟品种的合理搭配。

2．种好新植蔗，培育好壮健蔗蔸

宿根蔗蔸有良好的根系和壮健的地下芽（笋），是增加宿根甘蔗有效茎数，夺取宿根甘蔗高产的重要条件。因此，新植蔗要增施有机肥，以增加土壤通透性、保水能力和养分，使蔗蔸活芽多、壮芽多，发株率和成茎率高；要注意施用壮尾肥，更好地维持蔗蔸生活力；要合理密植，使既有较多的蔸头数，蔗蔸又粗大健壮；要注意防治蔗龟、蔗螟、棉蚜虫等害虫，使蔗蔸有更多的活根和活芽；要及时收获，保证收获质量，使其早发株，发株壮而整齐。

3．防旱保水，防寒护蔸

冬季低温干旱，是新植蔗成熟砍收的季节。保持地下芽（笋）旺盛的生机和保护蔗蔸安全过冬，是宿根蔗高产的关键。因此，做好防旱保水、防寒护蔸是很重要的。有灌溉条件的蔗田，新植蔗生长的后期可灌一次"壮尾水"，旱地蔗要注意防旱保水，如覆盖畦面等。常有霜冻为害的蔗区，要注意防寒护蔸。除了增施有机肥和新植蔗适时低砍收获外，新植蔗收获后可耙松蔗蔸上部土壤，覆盖 7～10cm 厚碎土或覆盖蔗叶，使土壤疏松透气，保水防寒，以维持蔗蔸旺盛的生命力。

4．搞好宿根甘蔗的管理

宿根甘蔗的生育特点是，早发株，早分蘖，早封行，早拔节伸长，早衰退和早成熟，虫害也发生得早。因此，宿根蔗的管理也必须以“早”字为中心。

（1）早清园

清园就是清理上造（季）甘蔗收获后蔗田中的蔗屑、蔗梢及残株烂叶等。清园的时间要因地制宜。有霜冻的偏北蔗区，应以蔗叶覆盖防冻护蔸过冬，春暖后应及早清园，以利发株；一般无霜冻或少霜冻蔗区，为了更好地开垄松土，上造甘蔗收获后应及时清园。清园的方法有把蔗梢和残茎叶等清出田外，用来制作堆肥或作他用和用火烧清园两种，各地可因地制宜地采用。

（2）早开垄松蔸

开垄松蔸是把垄和蔗蔸周围的土壤翻松，使蔗蔸更好地接触阳光，晒白风化，提高土温，并使土壤疏松透气，以提高蔗蔸酶的活性和呼吸作用。所以，及时地开垄松蔸有利于宿根蔗的发株、分蘖和生长。开垄松蔸的时间要因地制宜，常有霜冻的蔗区，一般在终霜后气温稳定在 10℃以上时开垄松蔸，避免晚霜为害。冬季气温高的蔗区，只要不受干旱威胁，不论何时收获，均宜尽早开垄松蔸。

宿根甘蔗开垄松蔸后要适时覆土（埋垄）。天气干旱且土壤水分少的，露头时间宜短，为 10～15d；土壤水分充足或灌溉方便的，露头时间可长些，有利挥发，可在下部蔗芽萌发成苗时覆土。灌溉方便而土壤又干旱的，可在开垄后 3～4d 灌水一次，有促进发株的作用。覆土时结合施肥，以促进蔗株的生长。

（3）早施肥、早灌水

新植蔗已消耗了相当多的土壤营养，且宿根蔗又发株早，前中期生长快，也需要早施肥以配合其生长。为此，宿根蔗应结合覆土施蔗蔸肥（催芽肥）。蔗蔸肥要多施有机肥，并配合施速效氮肥和磷肥。此外，攻蘖肥、攻茎肥和壮尾肥的施用时间也要比新植蔗提早。在施肥量方面也要多于新植蔗。

宿根蔗因冬季少雨，新植蔗砍收后蔗田较长时间裸露，容易受旱，有灌溉条件的，可在新植蔗收后或结合开垄时灌一次发株水；缺乏灌溉条件的蔗田可结合覆土泼淋粪水或稀释 50 倍的氨水，以提高蔗蔸生活力，促进发株。

（4）早查苗补缺

一般首先对断垄缺蔸和风害翻蔸的进行补蔸；其次是在开垄后 20d 左右未见有蔗芽萌发的，可在原蔸侧面用拼蔸的方法进行补植；再过 20d 左右仍未见有新株长出的，则用并蔸或挖去旧蔸补上新蔸的方法进行补植。

补植用苗可用塑料薄膜预育苗，或采用分蔸和移蔸的方法，或利用不再留宿根蔗的田的蔗蔸。

为了提高补蔸的成活率和发株率，应避免在寒潮时补植。为使补蔸苗能赶上其他蔗株的生长而达到全田平衡，要注意加强对补蔸苗的水肥管理工作。

（5）早防治虫害

宿根甘蔗虫害发生早，虫口密度大，为害比较严重，应注意及早防治。一般可在开垄结合施速效氮肥时掺药，对防治二点螟和蔗龟幼虫等有良好效果；发株后也要在各个生育阶段及早防治各种害虫。

【考证提示】

要获得种子繁育员、农艺工、植保员等中级资格证书，需具备以下知识和能力。

知识目标：

1．了解甘蔗的形态特征，生育时期的划分及对外界条件的要求；

2．掌握甘蔗不同栽培类型的特点以及目前生产上推广的主要优质高产甘蔗品种特性；

3．掌握甘蔗不同栽培类型的实时下种期和生产技术要求；

4．掌握甘蔗产量的构成及形成过程。

技能目标：

1．掌握甘蔗的种苗处理与下种技术；

2．能够根据甘蔗各生育期及长势、长相进行田间水肥管理；

3．会识别甘蔗各生长阶段的病、虫、草害并能采取正确的防治方法。

项目2 花生生产

项目导入 江西省信丰县嘉定镇科技种植户曾晶，2012年种花生100亩，在县农粮局技术人员指导下，选用优质丰产品种，采用“地膜覆盖栽培”技术，比同村村民种水稻经济收益高出40%，在年底的产业协会总结会上介绍了他家花生生产种植经验，引导全乡花生种植户科学管理和产值收益提高到新水平。

任务2.1 花生生产初识

知识目标

1．了解花生生产在国民经济中的地位，了解花生生产概况；

2．掌握不同花生类型的特点以及目前生产上推广的主要优质高产花生品种的特性；

3．掌握花生生育期与生育时期。

能力目标

1．会识别花生主推品种和花生器官；

2．会根据当地气候条件、种植制度正确选用花生良种。

知识1 发展花生生产的意义

花生是我国重要的油料作物之一，同时又是食品工业原料及重要的出口物资。花生经济价值很高，营养物质丰富。花生种子一般含脂肪44%～45%，蛋白质24%～36%，维生素B_1、B_6的含量也很丰富。通常出油率为40%左右，种子可榨油、直接食用或加工制成各种美味的糖果点心。花生油是优质食用油，在食品加工工业和医药工业等方面也有多种用途。

榨油后的花生麸，含蛋白质 50%左右，碳水化合物 24%，脂肪 7%，是牲畜的精饲料，也是食品工业和其他工业的好原料。花生麸含氮 7.56%，磷酸 1.37%，氧化钾 1.5%，有机质 85.6%，也是很好的有机肥料。

花生的茎叶含有丰富的营养物质。晒干后的花生茎叶含蛋白质 12%～14%，脂肪 2%，是牲畜的好饲料。同时也是很好的绿肥，据广东省农科院试验，在一般中下等稻田中施用，平均每 50kg 花生鲜茎叶可以增产稻谷 5kg。

花生荚壳含有一定营养物质，粉碎可作饲料。将花生荚壳进行工业干馏、水解等处理，可得到醋酸、丙酸、乙醇、甲醛等十几种产品。

花生又是重要的出口物资，我国花生畅销世界各地。

花生在农业生产中占有很重要的地位。花生是豆科作物，可以培养地力，在轮作中占有重要地位；花生适应性强，能耐旱、瘠，可以充分利用山冈丘陵、河滩沙地等，特别是可以作为南方红壤荒地的先锋作物，在合理利用土地、增加农作物产量方面发挥重大作用。

知识 2　花生生产的概况

花生原产于亚热带的南美洲，约在 16 世纪初传入我国，开始在东南沿海一带种植，随后逐渐向长江流域各省推广，现在我国已成为世界上盛产花生的国家之一。我国花生生产划分为 7 个自然区域：北方大花生区，南方春、秋两熟花生区，长江流域春、夏交作区，云贵高原花生区，东北早熟花生区，黄土高原花生区，西北内陆花生区。

新中国成立以来，花生生产有较大的发展。花生面积由 1979 年的 207 万 hm^2 增加到 2012 年的 463.8 万 hm^2；花生总产由 282.235 万 t 增加到 1669.16 万 t。由于良种的推广和栽培技术的提高，花生产量不断增加。江苏省出现 1.2 万 hm^2，平均每公顷产量为 2910kg 的大面积高产纪录；广东等地还涌现出许多每公顷产量为 6000～7500kg 以上的高产田。

知识 3　花生的形态特征和生长发育

1．花生的分类

花生属豆科花生属植物。我国花生品种类型极多，根据荚果形状、开花型及其他性状，我国花生可划分为以下四大类型。

（1）普通型

荚果为普通型，较大，果壳较厚，网纹平滑，种子 3 粒。交替开花型，主茎不着花。分枝性强，能生第三次分枝。种子休眠期长，一般 50d 以上。生育期较长，春播 145～180d。根据株丛形态，可分为直立、半蔓、匍匐三个亚型。

（2）珍珠豆型

荚果为茧形或长葫芦形，果较小，果壳薄，网纹较细，含两粒种子。连续开花型，主茎可着花。分枝性弱，很少有第三次分枝。生育期短，春播 120～130d。种子休眠期短或无。株型均直立。

（3）龙生型

荚果为曲棍形，有明显的果嘴和龙骨状突起，脉纹深，含种子三四粒。交替开花型，主茎不着花。分枝性强，有三次以上分枝，茎枝上遍生茸毛。多数品种分枝匍匐生长。种子休眠期长，春播生育期 150d 以上。抗逆性强，适应性广。

（4）多粒型

荚果为串珠形，含三四粒种子，果壳薄，网纹平滑。连续开花型，主茎着花，分枝性弱，没有第三次分枝。株型直立。春播生育期 120d 左右，种子休眠期短。

上述栽培类型，按生育期的长短可分为晚熟种、中熟种、早熟种。晚熟种，全生育期为 160d 以上（春播，下同）；中熟种，全生育期 130～160d；早熟种，全生育期 130d 以下。按种子的大小可分为大粒种、中粒种和小粒种。大粒种，百仁重 80g 以上；中粒种，百仁重 50～80g；小粒种，百仁重 50g 以下。

2．花生的器官形态

（1）根和根瘤

花生种子萌发后，胚根发育成为主根；从主根上生出四列侧根，呈明显十字形排列；侧根再生很多次细根，组成一个圆锥形根系（图 2-1）。

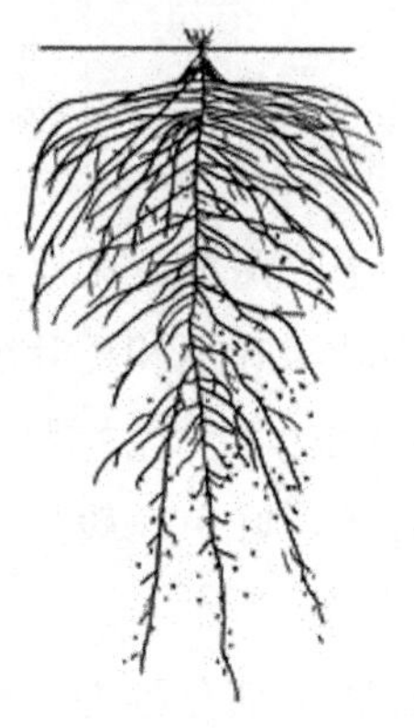

图 2-1　花生根系分布

花生根部长有许多根瘤，是由于根瘤细菌侵入而形成的。根瘤菌是一种能固定空气中游离氮素（肥料）的好气性细菌。一般着生在主根上或主根附近的根瘤较大，内部多含肉红色汁液，固氮能力较强；着生在枝根或细根上的根瘤较小，汁液呈微绿色或淡黄色，固氮能力较弱。

一般在花生生产区土壤里，都含有这种根瘤细菌，但是它在进入花生根部之前，在土壤里是靠分解有机质生活的，没有固氮作用。

（2）茎和分枝

花生的主茎直立，幼小时呈圆形，盛长期后中、上部呈棱角形，全茎中空，具 15～24 个节间。主茎的叶腋着生分枝。茎通常为绿色，也有呈紫红色的。茎上具有白色茸毛。主茎高度因品种和栽培条件而异，通常为 15～75cm。

花生从主茎上长出的分枝叫第一次分枝，第一次分枝上的分枝叫第二次分枝。在主茎子叶节上对生的两个分枝，通常叫第一对侧枝；以上的分枝皆为互生。

花生的植株形态主要取决于分枝与主茎所成的角度和排列的方式，通常分为丛生型、中间型与蔓生型三种。花生的分枝习性，根据第一次分枝上花序分布的情况可分为两类。一类是第一次分枝上花序与分枝互相交替出现，称为交替开花型或交替分枝型（图 2-2）。普通型和龙生型花生属于这一类。另一类则是每一个节都可以产生花序，也可长出分枝，称为连续开花型或连续分枝型（图 2-3）。珍珠豆型和多粒型属于这一类。

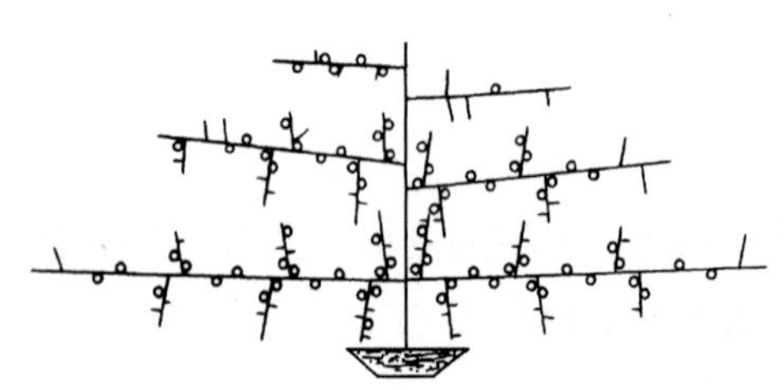

图 2-2　交替分枝模式图

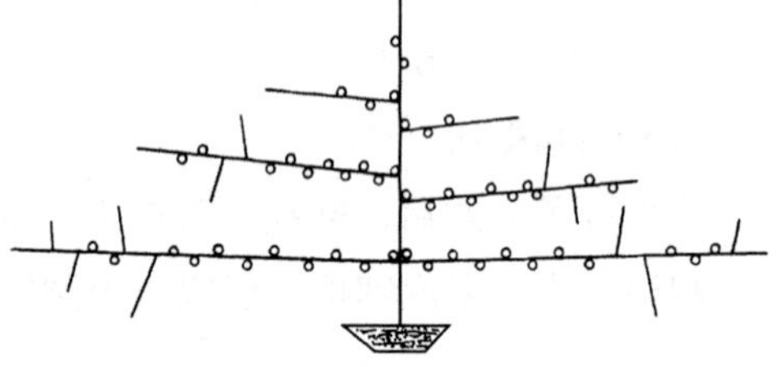

图 2-3　连续分枝模式图

（3）叶

花生的叶有子叶和真叶两种。子叶两枚，肥厚，呈椭圆形或倒卵形。由主茎和侧枝长出的叶子叫真叶，互生，由小叶、叶柄和托叶组成，为偶数羽状复叶，一般由两对小叶组成，但有时也出现三、五片或六、七片组成的变态叶。小叶的形状有椭圆形、长椭圆形及倒卵圆形。在正常条件下，叶色一般呈绿色或深绿色。据叶色可判断花生的生育状况。

叶柄细长，上有一纵沟，基部膨大部分称为叶枕。小叶叶柄很短，也具有叶枕。叶柄基部有两片托叶，托叶有 2/3 与叶柄基部相连。

（4）花

花生的花为两性完全花，着生在叶腋间，为总状花序。每一花序有 1～7 朵花。整个花由苞叶、花萼、花冠、雄蕊、雌蕊五部分组成（图 2-4）。

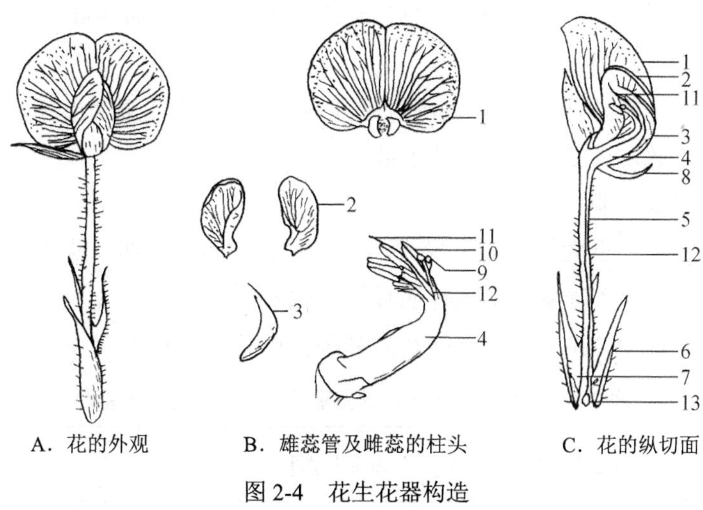

图 2-4　花生花器构造

1—旗瓣；2—翼瓣；3—龙骨瓣；4—雄蕊管；5—花萼管；6—外苞叶；7—内苞叶；8—萼片；9—圆花药；10—长花药；11—柱头；12—花柱；13—子房

（5）荚果和种子

荚果的形状，大体可分为普通型（或称茧形）、斧头型、葫芦型（或峰腰型）、串珠型、曲棍型等 5 种（图 2-5）。

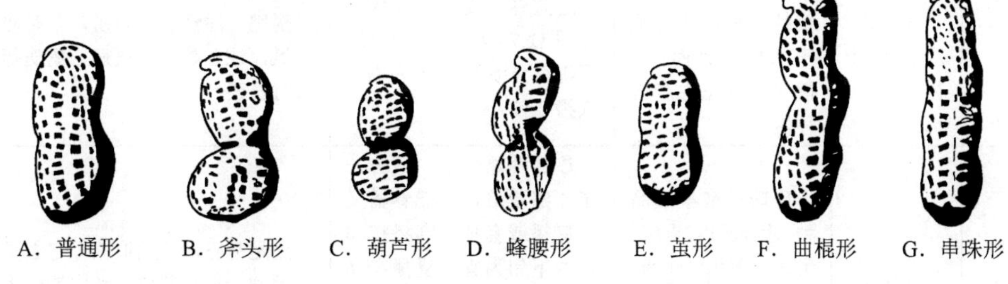

图 2-5　花生荚果果形（引自《中国花生栽培学》）

种子（通称花生仁）的形状、大小、颜色等因品种而有不同。形状有椭圆形、圆锥形、三角形等；大小可分大、中、小三种。种皮颜色有淡红、红、褐红等多种。

3．花生的生长发育期

花生生育期的长短，因品种环、境条件与栽培条件不同而异，南方花生产区直立型珍珠豆品种一般 120～130d，全生育期可分为四个阶段：种子发芽和出苗期、幼苗期、开花下针期、结荚和成熟期。

（1）种子发芽和出苗期

花生播种后至有50%的花生出苗，经历6～20d。

（2）幼苗期

花生从出苗至约有10%的植株出现花这个时期，一般历时30d左右。

（3）开花与下针期

一般当花生主茎具有8～9片真叶时就开始开花，从开花至幼果开始膨大这段时间叫开花下针期。通常直立品种花期约60d。

（4）结荚与成熟期

从幼果开始膨大至大部分荚果形成，这段时间称为结荚期。从荚果形成至大部分荚果完全饱满充实、荚壳变硬，植株明显停止生长，称为成熟期。

目前生产上推广的主要优质高产花生品种特性见表2-1。

表2-1　目前生产上推广的主要优质高产花生品种特性

品种	品种来源组合	适合区种植	栽培技术要点	注意事项
黔花生四号	品种组合为粤油187-226/伏花生	适合重庆、湖北、江西、湖南四省及四川中北部花生产区种植	南方多雨地区或土壤肥力水平较高的地块，行距40cm，株距9cm，单株留苗，每公顷种植27万株左右，其他日照充足地区或土壤肥力较低土块，行距40cm，窝距8cm，单株留苗，密度30万株左右	播种时将50kg磷肥、8kg硫酸钾（或按其有效含量相当的草木灰）混匀后撒施作种肥，清棵后用15kg左右尿素作提苗肥施用，有条件的地方也可酌情施用农家肥作基肥或追肥。缺钙地区撒施750kg/hm^{2}石灰作基肥。清棵10d左右深中耕一次，盛花期培土一次，及时收获
庐花9号	小二洋/岳油117(中花4号)	属珍珠豆型、直立疏枝品种，适合重庆、湖北、河南、安徽和江苏花生产区种植	适宜春、夏播，春播每公顷12.75万～13.5万穴，夏播每公顷15万穴左右，穴播2粒	耐肥，注意防旱防涝，及时防治蛴螬，注意防治叶斑病、锈病等，适时收获
中花13号	百日矮/花37	珍珠豆型早熟品种，适合四川、重庆、贵州、湖北、江西、湖南及河南南部、安徽淮河以南、江苏省淮河以南花生产区种植	该品种熟性早，适合一年二熟栽培，既能春播又能夏播或套种。春播在4月中下旬为宜，夏播在6月15日前为宜。株型直立紧凑，分枝偏少，宜适当密植。春播每公顷15万～16.5万穴，夏播每公顷18万穴左右，穴播2粒	施足基肥，苗期追施一定数量的速效肥。地膜栽培注意中期化控，及时中耕结合培土，增厚土层，有利于下针结果

续表

品种	品种来源组合	适合区种植	栽培技术要点	注意事项
粤油13号	[粤油202-35/（汕油523/台山三粒肉）F1]F5/中花5号	直立珍珠豆型品种，适合在广东、广西、福建、海南四省、区以及江西、湖南南部、云南蒙自花生主产区种植	春植在惊蛰前后、秋植在立秋前后播种较为适宜。每公顷播种27万～30万苗为宜	施足基肥，适量及时追肥，防止后期徒长。苗期及生长后期应注意防止渍涝，防止死苗、烂果
花育23号	R1（8124-19-1/兰娜）/ICGS37[ROBERT33-1/A.glagrata（组培）]	疏枝型小花生，适合山东、辽宁、河北、江苏四省及河南北部种植	早播，适时收获，以充分发挥该品种后期绿叶保持时间长、不早衰的特点。适于密植，夏播每公顷16.5万～18万穴，每穴均播2粒	在施肥上应施足基肥，看苗追肥，确保苗齐、苗壮，以发挥其增产潜力大的特性。最好覆膜种植，既可发挥高产潜力，又能提前收获

实训　调查当地生产上采用的花生类型及良种特性

1．目的要求

学生两人一组，调查当地生产上主要的花生类型及各类型的主要品种特性。

选择种有花生的农业企业、家庭农场或专业合作社3～5家，与技术负责人直接座谈，通过询问的方式了解调查单位种植的花生类型及品种，各品种的生育期、产量及栽培注意事项等。

2．材料工具

材料：每组准备不同果实类型的花生样品。

工具：速记本一本、笔一支。

3．实训步骤

流程：

花生类型识别→农场品种调查→写出调查报告

具体实施步骤及操作要求见表2-2。

表2-2　具体实施步骤及操作要求

实施步骤	操作要求	注意事项
花生类型识别	了解普通型（或称茧形）、斧头型、葫芦型（或峰腰型）、串珠型、曲棍型等5种花生果实类型	注意不同类型的差别性
农场品种调查	观察生产用种类型	注意品种的典型性
写出调查报告	按文体要求	注意材料的真实性

4．实训报告

请结合已学知识，对调查单位花生类型及品种的选择给予评价，并写出实训报告。

任务2.2　花 生 播 种

知识目标

1．掌握花生最适播种期和用种量；

2．理解花生产量构成因素与合理密植；

3．明确花生播种前的准备工作。

能力目标

1．会进行花生种子的处理；

2．会进行花生的整地与施肥；

3．会确定花生的播种期和播种。

知识　花生常规生产技术方案

1．花生的整地

（1）花生对土壤条件的要求

适宜花生生长的土壤条件：耕作层深厚，排水性好、有机质丰富、富含钙质、疏松的砂壤土。在这样的土壤上种植花生，种子易萌发出苗，有利于根系和根瘤的生长发育，也有利于果针入土结实，从而苗齐、苗全、苗壮，结实多，产量高。此外，花生忌连作，轮换种植作物才能持续高产。轮作周期至少 1 年，以防止花生病害严重发生而减产。

（2）花生整地要求

整地首先要早，对春花生，整地要在秋冬作物收获后，春雨来临之前抓紧进行，秋花生则在夏收后立即进行；其次，在整地质量方面要做到深耕、平整、疏松、细碎、湿润；再次是要畦作或垄作，畦作可加厚耕作层，有利于根系生长，便于排灌和除草施肥等田间管理工作；最后是要搞好排灌系统。

（3）施足基肥

施足基肥不仅要求有足够的数量，而且要有较高的质量。花生基肥一般以厩肥、堆肥、饼肥、火烧土等有机土杂肥为主，适当配合速效氮、磷、钾等。基肥的用量一般占施肥总量的 70%～80%。据有关资料表明，每公顷产量 4500kg 以上的高产田，中等肥力土壤，每公顷基肥量为土杂肥 37500kg 或者优质猪牛粪肥 15000kg，过磷酸钙 375kg，尿素 150～225kg。在土壤偏酸时，还应增施一定量的石灰。如果土壤中微量元素缺乏，还要将适量的微量元素肥与有机肥混合施下。基肥施用方法，视肥料种类和数量而定，肥多撒施或分层施，肥少则条施或穴施。体积大、未腐熟的有机肥宜提早施、深施；反之，可迟施、浅施。过磷酸钙等化肥必须经有机肥堆沤后施下。

2．花生的播种

（1）品种的选用

南方春秋两熟花生区，春花生生育期一般 120～130d，秋花生为 110～120d，各地应因地制宜地选用适宜的良种，才能获得花生的高产。

（2）种子准备

1）秋植留种。南方春秋两熟花生区，春花生采用上年秋植花生种子作种，称为秋植留种或翻秋留种。秋植留种比春植留种的种子储存时间短、新鲜，储存期处低温干燥季节，不易酸败霉变，加上秋植花生种子本身抗逆性好、生活力强，因此、易萌发出苗，从而有利于齐苗和全苗。

2）播前晒种。播种前带壳晒种 1～2d，使种子增强种皮透性，提高种内水解酶的活性，增强种子吸水力，还有杀死种表病菌等作用，从而促进种子萌发和出苗。晒种最好放在土晒场或竹帘上，不宜放在水泥晒场或石板上，以免高温损伤种子。同时要翻动，以便晒得均匀一致。

3）适时剥壳。播种前一二天剥壳，最好是即剥即播。不要过早剥壳，因为种子失去果壳保护，容易吸水受潮，降低生活力。同时注意将剥好的种子用塑料膜袋包好，防止吸湿受潮，降低酶的活性。

4）精选种子。为了保证种子质量，应在建立留种田和片选、株选、荚选的基础上，在剥壳时进行粒选，选择充实饱满、颜色鲜艳、发芽力强的种子播种。

5）发芽试验。播种前进行发芽试验，了解种子的发芽势和发芽率。适宜作种的种子，发芽势应在 80%以上，发芽率应在 95%以上。

6）浸种催芽。花生一般采用干种子直接播种。但在低温、干旱或种子质量稍差时，通过浸种催芽，然后播种是获得全苗、齐苗的好方法。花生催芽方法简便多样，有温室催芽、土坑催芽、砂床催芽、竹箩催芽等，其要点是花生种子要充分吸水，保持湿润，维持 25～30℃的温度，催芽至胚根刚露白为度。

7）药剂拌种。播种时用 0.3%的多菌灵或 0.5%的菲醌等杀菌剂拌种，可以防止或减轻病害；用 2%～3%的氯丹乳油等药剂拌种，对防止地下害虫和鸟兽为害有良好效果；用根瘤菌剂拌种和钼、硼肥拌种，能加速根瘤形成，增强固氮作用，促进根系生长。

（3）播种期的确定

适宜的播种期主要根据气温和土壤温度来确定。从气温来说，只要气温稳定在 15℃以上就可以播种，也就是说，南方大部分地区 3 月份起即可播种，广东 2 月份可播种，海南 1 月份可播种。湖北省春花生在清明到谷雨之间、麦行套种花生在谷雨立夏之间播种，也有不套种，在麦收后抢播的；从土壤湿度来讲，只要土壤田间持水量不低于 50%、不高于 70%，就适宜播种。为了及时早播，可采取“冷尾暖头播种”“抢晴播种”、“抢墒播种”、“抗旱播种”、“催芽播种”等。由于播种期不同，便有春花生、夏花生、秋花生和冬花生之分。

（4）播种密度与方式

合理密植是建立良好群体结构的重要措施，包括播种密度的确定和播种方法的选择两方面。

1）播种密度。播种密度一般是指单位面积的播种粒数。在目前一般的生产条件下，珍珠豆型花生播种密度，每公顷 30 万～37.5 万粒，实收株数为 27 万～33 万株；普通型花生播种密度每公顷为 18 万～22.5 万粒，实收株数 16.5 万～21 万株。具体的播种密度还应根据品种类型、自然条件、栽培水平和种子出苗率等因素来确定。生育期长、植株高大、分枝性强、蔓生的品种播种宜疏些，反之则宜密些。

2）播种方式。目前，南方的播种方式有双粒条播、单粒条播、小丛穴播、大小行植、宽行窄株等。行距和株距的大小是种植方式的核心，目前一般采用行距略大于株距的种法，行距为 25～35cm，株距 15～30cm。据研究，合理的行株距应该是，行距等于该品种在栽培条件下第一对侧枝中一个侧枝的长度，株距略小于侧枝长度的一半。

（5）播种深度

花生的播种深度应掌握“干不种深，湿不种浅，深度适宜，深浅一致”的原则，一般以 5cm 为宜，最深不超过 8cm，最浅不小于 3cm。过深氧气缺，过浅易落干，过深过浅均不利发芽出苗。

实训　花生播种

1．目的要求

学生两人一组，农场种植地一块。通过在农场参加花生种植生产实践，掌握当地农业生产中花生高产栽培技术方案要求。

2．材料工具

材料：花生种、肥料（基肥种肥）。

工具：锄头、米尺。

3．实训步骤

流程：

整地→施足基肥→播种期的确定→种子准备→种子处理（播前晒种，适时剥壳精选种子）→浸种催芽、药剂拌种→播种（密度与方式）→盖土

具体实施步骤及操作要求见表 2-3。

表 2-3　具体实施步骤及操作要求

实施步骤	操作要求	质量要求	注意事项
整地	耕深 25cm	深耕、平整、疏松、细碎、湿润	
施足基肥	每公顷基肥量为土杂肥 37500kg 或者优质猪牛粪肥 15000kg，过磷酸钙 375kg，尿素 150～225kg	一般以厩肥、堆肥、饼肥、火烧土等有机土杂肥为主，适当配合速效氮、磷、钾等	肥多撒施或分层施，肥少则条施或穴施。体积大、未腐熟的有机肥宜提早施、深施，反之，可迟施、浅施。过磷酸钙等化肥必须经有机肥堆沤后施下
播种期的确定	气温稳定在 15℃以上就可以播种	通过当地气象资料确定	南方大部分地区 3 月份起即可播种
种子准备	因地制宜地选用适宜的良种	通过品种资料、引种生产确定	考虑当地耕作制度安排
种子处理	播前晒种，适时剥壳，精选种子	确保种子质量	勿伤种
浸种催芽、药剂拌种	催芽至胚根刚露白为度。用 0.3%多菌灵或 0.5%菲醌等杀菌剂拌种	依当地生产确定	一般采用干种子直接播种
播种	双粒条播、单粒条播、小丛穴播、大小行植、宽行窄株	行距 25～35cm，株距 15～30cm	每公顷 30 万～37.5 万粒
盖土	轻盖土 2cm	以 5cm 为宜，最深不超过 8cm，最浅不小于 3cm	干不种深，湿不种浅，深度适宜，深浅一致

拓展　翻秋花生播种

以7月20日之前播种为宜。春花生收获后经过精选除杂，晒干剥壳，浸种催芽至破胸，用0.3%～0.5%钼酸铵溶液拌种，用钙镁磷肥作种肥，每公顷播22.5万穴（规格27cm×23cm），每穴2粒种子，盖土后喷施芽前除草剂乙草胺。

任务反思：结合已学知识，对当地花生播种进行调查并给予评价。

任务2.3　花生田间管理

知识目标

1. 了解花生各生长发育阶段的生育特点；
2. 掌握花生各生育时期田间管理的主攻目标及田间管理技术。

能力目标

会观察花生开花及果针入土情况。

知识1　花生各生长发育阶段的生育特点

1. 种子发芽

（1）花生种子的休眠性

花生种子成熟后，还须度过一段休眠期才能正常萌发。

花生种子休眠期的长短，因品种不同有很大差异。一般丛生型的早熟小粒品种，休眠期短，成熟后，如土壤湿度大，温度高，便会在田间土中发芽。而普通型品种，特别是蔓生型花生，休眠期较长，为110～120d。

（2）种子发芽过程

度过休眠期的健全花生种子，在水分、温度适宜，通气良好条件下，数天即可萌发出土（图2-6）。

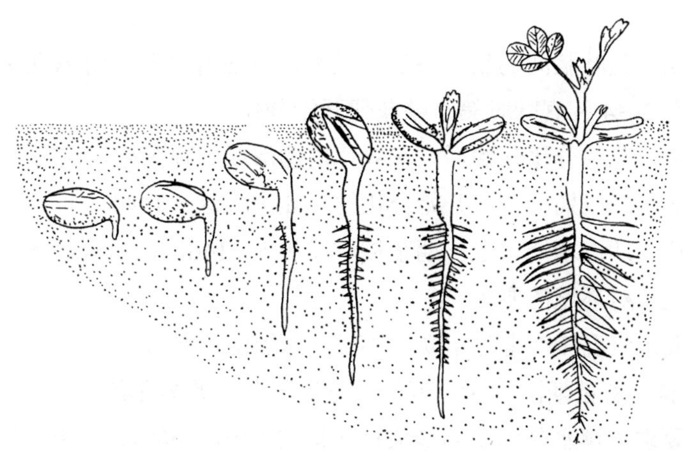

图2-6 花生种子发芽出土过程

（3）种子发芽所需的环境条件

温度：12～15℃是花生种子发芽的最低温度；在25～37℃下发芽最快，发芽率也高，为发芽的最适温度；超过40℃以上时，胚根发育受阻，发芽率降低。发芽的种子如果长时间在温度低于15℃和土壤水分多的条件下，胚根容易腐烂。因此，必须选择温度稳定在15℃以上时播种，才能保证全苗和齐苗。

水分：需吸收相当种子本身重量50%的水分，才能正常发芽。播种时最适宜土壤湿度为土壤最大持水量的60%～70%。过干，不能发芽；过湿，容易烂种。

氧气：花生种子发芽需要充足的氧气进行呼吸，使种内的脂肪、蛋白质等转化为发芽所需的养分。若土壤过湿和板结，透气不良，种子则不能正常发芽出苗，而且容易腐烂。

2．幼苗期

（1）根系的生长

花生种子萌发后，胚根迅速生长，深入土中成为主根，侧根也大量增加。幼苗根系生长比较迅速，出苗后十余天主根即长达40cm左右，始花期可超过50cm。

花生根瘤一般在主茎长到5片真叶以后，便逐渐形成。在根瘤形成初期，根瘤菌固氮能力很弱，还需从花生体内摄取营养物质，到花生开花以后，根瘤菌固氮能力增强，且能为花生提供越来越多的氮素等营养物质。

（2）主茎和侧枝的生长

当主茎第三片真叶展开时，第一对侧枝从子叶腋内长出，随后长出第三、四个侧枝，均为互生。当主茎长出四条侧枝后，称为团棵期。

（3）花芽的分化和形成

据观察，花生在出苗后的第七天便开始花芽的分化。花生长芽分化过程，可分为以下四个阶段。

开始分化期：当叶腋间的扁平突起两侧有两片苞叶突起时进入花芽分化开始期。一般在植株具有2～4片真叶时第一朵花便开始分化。

萼片形成期：花芽分化开始后，在萼片内侧形成圆顶突起，这时是萼片形成期。

花瓣及雌雄蕊形成期：花芽开始分化约10d进入这一时期。

花粉胚珠形成期：本期与上一期紧接，经历5～14d，以后再经5～10d即可开花。

（4）幼苗生长对环境的要求

花生苗期要求气温18℃以上，如连续2d气温低于8℃以下，生长就会停止，连续5d就会出现冻害。若苗期温度高，可促进花生发育，提早开花。

花生苗期要求土壤水分为田间最大持水量的50%～60%。如果土壤过干，则根系生长缓慢，侧根少，幼苗生长缓慢；过湿则根系分布浅，根瘤少，地上部易徒长，甚至叶子发黄，生长势弱。保持苗期不旱不涝是培育壮苗的重要条件。

花生对日照的反应较明显，日照弱时，主茎节间长，分枝少，开花迟缓；充足的光照可使节间缩短，分枝多，花芽分化良好。

花生苗期氮素供应充足与否对幼苗生长、分枝多少和花芽分化也有很大影响。因为苗期根瘤菌的供氮能力尚弱，氮素主要依靠叶片和土壤供给，所以，施足基肥，早追苗肥，有显著的壮苗增产效果。

3．开花与下针期

（1）花生开花下针习性

花生开花受精后，子房基部的分生组织进行细胞分裂形成子房柄，把子房向外推出。在开花后3～5d即成肉眼可见的针状物，就是子房柄和先端的子房，合称果针。果针有向地性，把子房送入土中结果。果针向地性伸长的过程称为下针。果针像根系那样具有吸收水分和养分的功能，供子房膨大、荚果发育的养分需要。

（2）开花下针期对环境条件的要求

开花下针期对温度要求较高，以日平均温度25～28℃为宜。低于22℃，则停止开花；若低于15℃，则不能受精；如低于10℃，花器发育则受严重障碍。开花下针期是花生对水分反应最敏感的时期，由于叶片多、叶面蒸腾作用强，因此耗水量大，这个时期要求土壤的适宜水分为田间持水量的60%～75%，如果遇到干旱则会严重影响地上部和地下根系的生长，开花数明显减少，以致中断，果针入土困难；若土壤水分过多，土壤持水量超过80%以上，且时间较长，也会造成茎枝徒长，开花数减少。

花生开花下针期需要大量的营养，对三要素的吸收量占全期总量的23%～33%。这个时期，根瘤大量形成，可为花生提供大量的氮素营养。因此，改善根瘤菌的生活环境，提高根瘤菌的固氮能力，是本阶段田间管理的重要任务。

此外，花生对日照反应敏感，充足的日照是促进花多、花齐的重要条件，日照微弱则枝茎柔嫩，开花数减少，且易徒长倒伏；短日照处理，可以使盛花期提前，增加早期花数。

4．结荚与成熟期

（1）花生荚果的发育

果针入土以后，子房膨大成荚果，一个荚果从开始发育到完全成熟需 60d 左右，形态和生理上的变化过程如下：珍珠豆型花生，果针入土 4～5d，子房开始膨大，逐渐成鸡嘴状幼果，入土后 6～20d，荚果增长很快，20d 以后，荚果大小基本定型，称种子生长期。果针入土后 35～55d，种子内蛋白质和脂肪积累大大加快，可溶性糖、水分大大减少，柔软组织收缩，荚壳变薄、变硬，网纹清晰，种子充实饱满，称为种子充实期。入土后 55～60d，脂肪、蛋白质积累达到高峰，称为成熟期（图 2-7）。

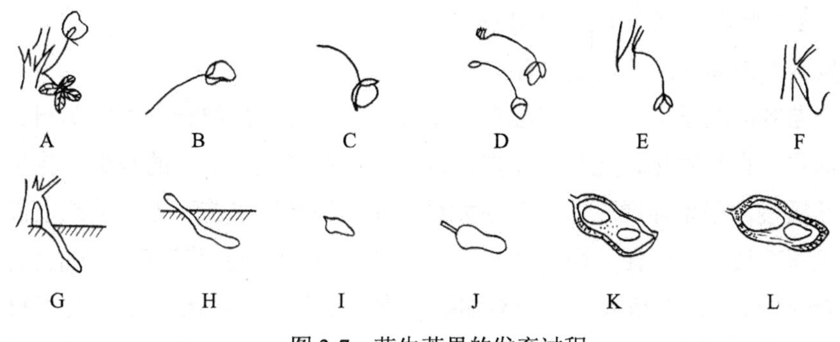

图 2-7　花生荚果的发育过程

（2）荚果发育对环境条件的要求

花生是地上开花、地下结果的作物。因此，荚果发育对环境条件的要求有其特殊性。

1）黑暗。受精子房必须在黑暗条件下才能膨大。在大田条件下，就是果针必须入土或遮光处理，才能膨大发育成荚果。悬空的果针始终不能成为荚果。子房入土后再度曝光，则停止膨大，所以在盛长期做好行间培土和畦边培土，对提高结荚率是很重要的。

2）机械刺激。试验指出，将果针伸入一暗室中，并定时喷洒水分和营养液，子房能膨大，但发育不正常。如果将果针伸入一盛有蛭石的小管中，荚果便能正常发育，说明蛭石、土壤等机械刺激是荚果发育的条件之一。

3）水分。荚果发育需吸收充足水分，结荚期干旱，则荚果发育受阻，子房萎缩或形成空果、秕果；土壤过湿，则影响荚果呼吸作用，以致造成烂果。以 60%左右持水量为宜。

4）氧气。荚果发育需要充足氧气，土壤透气性不良，不利荚果发育，甚至出现烂果、烂柄。

5）温度。荚果适宜温度为25～30℃，低于20℃发育缓慢，低于15℃发育停止。

6）营养。果针和荚果具有吸收矿质营养的能力，因此，结荚区土壤矿质养分状况与荚果发育关系密切。用^{15}Ca示踪证明，结荚期间，荚果发育所需要的钙主要靠荚果本身从土壤中吸收。缺钙、磷和其他营养元素时，秕果增加，甚至产生空荚（壳）。此外，碳水化合物等有机营养的供应也非常重要。据广东省农业科学院试验，在结荚期人工剪叶，剪叶1/2时，减产42%；剪叶3/4时，减产65%；全剪叶，减产73%。

知识2　花生各生育时期田间管理主攻目标及田间管理技术要求

1．各生育时期田间管理主攻目标

（1）发芽至苗期管理的主攻目标

在苗全苗齐的基础上，以培育壮苗为主攻目标，使幼苗健壮、株矮茎粗、枝多节密、叶色深绿、根系发达、花芽分化多，为花多、花齐奠定良好的基础。花生苗期地上部分生长缓慢，根系伸展迅速，花芽大量分化。如栽培措施不当，使地上部分生长过旺，有机营养被茎叶消耗，则对茎和花芽分化不利。500kg花生田苗期的生育指标：主根深 57～60cm，株型指数（第一对侧枝长度与主茎高度之比）1.1，主茎日增长量0.25～0.3cm，侧枝日增长量 0.3～0.4 cm，主茎着生复叶 6～8 片，叶面积系数 0.4～0.55。

（2）开花下针期的主攻目标

开花下针期以促茎、叶生长而不旺长为主攻目标。

（3）结荚成熟期管理的主攻目标

结荚成熟期要以控株增果为主攻目标，协调植株体内有机营养的分配比例，使大量的有机养分分配到荚果中去。应保证适当的肥水供应和土壤透气性，保证绿叶不受损伤，顶叶迟落，延长绿色叶片的功能期，使茎叶不衰，争取制造更多的光合产物，促使体内养分大量运转到荚果中去，提高饱果率和出仁率。

2．田间管理技术要求

（1）追肥

1）花生的营养特点。花生正常生育必须吸收足够的N、P、K、Ca、Mg、S、Fe、Na、B、Mo、Mn、Cu、Zn、Al、Si等十多种营养元素。其中N、P、K、Ca的吸收量很大，其余吸收极少，但缺少任何一种，生长发育都会受影响。每生产 100kg 荚果，吸收N 5～7kg，K_2O 3～4kg，CaO 2.5～3kg，P_2O_5 1～1.5kg。所吸收的N，一半以上来自根瘤菌固氮，一半左右来自土壤和施肥，其余元素几乎全部来自土壤和施肥。不同生育阶段对 N、P、K、Ca 的吸收量不同，苗期（出苗至始花）少，占总量的 5%～10%；花针期（始花至盛长）增多，占 10%～20%；结荚期（盛长至结荚）最多，占 40%～50%以上；饱果成熟期（结荚至成熟）减少，占 20%～30%。不同的品种和产量水平，每生产 50kg 荚果所吸收的 N、P、K、Ca 不同，晚熟种＞中熟种＞早熟种，低产田＞肥力中等田＞肥力高的田。

2）追肥数量。氮、磷、钾、钙等肥料的施用量，应根据土壤营养水平、花生产量指标、肥料种类和肥料的利用率等因素来决定，一般用 20%～30%的肥料作为追肥。

3）追肥时期。苗期，尤其三、四叶期，施适量的速效氮、磷、钾肥，有利于营养器官的生长，培育壮苗，促进花芽分化，因为此时子叶营养已耗尽，根瘤未能提供氮素。花针期根据植株生长情况，适当补施速效氮、磷、钾、硼、钼，可促进开花受精和根瘤固氮。此时应增施钙肥（石灰或石膏），以供荚果发育。结荚期植株生长最旺盛，根的吸收机能和根瘤固氮供氮能力最强，如果增施肥料，容易引起植株徒长倒伏和招引病虫害。饱果期根据植株生长情况，适当追肥，养根保叶，防早衰，促果饱，增果重。

4）追肥方法。

一是根际追肥，花针期以前多采用此法。根际追肥常结合中耕除草培土工作来进行。土壤要湿润（有一定水分），必须将肥料覆埋土中，以提高肥效、减少损失。勿在露水或雨水未干和土壤过于干旱时施肥。

二是结荚区施肥。即将肥料施于结荚区，使荚果吸收。结荚所需的钙肥宜施于结荚区，肥少干旱时也宜在结荚区施肥。

三是根外追肥。结荚期和饱果期多采用根外追肥。根外追肥具有用肥少、肥效快、效果好的优点。常用的几种肥料的根外追肥浓度和施用时期如下：硫酸铵或尿素 0.5%～1%，过磷酸钙 1%～2%，硫酸钾 0.5%～1%，任何时期都可使用；钼酸铵 0.05%～0.01%，在苗期或花针期施；硼酸 0.01%～0.05%，在苗期或花针期施；稀土 0.01%～0.05%，在苗期和始花期施。

（2）水分管理

1）花生的需水特点。花生全生育期的需水量因环境条件和品种类型而异。据测定，南方珍珠豆型花生，每公顷产量 3000kg 时，全生育期耗水量为 1800～2550m^3，平均每生产 100kg 耗水 60～85m^3。

不同生育阶段，需水量不一样。据测定，南方珍珠豆型中、小粒种需水量，播种至出苗阶段占全期的 3.2%～6.5%，齐苗至开花阶段为 16.3%～19.5%，开花至结荚阶段为 52.1%～61.4%，结荚至成熟阶段为 14.4%～25.1%；北方普通型大花生则分别为

4.1%～7.2%，11.9%～24.0%，48.2%～59.1%，22.4%～32.7%。即两头少，中间多。需水临界期在盛花期，需水最多时期在结荚初期。

2）花生的水分管理。根据花生的需水特点，既需保证有充足的水分供应，尤其是花针期和结荚期，又要防止干旱和水分过多的危害。一般以保持土壤最大持水量的50%～70%为宜。当持水量低于40%以下时，要注意灌溉；当持水量大于80%以上时，应注意排水。但是，不同的生育阶段，水分管理要求略有不同。各生育期的水分管理经验，可概括为"燥苗、湿花、润荚"。就是苗期水分宜少，以促进根系深扎和幼苗矮壮；花针期土壤宜较湿，以促进开花与下针；结荚期土壤宜湿润，既可满足荚果需要水，又可防止水多徒长和烂果。据此，苗期土壤水分控制在田间持水量的50%左右，花针期在70%左右，结荚期在60%左右，饱果期在50%左右为宜。

（3）炼苗与清棵

1）炼苗。炼苗也叫饿苗、蹲苗。就是在幼苗期控制水分，促使幼苗根系深扎，培育良好根系。由于既控制水也控制了肥，幼苗地上部分的生长受抑制，主茎和第一对侧枝伸长缓慢，茎节短密，形成矮壮苗。炼苗一般在幼苗第四片真叶时开始，此时第一对侧枝已长出，六片真叶时结束，此时第二对侧枝已长成。炼苗以土壤干旱不危及植株正常生长为度，即不出现反叶、卷叶现象。水肥条件好的田块才需要炼苗，而贫瘠的旱地以及生长纤弱的幼苗不宜炼苗，而应及早施肥和防旱。

2）清棵。清棵是在深播条件下，为了解放埋在土中第一对侧枝所采取的一项增产措施。就是在齐苗后，结合第一次中耕，用小锄将花生植株周围泥土扒开，使两片子叶恰好露出土面，这样，子叶腋内两个侧芽在充足的阳光和空气条件下迅速发育成为健壮的第一对侧枝，否则生长迟缓且纤弱。经过15～20d后，第一、二对侧枝健壮成长后，再将扒开的泥土埋窝，培土还针。

（4）中耕除草与培土

1）中耕除草。"花生最怕草头坪"，"荒了头草不发苗，荒了二草不结豆"，这是群众对杂草危害花生的科学总结。苗期杂草生长很快，应及早中耕除草，为幼苗生长创造一个"净、松、湿、肥"的生态环境，是培育壮苗的重要措施。花生的除草，除结合中耕用人工除草外，目前已全面推广化学除草。一般是在播种后、发芽前，将除草剂均匀地喷洒在土壤表面。常用的除草剂有丁草胺、拉索、都尔、恶草灵、扑草净等。

2）培土。适当培土，缩短果针与地面距离，使果针入土结荚，增加结荚率。适当培土还能减少土壤流失，加厚土层，增加养分，尤其加强边行植株的培土，有利于充分发挥边行优势。花生的培土结合中耕除草进行，培土不宜过厚，以免荚果发育的土壤生态环境发生较大改变而影响结荚，一般以不超过5cm为度；培土也不宜过早，以免影响第一、二对侧枝发育，一般在始花后或花针期为宜。

（5）防治病虫害

1）花生主要病害及其防治。南方花生区较为严重的花生病害有青枯病、锈病、黑斑病、褐斑病等。对于病害的防治，目前主要采取合理轮作、改善栽培管理、选育抗病品种和药剂防治等综合措施。

2）花生主要虫害及其防治。南方花生区为害较普遍、较严重的虫害有蛴螬、蝼蛄、地老虎、蚜虫、斜纹夜蛾、蓟马等。对于花生虫害的防治，除农业措施外，目前主要采取药剂防治。

（6）植物生长调节剂的应用

植物生长调节剂在花生上的应用越来越广泛，并取得明显效果。常用的生长调节剂有矮化植株，防止倒伏的比久（B9）、多效唑（PP_{333}）等；有促进茎叶生长，增强光合作用的三十烷醇、增产灵（4-碘苯氧乙酸）等；有打破种子休眠，促进发芽，又能抑制开花的乙烯利等；有抑制光呼吸，减少干物质消耗的亚硫酸氢钠等。

知识 3　花生地膜覆盖生产技术要点

花生地膜覆盖栽培，为花生生长发育创造了比较优越的环境条件，有利于花生对水、肥、光、热资源的利用，发挥花生增产的潜力，一般比露地花生增产 25%～35%。其生产技术要点如下。

1．深耕细整，施足基肥

花生地膜覆盖栽培通常不中耕、不追肥，因此必须在头年和秋冬或早春，搞好深耕改土、精细整地和施足基肥的工作。深耕要求耕深 20cm 以上，整碎整平，营造无大土块的疏松土层。每公顷施优质土杂有机肥 60000～75000kg，过磷酸钙 300～375kg，硫酸钾 105～150kg。

2．正确运用覆膜技术

（1）起畦（作垄）

根据薄膜的宽度起畦，将种植两行花生的畦（垄）做成一个高畦，用薄膜将畦面全部覆盖。南方花生区珍珠豆型花生地，一般畦距约 90cm，畦面宽 60cm，沟宽 30cm，畦高 12～15cm。

（2）薄膜规格

花生地面覆盖的聚乙烯薄膜，厚度以 0.015～0.018mm 为宜，若超过 0.02mm，果针就难以穿透薄膜入土结实。薄膜颜色，在银色、黑色、透明三者中，以透明的效果好，增产幅度大。选用线性聚乙烯薄膜，厚度为 0.008mm，每公顷需膜 67.5～75kg；选用高压聚乙烯薄膜，厚度 0.012～0.014mm，每公顷需膜 127.5kg。

（3）安全喷施除草剂

畦面细碎平整后，覆薄膜前需均匀喷洒除草剂，可用“杀草醚”（即 1 份 60%“杀草胺”乳剂，加两份 30%除草醚乳剂混配而成。每公顷施用混合剂 7.5～11.3kg，加水 750～1125kg），或用扑草净、氟乐灵、都尔乳油、阿特拉津胶悬剂等防止杂草。

覆膜技术采用机械或人工覆膜，均要求畦面土要细碎平整，土壤水分要足（表层 5cm 土壤含水量保证 15%以上）。在畦面上覆盖薄膜要摆平、伸直、拉紧、使膜里无空隙，平展无纹，紧贴畦面上。多风地区做到垂直覆膜，并每隔 3～4m 处，横压一锹土防风固膜。畦向要与风向平行或南北向为宜。

3．播种覆膜栽培（春花生）

可比露地栽培提早 10～15d 播种。南方地区高温多湿，宜选用抗青枯病、锈病等珍珠豆中粒种。按每畦种两行花生起畦，小行距 40cm，穴距 16～18cm。每穴播种两粒，每公顷 120000～127500 穴。先覆膜后播种或先播种后覆膜均可。覆膜后播种的，穴位开膜孔直径 5cm 播种，播后穴上盖一把土，厚约 2cm，出苗时清棵并在膜孔周围撒土压膜以防被风撕裂；先播种后覆膜的，出苗时要及时开孔出苗、晒苗，防止苗在膜内灼伤，开孔后周围孔边撒土压膜。

4．田间管理

1）进行播种后的覆盖质量检查，防止膜破失墒，种子干露，确保早出苗。

2）及时查苗补缺，防治苗期地上、地下害虫，确保全苗、齐苗、壮苗。

3）生育中期可用 0.1%～0.3%磷酸二氢钾液叶面喷洒 1～2 次，或 2%过磷酸钙澄清液叶面喷洒 2～3 次，苗势弱的地块，还可加 1%尿素溶液混合喷洒，有增强生长势的作用。

4）喷施生长调节剂与激素。①在盛花末期，当植株生长过旺呈现徒长时，用浓度（1000～1500）$\times 10^{-6}$B9 叶面喷施，或在花生结荚后期叶面喷施 500×10^{-6} 的多效唑（PP_{333}），均能抑制地上部分营养生长，减少后期无效花的养分消耗，并能使光合产物集中向地下和向生殖器官转移，显著提高产量。②在初花至盛花期，用（100～250）$\times 10^{-6}$ 的增产灵（4-碘苯氧乙酸）叶面喷施，能促进开花、下针，提高结荚率。

5）适时灌水。花生生育期中，尤以荚果膨大充实期间，当表层 5cm 土壤含水量低于 10%时，应进行适量灌水，以保持花生正常发育，保证荚果发育对水分的需要。

6）破膜散墒。在荚果成熟期，当结果层（土壤 10cm 深处）土壤含水量高于 12%时，应及时破膜散墒，保持土壤通气良好，防止荚果落果、烂果。

5．适时收获，净地净膜

覆膜栽培花生成熟后应及时进行收获（一般比露地花生提早 7～10d 收获），过晚收获，易造成落、烂果，田间发芽等影响产量和品质。同时，留存在地表的聚乙烯薄膜应随收随拾，防止对土壤的“白色污染”。积极组织残膜回收利用，从而变害为利、变废为宝，是一项很有推广价值的生态环境保护措施。

实训　花生田间管理训练及花生开花下针习性观察

1．目的要求

学生两人一组，每组准备已经种植花生的田地一块。通过生产实践，掌握当地生产上花生田间管理技术及花生开花下针习性观察。

2．材料工具

材料：N、P、K、Ca（石灰或石膏）肥料。

工具：锄头、塑料小挂牌、竹签、厘米尺、放大镜。

3．实训步骤

（1）花生开花下针习性观察

流程：

选地→中耕松土、除草→施肥→培土→选株→挂牌→观察记载

具体实施步骤见表 2-4。

表 2-4　具体实施步骤及操作要求

实施步骤	操作要求	注意事项
选地	选具有代表性的地块	勿选边角地
中耕松土、除草	浅耕	勿伤根系
施肥	看苗施肥	避免肥害伤根
培土	在花生分枝部	避免盖住茎秆
选株	每个学生选定一个植株作为观察株 在株旁插上竹签作记号	选生长正常植株
挂牌	选定第一对侧枝和第二对侧枝上节位高、刚开的花各1朵，在花旁的枝条上小心挂上塑料小牌作标记	花生植株开始开花后
观察记载	根据观察结果把数据填入花生开花下针习性记载表(表 2-5)。 1）从开花到开始长出果针所需天数。 2）从开花到果针开始入土所需天数。 3）果针基部与土面的距离，可用厘米尺测量，以 cm 表示	从开花到果针入土期间每天观察一次，并做好记载

表 2-5　花生开花下针习性记载表

花位	开花日期/月、日	开始长出果针日期/月、日	果针开始入土日期/月、日	从开花到长出果针天数/d	从开花到果针开始入土天数/d	果针基部与土面的距离/cm
第一对侧枝						
第二对侧枝						

（2）花生田间管理

1）查苗补种。花生齐苗后，应立即查苗，发现缺苗，及时补种或补苗。补种用原品种的种子，催芽后补种或两片子叶期带土移载。

2）清棵。齐苗后，结合第一次中耕进行。要先锄后清，锄后用小锄把幼苗周围的土扒开，使子叶露出即可。清棵时注意不要损伤子叶，以免影响第一对侧枝的发育。花生出苗时子叶已基本露出土面，不必进行清棵。

3）中耕锄地。一般锄地两遍。齐苗后，结合清棵锄头遍，以后结合平窝锄二遍，二遍锄地是灭草的关键。锄地时头遍要浅，以免埋苗；二遍要深，以疏松土壤，促进根系发育。

4．实训报告

结合已学知识，请对所调查农场的花生地花生田间不同生育期生长势进行评定，并结合花生开花下针习性观察结果说明花生培土迎针的适宜时期和培土迎针的作用。

拓展　翻秋花生田间管理

翻秋花生播种后20d即开花，因此出苗后要及时中耕，并追施一次稀粪水或尿素，以促成丰产苗架。初花期中耕培土，以利果针入土。用500倍代森锰锌溶液和（100～500）$\times 10^{-6}$农用链霉素防治青枯病，每7～10d喷施1次。

盛花期用300×10^{-6}的15%多效唑喷施1次，促进营养生长向生殖生长转化，增强光合作用，减少秕果，能增产30%左右。荚果期如遇干旱，要灌一二次水，夜灌日排，不得积水。根据品种的植物学特征拔去杂株。

任务2.4　花生收获与储存

知识目标

1．掌握花生的适时收获；

2．了解花生安全储存的条件。

能力目标

会进行花生田间测产。

知识 1 花生收获成熟的标志

正确鉴定花生成熟度很重要，这是夺取高产的最后一个关键。

通过综合考察花生的植株表现、荚果特征和种仁特点来确定成熟期比较科学。

1．植株长势

成熟期花生植株的顶端生长点停止生长，顶部 2～3 片复叶明显变小，茎叶颜色由绿转黄，中下部叶片逐渐脱落，小叶柄基部叶枕的睡眠运动减弱，叶片的感夜运动基本消失。

2．荚果特征

多数荚果网纹明显，荚果内海绵层有黑色光泽，果壳变硬变薄呈现黄褐色，种皮呈现本品种固有颜色，这时即可收获。

知识 2 花生留种与储存

1．留种

做好选留种工作是防止混杂、提高种性、争取来年丰收的前提。

一般实行三步选果。

01 片选，在种子田选择生长整齐的花生收获作种。

02 棵选，在片选的基础上，剔除病株、杂株、劣株，选留生育健壮、果多果饱的植株做种。

03 荚选，即当选植株中，选果大粒多，饱满、壳色鲜明、壳纹明显、无病斑的荚果。并根据下一年的种植计划，每公顷留荚果 375kg。留种花生，宜提前 5～7d 收获，因过老熟含油分高对发芽不利。

2．安全储存要求

花生种子含有大量的蛋白质、碳水化合物等亲水物质，在储存过程中，很容易吸收空气中的水分而受热发霉乃至变质。

安全储存防止种子酸败霉变，为食用和种用提供优良的原料和种子，是花生栽培的最终目的。安全储存的要求，首先是荚果和种子必须充分晒干，晒至安全水分以下，即含水量达非油物质含量的 14%～15%，以全果计约 10%以下，以种子计约 8%以下，或用手搓种子能脱皮，用齿咬之易断（硬脆）；其次是保护好果壳，防止在晒、运过程中果壳破损；再次是储存环境保持干燥、低温、通风、干净，一般要求空气相对湿度低于 70%，温度低于 20℃，越低越好，有通风散热设备，空气无异味；最后是注意翻晒，一般入储后每隔三个月或半年要翻晒一次，使之保持干燥状态。花生种子安全储存的关键是减少水分，降低种子呼吸作用，防止病虫侵害。因此，只要种子含水量保持在安全水分以下，就能储存长时间不变质，否则很容易酸败霉变。

实训　花生测产与收获

1．目的要求

学生两人一组，农业企业、家庭农场或专业合作社 3～5 家。在实训室识别花生类型的基础上走向生产实践，调查当地生产上主要的花生类型及各类型的主要品种特性。

2．材料工具

材料：每组准备花生果类型。

工具：皮尺、调查表、锄头、笔一支。

3．实施步骤

流程：

选样点→调查株数→填表计算→收获

（1）花生测产

花生测产的实施步骤及操作要求见表 2-6。将调查结果填入表 2-7。

表 2-6　花生测产的实施步骤及操作要求

实施步骤	操作要求	注意事项
选样点	以五点、四点或三点取样均可	不可取边行
调查株数	每点随机取 5～10 株有代表性的植株	样点植株具代表性
项目考察、填表、计算	按考察项目测试数据	数据真实

表 2-7　花生田间测产调查表

品种：________　　　　日期：____年____月____日

调查点	行距/m	穴距/m	每穴株数	每平方米株数	每平方米穴数	每穴（株）果数			饱果率/%	双仁果率/%	每千克果数/个	每666.7m²产量/kg
						饱果	秕果	总果数/个				
1												
2												
平均数												

理论产量（kg/666.7m²）＝666.7m² 株数×果数（饱果)/株×荚果重

实收产量（kg/666.7m²）＝荚果鲜重（kg）×（1－含水率）÷（1－10%）

（2）花生收获

适期收获，花生收获过早，成熟不充分，秕果多，含油低；收获过迟，直生型花生易落果，遇雨在地里大量发芽，收获费工，降低产量和品质，丰产不丰收。珍珠豆型花生，从播种到收获，春植一般 120d 左右，秋植一般 100d 左右，夏植 90～100d，普通型蔓花生一般要 160～180d。

4．实训报告

结合已学知识，请对所调查单位的花生类型及品种的选择给予评价，并完成实训报告。

拓展　翻秋花生收获

用秋花生作春植种子，要确保发芽率高、苗壮、产量高和品质好，应抓好三个环节。

1．适期收获

适期收获的花生，果壳内膜呈白色，种子生活力强；植株上部叶片发黄，中下部叶片脱落，茎也变黄，这时挖出的荚果多数网纹明显，籽仁饱满。一般早熟品种和瘠薄地块先采收，土壤湿润时收获的比干燥时收获的荚果发芽率高。秋花生适宜收获期在霜降前。

2．精选留种

摘果时要除杂去劣，选健壮饱满的荚果。已发芽的荚果和嫩果不能发芽又易霉烂，不能作种用。

3．及时晒种

刚收获的花生荚果含水分高。为了确保用种品质和安全储存，收获后应整株倒置晾晒，两天后再摘选荚果。晒种过程中要防雨淋，防发热。如果晒种时遇到下雨，要迅速将花生薄薄地摊在屋内地上，开动风扇，让水分慢慢散失。晴天晒种时应做到勤翻动，当摇动荚果内有响声，牙咬荚果发脆时，再翻晒一天；剥开果壳，用牙咬果仁也发脆，手搓种皮易脱掉时，即可入库储存。

综合测试

一、选择题

1．花生的真叶为（　　）。

A．单叶　　B．复叶　　C．偶数羽状复叶

2．花生根瘤菌固氮旺盛的时期是花生的（　　）。

A．幼苗期　　B．花叶期　　C．盛花期主结荚初期

3．花生种子油分积累（　　）达最高值。

A．35d 左右　　B．45d 左右　　C．55d 左右

二、判断题

1．花生根部根瘤菌能固定土壤中的氮素。（　　）

2．黑暗是花生荚果发育的决定性条件。（　　）

3．花生果针其实就是向地生长的子房柄。（　　）

4．秋植花生留种好。（　　）

5．暴露在空气中的果针是不会结荚的。（　　）

三、简答题

1．花生地膜覆盖生产技术有那些要点？

2．试述花生地上开花、地下结荚的道理。

3．保证花生一播全苗的措施有哪些？

四、综合分析题

1．花生种子处理技术有哪些？

2．生长调节剂在花生田间管理中的应用有哪些？

3．花生荚果安全储存的技术有哪些？

【信息链接】

从当地农业种植类期刊杂志或 Internet，查询花生生产的相关内容。

【考证提示】

获得种子繁育员、农艺工、植保员等中级资格证书，需具备以下知识和能力：

知识目标：

1．了解花生的生育期和生育时期；

2．掌握花生的形态识别与类型；

3．掌握花生的产量构成因素及其相互关系；

4．掌握花生各时期的生长发育特点；

5．掌握花生各时期主要病、虫、草害的发生特点。

技能目标：

1．学会花生播种；

2．学会看苗管理、壮苗培育；

3．能够进行花生病、虫、草害防治；

4．学会花生的收获、田间测产与室内考种。

项目3 油菜生产

项目导入 江西省大余县新城镇科技种植户曾凡标，2012年种油菜10亩，在县农粮局技术人员指导下，选用“中双8号”优质高产品种，亩产达325kg，比同村村民油菜产量超出20%。在年底的油菜产业协会总结会上他介绍了自家油菜生产种植经验，引导全乡油菜种植户的管理水平上台阶。

任务3.1 初识油菜生产

知识目标

1. 了解油菜生产在国民经济中的地位及油菜生产概况；
2. 掌握不同油菜类型的特点以及目前生产上推广的主要优质高产油菜品种的特性；
3. 掌握油菜生育期与生育时期。

能力目标

1. 会识别油菜主推品种和油菜器官；
2. 会根据当地气候条件、种植制度正确选用油菜良种。

知识1 发展油菜生产的意义

1）油菜是我国最主要的油料作物。油菜提供了全国食用植物油的50%左右。

2）油菜营养价值高。油菜籽含油量33%～50%。菜油含有丰富的脂肪酸和多种维生素。特别是低芥酸品种（油菜中芥酸含量低于5%）油菜的育成与推广种植，使其营养价值显著提高，菜油成为受人们欢迎的食用油。油菜还可以加工成人造奶油，因其不含胆固醇，而深受人们的青睐。除此而外，菜油也是重要的工业原料，在冶金、机械、化工和医药等方面有着广泛的用途。

3）菜籽饼可作为肥料、饲料。菜籽饼粕含蛋白质 30%～40%，并含有较多的脂肪、粗纤维、矿物质及多种维生素，其营养价值与豆粕接近。但由于传统栽培的油菜品种，其饼粕中的硫代葡萄糖苷（简称硫苷）含量高达 100～150μmol/g。用它饲喂动物，会使动物中毒，故只能将菜籽饼当成肥料。近年来，随着低硫苷品种（饼粕中硫苷含量低于 40μmol /g）相继育成与推广，其饼粕对畜禽无毒害，成为畜禽、鱼类的高蛋白饲料。

4）油菜是用地养地相结合的作物，在轮作中有重要意义。油菜根系发达，能分泌大量有机酸，可溶解土壤中难溶的磷，增加土壤中有效磷的含量；油菜在生长期间有大量的落叶、落花入土，收获后残根、茎秆和果壳还田，能显著提高土壤肥力。油菜收获比小麦早，使早稻早插，油菜茬比小麦茬的早、晚稻增产 10%～15%。

所以，发展油菜具有增油、增肥和增粮的作用。随着菜籽、菜油深加工和综合利用，油菜将在我国国民经济中发挥重要作用。

知识 2　油菜的生产概况

油菜是古老的油料作物。世界上栽培油菜历史最悠久的国家是中国和印度，其次是欧洲各国。油菜现已发展成为世界第二大油料作物。

油菜在世界各大洲均有分布，其中以亚洲为最多，其次是欧洲和北美洲。世界油菜生产发展很快。据 2009 年统计，全世界菜籽总产达 5937 万 t，2008 年种植 31.1×10^2 万 hm^2，单产和总产增加较大。产量增加的原因，除扩大种植面积外，主要是提高了单产。而提高单产的主要措施，是采用了高产、优质、抗逆性强的油菜品种和改进了栽培技术。我国油菜的种植面积和总产量均居世界首位，2009 年以来种植面积一直稳定在 700 万 hm^2 左右。油菜在全国各地均有栽培，以长江、黄淮流域最为集中。油菜的主产省为安徽省、四川省、湖北省、湖南省、江苏省、贵州省、河南省、江西省和青海省。

近几十年来，我国在油菜品种选育和利用方面取得了显著的成绩。在 20 世纪 80 年代选育推广了一批常规单、双低油菜优质品种，实现了我国油菜由普通到优质的改革。优质杂交油菜新品种的应用推广，使我国油菜生产进入了一个崭新的发展阶段。

与此同时，我国油菜生产的栽培技术水平也得到不断的提高，尤其是长江中游水田三熟制油菜的耕作栽培技术有了突破性的发展。2013 年，全国农业技术推广服务中心组织专家，对湖北省江陵县马家寨乡油菜高产创建万亩示范片进行了测产验收，产量达 4351.5kg/hm^2，创下部级验收的湖北省最高纪录。据报道，国内油菜小面积单产已突破 6000kg/hm^2，可见，大面积提高我国油菜单产的潜力还很大。

尽管我国的油菜业发展迅速，成绩喜人。但必须看到，我国油菜的生产水平还比较落后，尤其与欧洲一些高产国家相比，还有较大的差距，如生产机械化水平不高，施肥水平较低，优质品种普及率不够，产品加工利用还很落后等。为了适应国际市场竞争的需要，必须加大品种改良的力度，注重栽培技术的革新，努力提高优质油菜的生产水平。

知识 3　油菜的形态特征和生长发育

1．油菜的分类

油菜为十字花科芸薹属几个种的油用变种的总称，属一年生或越年生草本植物。根据油菜植物学形态特征、遗传亲缘关系和农艺性状的差别，将油菜分为白菜型油菜、芥菜型油菜和甘蓝型油菜。

（1）白菜型油菜

白菜型油菜原名甜油菜，形似白菜。体细胞染色体数 $2n=20$。植株一般较矮，上部薹茎叶无叶柄，叶基部全抱茎。花色淡黄至深黄；花瓣大，开花时花瓣两侧互相重叠。白菜型油菜是典型的异花授粉作物，天然异交率高达 85%～90%。种子千粒重 2.5～4.5g，无辛辣味，含油率 30%～40%。早熟、需肥量较少，较适于低肥水平下栽培，能迟播早收。但不抗病，产量低而不稳定，增产潜力不大，在长江流域三熟地区和高寒山区还有一定的种植面积，但正逐年减少。

（2）芥菜型油菜

芥菜型油菜又名辣油菜或苦油菜，$2n=36$。株型高大松散，分枝部位高，主根较发达，耐旱性强。幼苗茎部叶窄小，有长叶柄。叶面粗糙密被刺毛，叶缘有缺刻或锯齿，薹茎叶有短柄，叶柄基部不抱茎。花淡黄色或乳白色，花瓣小而长，开花时 4 瓣分离。芥菜型油菜是常异交作物，天然异交率一般为 10%左右。角果细而短，种子小，千粒重 1.5～2.5g，有辣味，含油率 30%～50%。抗逆性强，耐瘠、耐旱。产量较低，现已极少种植。

（3）甘蓝型油菜

甘蓝型油菜又名洋油菜，$2n=38$。原产欧洲地中海沿岸西部地区，株型中等或高大，枝叶繁茂。下部叶片有明显缺刻，与甘蓝相似，呈深绿色，叶面平滑，多被蜡粉与刺毛。薹茎叶呈披针形，无缺刻，无叶柄，叶基部半抱茎。花瓣较大，开花时重叠。是常异交作物，天然异交率 10%左右，自交结实率 50%～90%。种子较大，千粒重 2.5～4.5g，无辛辣味，含油率 35%～45%。耐肥、高产，抗病性较强，增产潜力大。

甘蓝型油菜生育期较长，成熟较迟。随着大量的早、中熟品种的育成，在长江流域二熟和三熟地区，其栽培面积迅速扩大，已占油菜栽培总面积的 90%以上，是各油菜产区重点推广的类型。

2．油菜的形态特征

（1）营养器官

1）根。油菜为直根系，具有主根和侧根。一般油菜主根纵深伸展可达 30～50cm，最深可达 1m 以上。侧根包括支根和大量细根，多密集分布在表土 20～30cm 深处，水平扩展为 45cm 左右。移栽的油菜，主根被折断，不能深扎，侧根较发达，根群分布较浅，抗旱、抗倒能力不及直播油菜。

2）茎和叶。油菜的茎包括主茎和分枝两种。油菜的主茎是由胚芽向上生长伸展而形成的（图 3-1）。主茎的伸长高度依品种而不同，矮生品种约在 70cm 以下，高大品种可达 200cm 以上，一般品种在 150cm 左右。苗期的主茎节间短缩密集，这段主茎称为缩茎；着生在缩茎上的叶片有明显的叶柄，叫长柄叶。到第二年春季，主茎伸长，节间也依次伸长，这段主茎称为伸长茎；着生在伸长茎上的叶片，叶面积较大，叶柄不明显，叶片基部有一对叶翅，称为短柄叶。位于伸长茎上部的这段主茎称为薹茎；着生在薹茎上的叶片，叶面积较小，无叶柄，称为无柄叶（图 3-2）。

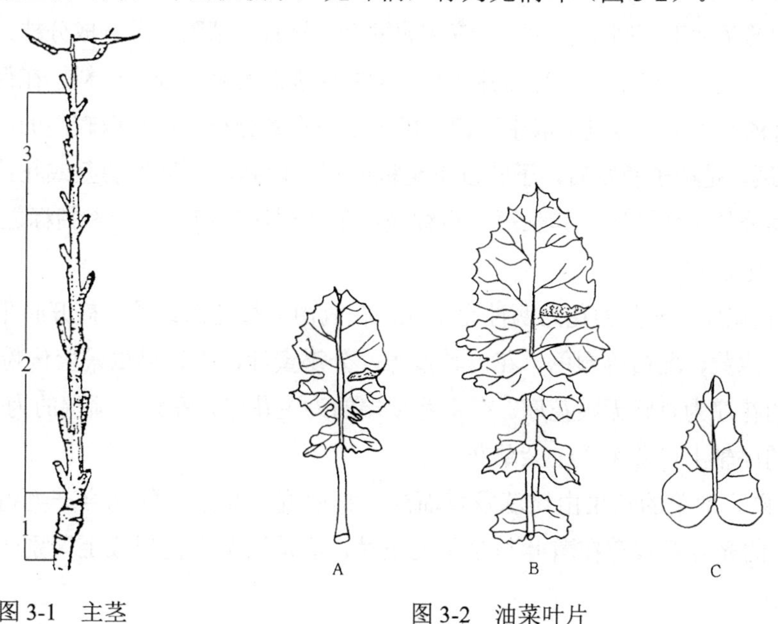

图 3-1　主茎

图 3-2　油菜叶片

分枝是由主茎叶腋间的腋芽发育而形成的。主茎上着生的分枝叫第 1 次分枝，在第 1 次分枝上长成的分枝叫第 2 次分枝，依此类推。根据第 1 次分枝着生在主茎上的位置不同，可分为三种分枝类型：下生分枝型、上生分枝型和匀生分枝型（图 3-3）。

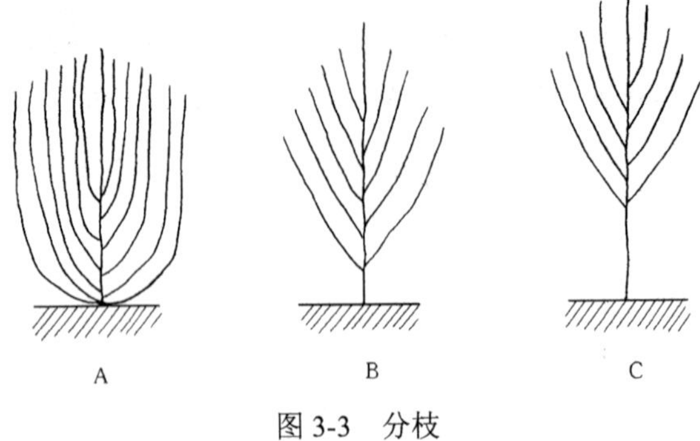

图 3-3　分枝

下生分枝型：油菜缩茎段腋芽发达，分枝出现早，伸长速度快，形成分枝较多，株型呈筒型或丛生型。白菜型品种多属此类型。

上生分枝型：其缩茎段及伸长茎段腋芽不能正常发育，下部分枝极少，多集中于上部，株型呈扫帚型。芥菜型品种多属此类型。

匀生分枝型：分枝比较均匀地分布在主茎各茎段上，下部分枝长，上部分短。甘蓝型品种多属此类型。

油菜分枝类型的变化，除因品种类型而异外，还与栽培条件有密切关系。在早播、稀植、高肥的条件下，中下部腋芽发育较好，容易形成下生或匀生分枝；反之，在晚播、密植、少肥的条件下，削弱了中下部腋芽的发育，只有上部腋芽发育成分枝，则形成上生分枝型。因此，生产上应适时播种移栽，配置合理的密度，施足肥料，在保证上部分枝发育良好的基础上，尽量争取中下部的腋芽形成有效分枝，以获取较高的产量。

3）根颈。是种子萌发后，子叶以下至根的那一段茎，也称为幼茎或胚芽。根颈是冬季储藏养分的主要场所，其长短、粗细是衡量苗弱还是苗壮的形态指标之一。

（2）生殖器官

1）花和花序。油菜的花为两性完全花。花冠由 4 枚花瓣组成，盛开时平展成十字形，呈黄、浅黄、乳白等颜色。花内具蜜腺，分泌蜜汁，引诱昆虫采蜜传粉。

油菜的花序为总状无限花序。在主茎顶端的为主花序，各分枝顶端的为分枝花序，每一花序的序轴上可着生数十朵单花。

2）角果。油菜的角果由雌蕊发育而成。据研究，角果皮的光合产物占籽粒重的 40%。油菜的光合器官存在着叶与角果的更替，这是油菜产量形成上区别于其他作物的最大特点。

3）种子。一般一朵单花的子房中分化 15～40 个胚珠，由受精的胚珠发育成种子。正常情况下，平均每个角果可形成 15～20 粒种子。种子的含油量不仅因类型和品种的不同而有差异，还与种子大小、种皮色泽密切相关。一般籽粒大、皮色浅的种子含油量高于籽粒小、皮色深的。

3．油菜的生长发育

我国南方冬油菜，通常在秋季播种，次年初夏成熟。全生育期的长短因类型、品种、地区自然条件的不同以及播种期的早迟相差很大，主栽的甘蓝型品种一般为 170～230d。在油菜的一生中，按其生育特点和栽培管理的不同要求，可分为苗期、蕾薹期、开花期及角果发育成熟期等 4 个生育时期。

（1）苗期

从出苗（子叶出土平展）到现蕾，这一阶段称为苗期。苗期一般较长，120～150d。苗期又可分为苗前期（幼苗期）和苗后期（孕蕾期）。花芽分化开始以前为苗前期，花芽分化开始至现蕾为苗后期。苗期主要以营养器官生长为主，花芽分化后开始进行生殖器官的生长。在苗期，要求植株多长叶，多发根，根颈粗壮，多分化花芽和分枝，达到秋发要求，或为春发打好基础。

（2）蕾薹期

从现蕾到始花为蕾薹期，需 20～30d。油菜现蕾后或现蕾的同时主茎节间开始伸长，称为抽薹。当全田有 75%以上植株的主茎高达 10cm 时，油菜进入抽薹期。此后主茎迅速伸长，当全田有 25%的植株开始开花时，即为初花期。

蕾薹期的生育特点是营养生长与生殖生长同时进行。营养生长表现在主茎伸长增粗，分枝陆续抽出；叶片数增多，叶面积增大；根系继续发育，向纵深水平方向发展。生殖生长则由弱转强，花蕾发育长大，准备开花。因此，蕾薹期是获得高产的关键时期，要求达到薹壮枝多，春发稳长。

（3）开花期

油菜分枝多，花序长，开花依次进行，需经历一段时间才能结束。对大田群体来说，油菜的花期是指初花至终花（全田有 75%花序完全谢花）所经历的天数，一般为 20～30d。这时，油菜营养生长转弱，根、茎、叶的生长到盛花期已基本停止；生殖生长逐渐占优势，表现为花序伸长，不断开花、授粉、受精，形成角果。油菜花期是决定角果数和粒数的重要时期。

（4）角果发育成熟期

从终花到角果成熟为油菜的角果发育成熟期，甘蓝型品种一般为 25～35d。油菜开花授粉后，子房开始膨大，形成角果；胚珠发育成种子。在这个时期，果实、种子的体积不断增大、充实。叶、茎秆、果皮的养分不断运往种子，油分逐步积累直至成熟。这一时期是决定粒重和油分含量的主要时期，要求活熟不早衰，也不贪青迟熟。

4．油菜的阶段发育

（1）春化阶段

油菜在温度条件达到要求后才能进入生殖生长阶段，油菜通过春化阶段的主要标志是花芽开始分化，植株抽出短柄叶。油菜的类型和品种不同，通过春化阶段所要求的温度条件也不相同。根据对温度反应的特性，可分为冬性、半冬性、春性三个类型。

1）冬性型。冬性型油菜大多数为晚熟和中晚熟品种。它们对低温的要求较严格，需要在 0～10℃的低温下，经 10～30d 以上的时间才能通过春化阶段。如果不满足这样的条件，油菜就长期停留在苗期。

2）半冬性型。半冬性型油菜一般为中熟、早中熟品种和部分中晚熟品种。它们通过春化阶段时对低温的要求不如冬性型严格，所需的温度范围介于冬性型和春性型之间。

3）春性型。 春性型油菜一般为极早熟、早熟和部分早中熟品种。它们可在 5～15℃条件下，经 15d 左右的时间通过春化阶段。春季播种，一般均能在当年正常开花结实；秋季播种，容易通过春化阶段，当年冬季经常发生早薹早花现象。

（2）光照阶段

油菜通过春化阶段后，在长日照下通过光照阶段，完成个体发育。

了解油菜的阶段发育特性，对于确定油菜品种的引种范围；根据茬口选用相应的油菜品种，进行合理的品种搭配；确定适宜的播种期等都有重要作用。

知识 4　生产上推广的优质高产油菜品种的特性

目前生产上推广的主要优质高产油菜品种的特性见表 3-1。

表 3-1　生产上推广的主要优质高产油菜品种特性

品种名称	特征特性	产量表现	栽培技术要点
中双11号	半冬性甘蓝型常规油菜品种，全生育期平均 233.5d。匀生型分枝类型，平均株高 153.4cm，一次有效分枝平均 8.0 个。抗裂荚性较好，平均单株有效角果数 357.60 个，每角 20.20 粒，千粒重 4.66g。种子黑色、圆形。抗菌核病能力较弱。抗倒性较强。含油量 49.04%	2007～2008 年续试平均 666.7m^{2}产 156.54kg，比对照增产 0.64%	1．适时早播：长江下游地区育苗适宜播种期为 9 月中、下旬，10 月中、下旬移栽；直播在 9 月下旬到 10 月初播种。 2．合理密植：在中等肥力水平下，育苗移栽合理密度为 1.2 万～1.5 万株/666.7m^2，肥力水平较高时，密度 1.0 万～1.2 万株/666.7m^2。直播可适当密植。 3．科学施肥：重施底肥，亩施复合肥 50kg；追施苗肥，于 5～8 片真叶时每 666.7m^{2}施尿素 10～15kg；必施硼肥，底施硼砂每亩 1～1.5kg，苔期喷施（浓度为 0.2%）硼砂溶液。 4．防治病害：在重病区注意防治菌核病。于初花期后一周喷施菌核净，用量为每 666.7m^{2}100g 菌核净兑水 50kg

续表

品种名称	特征特性	产量表现	栽培技术要点
中双8号	半冬性、中熟双低常规甘蓝型油菜。株高160cm左右，一次有效分枝8个左右，每角22粒左右，单株角果数430个，角果长度3.8cm左右，千粒重3.5g左右。该品系叶色较浅，分枝部位中等，株型紧凑，结角密度大，秆硬且粗壮，抗病性、抗倒性好。含油量43.22%	1998～2000年参加全国长江下游区区试。两年平均较对照中油821增产5.1%。2000～2001年生产试验，平均每666.7m²产146.43kg，较中油821增产9.71%	1. 适时早播：长江下游地区育苗适宜播种期为9月上、中旬，10月中、下旬移栽；直播在9月下旬到10月初播种。 2. 合理密植：在中等肥力水平下，育苗移栽合理密度为1万～1.4万株/666.7m²，肥力水平较高时，密度0.75万～1.2万株/666.7m²。直播可适当密植。 3. 科学施肥：重施底肥，亩施复合肥50kg；追施苗肥，于5～8片真叶时，亩施尿素或复合肥15kg左右；必施硼肥，于苔期喷施（浓度为0.2%）或底施硼砂每666.7m²1kg。 4. 防治病害：在重病区注意防治菌核病。于初花期后一周喷施菌核净，用量为每666.7m²100g菌核净兑水50kg。种子生产技术要点：种子应选株小棚隔离繁殖；原种生产，在生产基地繁殖，周围2000m内不能种植其他十字花科植物，并注意繁种田的去杂工作
绵油11号	甘蓝型中早熟核不育两系组合。种子黑褐色，千粒重3.15～3.52g，含油量41.34%～42.82%。半直立，弱冬性，有蜡粉，无刺毛。株高170～190cm，匀生分枝，一次分枝8～9个，主花序较短，50cm左右，单株有效果500个左右，每角19～21.2粒。生育期：育苗移栽220d左右，直播210d左右。抗（耐）菌核病、抗病毒病能力好	1999～2001年参加全国长江上游区区试。 两年平均每666.7m²产170.04kg，较对照增产25.93%。2001年全国长江上游区生产试验平均每666.7m²产174.48kg，较对照增产14.97%	1. 适时早播，培育壮苗。 2. 因地制宜，适当密植。移栽每公顷10.5万～13.5万株，直播每公顷留苗14.0万～18.0万株。 3. 施足底肥，早施提苗肥，氮、磷、钾、硼配合施肥。每公顷施氮150～180kg，N：P：K=1：0.5：0.5，硼以为15 kg为宜。注意配施农家肥。 4. 注意防病治虫。苗床期、苗期和末花期治虫。初花至盛花治病
中油杂3号	甘蓝型半冬性、中熟杂交油菜品种。株高165cm左右，一次有效分枝8～10个，二次有效分枝15个左右，每角21粒，单株角果数400个左右，角果长度4.5cm左右，千粒重3.5g左右。株型紧凑，经济系数高。含油率39.7%。抗菌核病能力、抗病毒病能力强，抗倒性好	1998～2000年参加全国（长江中游）区试。两年平均较对照增产11.52%。2001年生产试验平均每666.7m²产127.1kg，较对照增产3.67%	1. 适时早播：长江中游地区育苗移栽播种期为9月上、中旬，10月中、下旬移栽；直播在9月下旬到10月初播种。 2. 合理密植：中等肥力条件移栽1万～1.4万株/666.7m²。肥力水平较高时，密度0.75万～1.2万株/666.7m²，直播可适当密植。 3. 科学施肥：重施底肥，每666.7m²施复合肥50kg；追施苗肥，于5～8片真叶时，亩施尿素或复合肥15kg左右；必施硼肥，于苔期喷施（浓度为0.2%）或底施硼砂每666.7m²1kg。 4. 注意防病治虫。初花期后一周喷施菌核净，每666.7m²100g菌核净兑水50kg

实训 调查当地生产上采用的油菜类型及良种特性

选择种有油菜的农业企业、家庭农场或专业合作社3～5家，与技术负责人直接座谈，通过询问的方式了解调查单位种植的油菜的类型及品种，各品种的生育期、产量及栽培注意事项等。

1．目的要求

学生两人一组，走访农业企业、家庭农场或专业合作社3～5家。调查当地生产上主要的油菜类型及各类型的主要品种的特性。

2．材料工具

材料：每组准备油菜的不同果实类型的样品。

工具：速记本一本、笔一支。

3．实训步骤

流程：

油菜类型识别→农场品种调查→写调查报告

具体实施步骤见表3-2。

表3-2 具体实施步骤及操作要求

实施步骤	操作要求	注意事项
油菜类型识别	了解油菜类型	注意不同类型的差异
农场品种调查	观察生产用种类型	注意品种代表性
写调查报告	写出调查单位油菜的类型及品种特性	按文体要求

4．实训报告

结合已学知识，请对调查单位油菜的类型及品种的选择给予评价，并写出实训报告。

任务3.2 油菜播种及育苗

知识目标

1．了解油菜播种前的准备工作；

2．掌握油菜最适播种期和用种量；

3．理解油菜产量的构成因素与合理密植。

能力目标

会进行油菜免耕直播。

知识 1 了解油菜的产量形成

1．油菜产量构成因素

油菜的产量是由每公顷总有效角果数、每角粒数和粒重三个因素构成的。

其理论产量的计算公式为：

$$产量（kg/hm^2）=\frac{每公顷角果数\times 每角粒数\times 千粒重（g）}{1000\times 1000}$$

在构成油菜产量的三个因素中，以每公顷总有效角果数变化最大，每角粒数变化较小，千粒重的变化则最小。因此，要使低产变高产，增加每公顷总有效角果数是增产的主要因素。而油菜每公顷总有效角果数是每公顷株数与单株角果数的乘积。大田栽植，密度过稀，单株分枝和角果数虽多，但由于每公顷总有效角果数不高，产量不一定高；密度过高，则弱株增加，造成大量不结角的无效分枝，每角粒数和千粒重降低，导致减产。因此，要因地制宜，做到合理密植，才能夺取油菜高产。据调查统计，每公顷栽 9 万～27 万株油菜，均可获得高产。一般壮苗早栽、土壤肥力好、施肥水平高或中迟熟品种应稀植，反之应密植。

2．油菜高产形成的技术路线

就我国油菜主产区每公顷产 22500～37500kg/hm^2 的产量水平而言，栽培技术路线可分为冬壮春发、冬春双发和秋发冬壮三类。

（1）冬壮春发

每公顷栽苗 15 万～24 万株，在适期播种、壮苗移栽的基础上，确保壮苗越冬。冬季单株具有 7～8 片绿叶，根颈粗 1.0～1.4cm。以春季生长期为重点，采用合理的技术措施，以较为有限的营养生长量，争取较高的生殖生长水平，形成合理适中的产量结构，实现 22500～30000kg/hm^2 的产量指标。

（2）冬春双发

每公顷栽苗 12 万～15 万株。在适期早播、培育大壮苗移栽的前提下，在冬前有效生长期内，以较多的肥水促进冬发，使得冬季封行。单株有 9～10 片绿叶越冬。春季再施足肥水，形成庞大的产量支架。在肥料运筹上，提倡施足基苗肥，普施腊肥，早施蕾薹肥。强调发中有稳，实现 3000kg/hm^2 以上的产量指标。但由于中期无效生长偏多，施肥效率较差，冬季遭受冻害和后期病害、倒伏等风险较大，稳产性较差。

（3）秋发冬壮

每公顷栽苗 9～14 万株。通过早播早栽及减苗增肥等措施，充分延长冬前有效生长期，形成特大型健壮个体。越冬时单株绿叶数 10～12 片，根颈粗 1.8cm 左右。越冬期间严格控制肥水，促进根系深扎，增强油菜的抗寒能力，并使之在抽薹初期出现一个明显的落黄过程。在“落黄”抽薹的基础上通过重施薹肥等措施，确保春发稳长，从而提高中后期的群体质量。花角期通过补施花肥和防病降渍等措施，使油菜后期达到青壮、老健、不倒、不衰。

“秋发冬壮”栽培技术路线是油菜高产栽培理论与实践的重大突破。除具有高产稳产、经济效益高的突出优点外，还具有以下几方面的优点：

1）节省秧苗。一般每公顷需苗 9～14 万株，比“冬壮春发”栽培的减少近一半，大大地节省了苗床面积。

2）有利于缓和秋播季节紧张的矛盾。因抢在三麦最佳播种期之前移栽好油菜，这样既有利于油菜的秋发高产，又能保证三麦的及时播种。

3）能够减少田间管理工作量。冬前由于发得早、发得足，田间杂草无法滋生，一般不需要进行中耕除草及培土壅根。加之植株的耐旱能力显著增强，秋季抗旱工作量较小。“秋发冬壮”栽培技术操作简便，容易掌握，适宜在油菜前作腾茬及时的地区推广应用。

3．高产油菜的需肥特性

油菜株体高大，生育期长，对氮、磷、钾的需要量比水稻、小麦、大豆等作物多。优质油菜在营养生理上又具有对氮、钾需要量大，对磷、硼敏感的特点。据测定，甘蓝型油菜每生产 100kg 菜籽需吸收氮（N）9～11kg、磷（P_2O_5）3～3.9kg、钾（K_2O）8.5～13kg，其氮、磷、钾之比约为 1∶0.4∶1 。油菜各个生育阶段对氮、磷、钾的吸收比例是不同的，见表 3-3。氮素的吸收高峰主要在苗期和蕾薹期。在苗期，主要促进根系的发育和地上部叶片的形成，对增加冬前叶片数，扩大叶面积，制造和积累较多的光合产物，培育壮苗有重要作用。蕾薹期生育两旺，生长量大，消耗养分多，此期氮素供应状况对单株分枝数、角果数影响很大。油菜全生育期均不可缺磷，但以苗期对磷最为敏感，对磷的吸收利用率较高。钾素以苗期和蕾薹期吸收比例较高。

表 3-3　油菜不同生育阶段对氮、磷、钾的吸收比例

生育阶段	吸氮（N）	吸磷（P_2O_5）	吸钾（K_2O）
苗期	42%～44%	20%～31%	24%～25%
蕾薹期	33%～46%	22%～65%	54%～66%
开花结果期	10%～25%	4%～58%	9%～22%

知识 2　播种前的准备工作

1．确定适宜的种植方式

（1）油菜的种植方式

油菜的种植方式有育苗移栽和直播两种。

1）育苗移栽，能使苗床适期早播，充分利用有利的生长季节，有效地解决多熟制中油菜与前作的季节冲突，又便于集中精细管理，有利于培育壮苗。但在前后作季节不冲突或本田土壤黏重板结，很难保证移栽质量的地区，宜采用直播方式。

2）油菜直播，稻田油菜采用直播栽培具有操作简便、省工省力、抗倒性强、病虫害少等优点。适于在南方一季稻区推广。

（2）种植制度

在我国南方，根据不同地区自然气候条件和生产特点，冬油菜主要有以下几种种植制度。

1）水稻、油菜两熟制。包括中稻—油菜和一季晚稻—油菜两熟制。前者在前后作间不存在季节冲突，有利于两熟高产；后者油菜播种有季节冲突，应采取育苗移栽，才可进行“秋发栽培”。

2）双季稻、油菜三熟制。这种制度能充分利用季节和土地，但油菜播种与晚稻收割存在季节冲突，油菜必须采取育苗移栽。为保证全年增产，湖北武穴市创造了“三中”的配套经验，即早稻、晚稻、油菜都采用中熟品种，这样可兼顾三者获得高产。

3）旱粮或烟草、油菜两熟制。一般采用宽窄行套种或育苗移栽。

2．选用优质杂交品种

选用优质杂交品种，利用杂交优势来提高优质油菜的产量是油菜增产增收的关键措施。油菜“秋发冬壮”栽培的前提条件是早播早栽，因此，对品种有一定的限制。若在冬季温度偏低的地区，选用春性偏强的品种，容易在冬前或冬季抽薹，冬季冻害的风险较大，产量反而不稳。所以，各地应因地制宜，选准品种，一般要求长江中下游地区应选用耐寒性较强的中熟偏迟的半冬性或冬性品种；冬季气温偏暖的南部地区对品种的选择性较广，除晚熟品种外，还可选用半冬性中熟或早中熟品种。

3．确定合适播种时期

适期早播，培育壮苗是实现油菜高产稳产的基础。适宜的播种期是由当地气候条件、茬口安排和品种特性等因素确定的。例如，长江中游地区种植的华杂2号、3号，适期早播时，可利用冬前有利的生长期促苗长根、发叶、根颈增粗，积累较多的营养物质。但播种过早，秋季生长过旺，养分消耗过多，根颈糠老，抗逆性差，反而会减产。南方地区无论采用哪种耕作制度，都要求油菜早成熟、早收获，尽量为后作早腾茬口，为小麦抢收、秋季作物抢种错开劳力矛盾。

我国南方各油菜产区，甘蓝型油菜育苗移栽的适宜播种范围是：长江下游地区为9月中、下旬到10月上旬；长江中游地区为9月上旬到10月下旬；云贵高原地区为9月中旬到10月上旬；四川盆地为9月中旬到10月上旬；华南沿海地区为10月上中旬。

进行“秋发冬壮”栽培时，实际播种期的确定，应在条件允许的情况下，取适宜播种期的上限。

实训 油菜直播

1．目的要求

学生分组，一组两人，通过农场油菜种植生产实践，掌握当地农业生产中油菜高产栽培技术方案的要求。

2．材料工具

材料：农场种植地一块、油菜种、肥料（基肥、种肥）。

工具：锄头、米尺。

3．实训步骤

流程：

整地开沟→施足基肥→播种→盖籽

具体实施步骤见表3-4。

表3-4 具体实施步骤及操作要求

实施步骤	操作方法	注意事项
整地开沟	深耕25～30cm较好，畦宽1.5～2m，一般保持沟宽20cm左右即可	深耕时做到深浅一致，在结合耕地的同时，拾去杂草和残根，耙地要做到平整、不漏耙、无土块、虚松适宜，以减少水分蒸发，利于保墒。细整平，开沟作畦，做到“三沟”配套。土壤黏重、地势低、排水困难的田块，宜采用深沟窄畦，畦宽1.5～2m，沟深30cm以上
施足基肥	将有机肥撒施后耕翻或旋耕作底肥，化肥撒施后碎垡整地或条施、穴施均可	基肥占一生总施肥量的60%左右，磷肥全作基肥施用，钾肥按基肥、薹肥各半施用，硼肥以基施效果较好。基肥要求每公顷施猪粪、鸡粪等优质有机肥20000～30000kg，饼肥750～900kg；化肥用量折氮（N）150～180kg，磷（P_2O_5）75～90kg，钾（K_2O）30～45kg，农用硼砂8～15kg。集中施用可提高肥料利用率，但切忌与菜根接触，严防肥害伤苗
播种	点播时，每穴以5～10粒为宜； 条播时，每米播幅落籽60粒左右即可。每公顷播种量3.5～4.0kg	将种子分畦定量，并拌和适量的细泥土、细渣肥或炒熟的菜籽撒播。 1）条播。将土壤耙平后，根据计划种植密度的行距，每厢按规定行距开沟，深3.3～6.6cm，然后沿沟进行播种。 2）点播。穴深3～5cm，穴底要平。泥土必须细碎，行距要直，穴距要匀。穴内施水粪，以利种子发芽，土干时多兑水。穴内如施过磷酸钙等化学肥料，必须同泥土充分拌匀，以免烧芽。播种时，每穴下种10粒左右，不宜太多，以免间苗费工。种子可以和土杂肥拌匀一同播下
盖籽	播后要轻拍畦面，使菜种与土壤紧密接触，便于吸水，并撒细土少许盖籽，同时薄撒一层草屑，以防播后遇雨或浇水过猛造成闷种	阴雨天不必盖土，晴天盖一薄层土

4．实训报告

写一份油菜大田直播方法调查小结。结合操作步骤要求：

1）写清规范操作质量标准；

2）整地与播种质量检查要求。

拓展 1　免耕油菜栽培要点

免耕油菜又叫板田油菜。其特点是前作收获后在不耕翻的板茬地上播种或移栽油菜。在前作收获迟的地区，特别是一部分烂泥田、下湿田，土壤黏重板结，难以保证整地质量或难以适时播种和移栽的地区，以及由于秋收秋种中劳动矛盾突出，或者因连阴雨等原因，不能适时播种和移栽的地区。免耕油菜必须抓好相应的配套技术。

1）早播早栽。可充分利用冬前温光资源培育壮苗。

2）严防杂草。免耕油菜杂草特别多，要及时进行化学除草，同时加强中耕灭茬除草工作。

3）根除渍害。前作收获后及时开沟作畦，排水困难的下湿田应采取深沟窄畦，建立高标准的田间排水沟系。

4）施好随根肥。免耕油菜因不耕翻整地，难以施用底肥，应施足随根肥或种肥。随根肥一般每公顷用 25%的复合肥 750kg 左右，农用硼砂 7.5kg 左右，并注意尽可能不与根部接触。可采取“一铲一条缝，油菜两角种，肥料中间送，一脚踏密缝”的方法，既将肥料送到根边，又减少根和肥的直接接触。

5）防止早衰。板茬油菜由于未施底肥，追肥又大多表施，油菜后期易出现早衰现象，春季应早施、重施薹肥，看苗补施花肥。

拓展 2　油菜育苗移栽技术要点

油菜育苗移栽是夺取油菜丰产的重要措施之一。油菜育苗移栽能错开季节，充分利用土地，提高复种指数。充分利用有利的生产季节，有效解决多熟制中油菜与前作的季节矛盾，同时苗床便于精细管理，培育壮苗，有利于植株生长稳健，实现高产。

1．育苗目标——培育壮苗

“苗好三分收，苗差一半丢”。壮苗生长表现为根系发育好，根颈粗壮，叶片多而大，体内营养物质积累多，移栽后活棵快、扎根好，生长健壮，耐寒性强，容易达到冬壮春发或秋发冬壮的要求。

壮苗特征：株型矮健紧凑，叶密集丛生，根颈粗短，无高脚苗、弯脚苗，苗高 20～

30cm；叶片多达6～7片，叶大而厚，叶柄粗短；主根粗壮，支根、细根多；无病虫害。甘蓝型晚熟品种苗龄在40～50d，早中熟品种苗龄在35～45d。

2．培育壮苗的技术环节

（1）留足苗床

苗床应选择土壤疏松肥沃、排灌方便的田块。对1～2年前种过常规油菜的田块不能用作优质油菜的苗床。面积要按苗床与大田 1∶6～7 留足，每公顷苗床播种 7.5～9.0kg。

（2）粗细整地，施足底肥

整地应做到“细、平、实”，才能保证播种时落籽均匀，深浅一致。苗床要开沟作畦，畦面宽1.3～1.5m，以便田间管理。水稻整地的关键是搞好开沟排水，在收割后抓住晴天及时耕翻晒土；移栽前1～2d，再耙细整平，开沟作畦，做到“三沟”配套。土壤黏重、地势低、排水困难的田块，宜采用深沟窄畦，畦宽1.5～2m，沟深30cm以上。

施足底肥，苗床底肥以有机肥为主，一般中等肥力的苗床每公顷施腐熟人畜粪11250～15000kg，尿素150～225kg，过磷酸钙600～750kg，农用硼砂7.5kg。施肥方法：将有机肥撒施后耕翻或旋耕作底肥，化肥撒施后碎垡整地或条施、穴施均可。集中施用可提高肥料利用率，但切忌与菜根接触，严防肥害伤苗。

（3）选用良种，稀播匀播

选种时，应结合当地生产实际条件，到农业种子部门购买合适的优良品种。为使播种均匀，要将种子分畦定量，并拌和适量的细泥土、细渣肥或炒熟的菜籽撒播。播后要轻拍畦面，使菜种与土壤紧密接触，便于吸水，并撒细土少许盖籽，同时撒一薄层草屑，以防播后遇雨或浇水过猛造成闷种。一般在日平均温度16～20℃时播种。

（4）加强苗床管理

苗床管理要做到“两早、两勤”。

1）早间苗、定苗。一般间苗2～3次。齐苗后间第一次苗，将拥挤成丛的苗拔去，达到苗不挤苗；有一片真叶时，间第二次苗，保持苗距3～6.5cm，达到苗与苗之间叶不搭叶；有3片真叶时定苗，保持苗距8～9cm，每公顷苗床留苗120万～135万株。

2）早追肥。苗床期追肥要早，一般在定苗时进行第一次追肥，隔10d左右看苗酌情追第二次肥，每公顷施尿素总计75～105kg。移栽前需施一次“送嫁肥”，每公顷施尿素30～45kg，促进多发新根，使移栽后成熟返青快。缺硼土壤，于移栽前1～2d，每公顷用0.4%的硼砂溶液750～1050kg喷施一次。

3）勤治病虫。苗床期主要虫害是蚜虫、菜青虫、跳甲等，病害主要有病毒病、猝倒病、霜霉病、白锈病等，必须早治、勤治，移栽前一天必须全面防治一次。

4）勤排灌。遇干旱及时浇水，雨多应及时清沟排水。此外，幼苗长势偏旺时，于三叶一心期每公顷喷 15%多效唑 750g，或用矮苗壮 900g 兑水喷施，有利于培育壮苗，增强抗性，显著提高产量。

3．适时移栽与合理密植

在培育壮苗的基础上，还必须抓紧季节适时早栽，力争冬前有较长的有效生长期，这是形成“秋发冬壮”高产群体的基础。苗龄控制在 40d 左右，10 月下旬移栽。一般每亩移栽 0.8 万～1 万株。移栽拔苗要拔大留小，不栽高脚苗。移栽规格：宽行 50cm，窄行 33cm，株距 17cm。

移栽方法：取苗时少伤根、多带土，取苗前一天用水浇透苗床。为提高移栽质量，必须做到：“三要”，即行要栽直，根要栽稳，棵要栽正；“三边”，即边起苗，边移栽，边浇定根水；“四栽、四不栽”，即大小苗分栽不混栽，栽新鲜苗不栽隔夜苗，栽直根苗不栽钩根苗，栽紧根苗不栽吊根苗（土要压紧，根不要悬空在大土垡空隙间）。

任务 3.3　油菜冬前田间管理

知识目标

1．了解油菜苗期生长发育的特点；

2．掌握油菜苗期管理的主攻目标及田间管理技术。

能力目标

1．掌握油菜苗情诊断的方法；

2．会进行油菜苗期田间肥、水管理；

3．了解油菜的冬季苗情考查方法。

知识 1　油菜苗期生长发育特点

从出苗（子叶出土平展）到现蕾，这一阶段称为苗期。苗期一般较长，120～150d。苗期又可分为苗前期（幼苗期）和苗后期（孕蕾期）。花芽分化开始以前为苗前期，花芽开始分化至现蕾为苗后期。苗期主要以营养器官生长为主，花芽分化后开始进行生殖器官的生长。在苗期，要求植株多长叶、多发根，根颈粗壮，多分化花芽和分枝，达到秋发要求，或为春发打好基础。该阶段主要以根、茎、叶生长为主。苗期田间管理的主攻目标是苗齐、苗匀、苗壮。

知识 2　高产田冬壮苗的标准

菜苗根颈粗，白根多，叶色绿里透红，紫边绿心；土质好、密度稀的苗大些，有绿叶 8 片左右，开盘 20cm 左右；土质较差、密度高的苗小些，有绿叶 6 片左右，开盘 15～18cm ；菜苗根系扎得深，养分储藏多，细胞汁液浓度大，抗寒能力强。

实训　油菜冬季苗情考察

1．目的要求

学生两人一组，走访农业企业、家庭农场或专业合作社 3～5 家。通过对生产大田油菜苗期的生长调查，了解油菜越冬前后菜苗的长势长相，明确壮苗的标准，以便对弱苗采取相应的栽培措施。

2．材料工具

材料：油菜生产田、油菜植株标本。

工具：米尺、螺旋测微器、手持折光计、电烘箱、铅笔及实验用纸等。

3．实训步骤

流程：

选地→选点取样→苗情考察→确定田间水肥管理方案→施肥

（1）油菜苗期考察

分组 5 点取样，每点 20 株，共 100 株，求平均值。分别在 12 月中旬或 1 月中旬进行考察，鉴定不同苗情，将结果填入表 3-5。

表 3-5　油菜苗期考察表

项目 样点	缺株率/%	整齐度	叶片生长情况	最大叶片生长情况	根颈粗度	植株开展度	细胞汁浓度	单株干鲜重
1								
2								
3								
4								

续表

项目 样点	缺株 率/%	整齐度	叶片生长 情况	最大叶片 生长情况	根颈粗度	植株 开展度	细胞汁 浓度	单株干 鲜重
5								

说明：

① 缺株率（%）：五点取样，每点查苗 100 株，按当地实际菜苗的行株距记缺苗株数，代入下式：

$$缺株率=\frac{缺苗株数}{调查总株数}\times 100\%$$

② 整齐度：根据菜苗的高矮大小和叶片多少，观察菜苗生长的一致性，有 80%以上菜苗一致者为整齐，60%～80%者为尚整齐，不足 60%者为不整齐。

③ 叶片生长情况；脱落叶数、黄叶数、绿叶数（叶片已全展者）。

④ 最大叶片生长情况：取最大叶片，除去叶柄，测定叶身长度和最宽处的宽度。

⑤ 根颈粗度：从子叶节下部量其粗度。

⑥ 植株开展度（开盘大小）： 以菜苗上部叶片开展的最大直径为标准。

⑦ 细胞汁浓度：选有代表的样本 5 株，取其最大叶片，压挤叶汁，用手持折光计测定细胞汁浓度。

⑧ 单株干、鲜重：取有代表性的植株 10 株，以子叶节为界，分别测定地上部和地下部的干鲜重。先称鲜重，求平均值。再放入电烘箱内在 105 ～ 120℃ 的温度中烘 15 ～ 20 分钟杀青，再在 80℃ 恒温烘干到恒重，求干重平均值。

（2）油菜冬前田间管理

在施足基（底）肥的基础上，大田追肥应掌握因地制宜、看苗追施、早施苗肥的原则。

1）早施苗肥，以肥促壮苗。

油菜苗期长，吸肥量大，必须早施苗肥。“秋发冬壮”栽培一般要求苗肥基施，即在施足基肥的前提下，严格控制苗肥的施用。对基肥不足的田块，可在油菜移栽成活后或直播定苗后，及时追施速效氮肥，一般每公顷施用尿素 75～150kg 或腐熟人畜粪尿 15000kg 左右。化肥的施用，可采取雨前撒施、开沟条施或结合抗旱施后浇水的方法，粪肥挖穴浇。

腊肥是油菜在越冬前或越冬期间施用的肥料。对基肥不足的田块，应适当施用腊肥，结合培土壅根每公顷施用土杂肥 45000kg 左右，同时用碳酸氢铵 225～300kg 打洞深施。

2）抓好水分管理，以水促全苗壮苗。

移栽或定苗后，要及时浇定根水，保持土壤湿润，以利成活。苗期干旱，可引水沟灌，或结合追肥进行灌溉，以促进发根长叶，形成壮苗越冬。冬季干旱或冻害严重的地区，要适时冬灌，使土温较稳定，防止冻害死苗。蕾薹期需水量较大，春旱严重地区，尤应加强灌溉。开花期干旱严重，可酌情进行灌溉。在降雨多的地区或季节，以及排水困难的稻茬油菜，应做好开沟排水工作，防止湿害。

4．实训报告

结合已学知识，请对调查单位大田油菜苗期生长给予评价，并完成实训报告。

拓展　菜用油菜冬前管理

菜用油菜冬前管理要注意以下几点：

一是播种期提前，普通油菜每年 10 月左右播种，菜用油菜的播种期为 8 月底 9 月初，可与中稻套种；

二是对品种有要求，必须是双低油菜品种；

三是必须移栽，普通油菜在播种出苗后，移不移栽皆可，而菜用油菜一定要移栽，并加强田间管理，使菜株苗壮，以达到可采薹又不影响菜籽产量的目的。

任务 3.4　油菜冬后管理

知识目标

1. 了解油菜冬后各生育时期的生长发育特点；
2. 掌握油菜冬后田间管理主攻目标及田间管理技术。

能力目标

1. 掌握冬后苗情诊断方法；
2. 会进行油菜冬后各时期肥、水管理操作；
3. 掌握油菜冬后各时期病、虫、草害并能采取正确的防治方法。

知识 1　油菜冬后各生育时期生长发育特点

油菜在冬后主要经过蕾薹期 、开花期和角果发育成熟期，在不同生育时期，生长发育特点不同，生产管理要求也不同。

1. 蕾薹期

生育特点是营养生长与生殖生长同时进行。营养生长表现在主茎伸长增粗，分枝陆续抽出；叶片数增多，叶面积增大；根系继续发育，向纵深水平方向发展。生殖生长则由弱转强，花蕾发育长大，准备开花。因此，蕾薹期是搭好高产架子的关键时期，要求达到薹壮枝多，春发稳长。

2．开花期

油菜营养生长转弱，根、茎、叶的生长到盛花期已基本停止；生殖生长逐渐占优势，表现为花序伸长，不断开花、授粉、受精、形成角果。油菜花期是决定角果数和粒数的重要时期。

3．角果发育成熟期

果实、种子的体积不断增大、充实。叶、茎秆、果皮的养分不断运往种子，油分逐步积累直至成熟。这一时期是决定粒重和油分含量的主要时期，要求活熟不早衰，也不贪青迟熟。

知识 2　油菜冬后田间管理主攻目标

油菜越冬期的主攻目标是增加有效花芽分化数量，为此后多结果荚打基础。油菜春后，生长发育快。开春以后，随着气温上升，油菜先后抽薹开花，营养生长和生殖生长日趋旺盛，既要迅速长叶发棵，又要大量抽生分枝，不断形成大量花蕾。

油菜越冬期的长势长相，要求叶色浓绿，叶片厚实，根系发达，根颈粗壮，叶片开展而不下垂，蕾孕而不露。

油菜春后的长势长相是：苔抽出时的平头高度适中，苔粗壮有力，苔粗 1.5～2.0cm，上下粗细均匀，始花前略带紫色，主茎绿叶数多（15 片以上），盛花期叶面积指数在 5 左右。

实训　油菜冬后田间长势长相评价及田间管理

1．目的要求

学生两人一组，选择农业企业、家庭农场或专业合作社 3～5 家。通过对生产大田油菜冬后田间生长调查，了解油菜冬后菜苗的长势长相，明确壮苗的标准，以便对弱苗采取相应的栽培措施。

2．材料工具

材料：油菜生产田、油菜植株标本。

工具：米尺、量角器、卡尺、天平、铅笔及实验用纸等。

3．实训步骤

流程：

选样点→选调查株数→填表计算

油菜冬后田间长势长相评价的具体实施步骤及操作要求见表3-6。调查结果填入表3-7。

表3-6 具体实施步骤及操作要求

实施步骤	操作要求	注意事项
选样点	分组五点取样	在12月中旬或1月中旬进行考察，以鉴定不同苗情
选调查株数	每点20株，共100株	
填表、计算	按评价考察表要求	

表3-7 油菜田间长势长相评价考察表

项目 点号	缺株率/%	整齐度	叶片生长情况	最大叶片生长情况	根颈粗度	植株开展度	单株干、鲜重
1							
2							
3							
4							
5							

4．实训报告

结合已学知识，请对调查单位大田油菜冬后生长给予评价，并完成实训报告。

拓展1 油菜冬后水肥管理

根据油菜冬后生长势，确定水肥管理方案。

1．稳施薹肥

油菜抽薹前或抽薹初期施用的肥料，叫做薹肥。对促进春发稳长，争取薹壮、枝多、角果多具有重要作用。若春发过度，油菜旺长，中下部无效分枝滋生过多，则株间荫蔽，病害加重，就会减产。所以，施用薹肥要做到“稳”，要根据基肥、苗肥的施用情况和苗情而定。若基肥、苗肥充足，植株生长健壮有力，可不施薹肥；若出现脱肥、后劲不足的田块，就要施用薹肥，而且要早施。对正常实现秋发冬壮的菜苗，要在薹高10～15cm，油菜明显脱力落黄时施用；若过早落黄的田块，薹肥可分两次施用，即先施一次接力肥，再补一次薹肥。一般每公顷施尿素150～300kg加氯化钾75～120kg。可开沟条施、雨前或结合抗旱撒施，但要避免雨后或清晨叶片有水时撒施，以免造成肥害伤苗。

2．巧施花粒肥

油菜始花后 60d 左右才能成熟，此间仍需要大量营养，追施花肥是油菜后期增产的重要措施。一般达到秋发冬壮、春季稳长的油菜，可在初花期，叶色略有变淡的基础上追施，每公顷可施尿素 75～120kg。对春发较好，土壤后劲足，初花期叶色较深或群体发展过大的油菜，应严格控制施用花肥。

3．根外喷肥

终花期前后可进行根外喷肥，结合防治菌核病、霜霉病等病害，加入增产素或丰产灵等叶面肥，实施肥药混喷，能达到增粒增重的目的。方法是用 1%的过磷酸钙浸出液加 0.5kg 硫酸铵叶面喷洒 2～3 次，6～7d 喷 1 次。若土壤中速效态硼不足，引起“花而不实”，可用 0.1%～0.2%的硼砂水，每 666.7m^2 用量 0.15kg，于初花期叶面喷两次。

4．抗旱防渍，预防倒伏

南方冬油菜区中后期雨水偏多，要及时清沟排水降湿，控制地下水位，保持三沟畅通，预防渍害、病害发生。油菜中后期田间相对含水量一般达到 60%～70%即可。终花后到角果基本定型这段时间，油菜易发生倒伏折断，尤其是株旺长、密度过大、移栽过浅、培土不够、排水不畅、受菌核病为害的田块，或遇到大雨、大风天气时最易发生倒伏。倒伏造成菜茎秆折断，营养物质不能正常输送，下层角果光合作用减弱，田间通风透光差，易感病霉烂，严重影响油菜的产量及品质。在油菜生长中后期要保持三沟畅通，及时培土壅根。对长势旺盛的田块要提前做好用竹竿支撑的准备。

5．摘除老黄叶，防治菌核病

菌核病是油菜生产上的最主要病害，可造成 1～3 成产量损失，甚至更高，以开花期和角果发育期最易发生。应选择晴天及时摘除植株中下部老黄叶并带出田外，改善田间通风、透光条件，预防病害发生。对长势好、发病早且严重的田块要早摘，长势差、发病轻的田块适当迟摘或不摘。田间植株叶片发病率达到 10%，茎秆发病率达到 1%时，需抢在晴天及时喷药防治，每 666.7m^2 可用 50%的多菌灵可湿性粉剂 100～150g 或 40%菌核净 100～150g，兑水 50kg 均匀喷施，重点对植株中下部茎叶和地面喷施。对长势过旺的田块，应在间隔 7～10d 后再喷药 1 次，以提高防治效果。

拓展 2　菜用油菜冬后管理

菜用油菜冬后管理一般采用常规栽培法，如及时清沟，防止春雨渍害；遇春旱，及时浇水抗旱；苗期防治菜青虫和蚜虫危害等。需要注意的事项如下。

1）采薹菜用油菜，防治病虫只能选用低毒、低残留农药，并在采薹前 10d 停止使用各种农药。

2）采薹结束后，要及时做好油菜的各项后续培护。

任务 3.5　油菜收获与储藏

知识目标

1．了解油菜的成熟过程；

2．掌握油菜的适时收获。

能力目标

1．会进行油菜田间测产；

2．会进行油菜收获；

3．能进行油菜籽的安全储藏。

知识 1　油菜的成熟过程

1．油菜的成熟

油菜整株角果的成熟过程与其花芽分化的顺序是一致的，即先主序后分枝。主花序角果的成熟顺序是下部先成熟，然后中部和上部依次成熟。一次分枝上的角果成熟过程和顺序也和主花序一致。

2．油菜籽粒成熟过程

油菜籽粒成熟过程可划为绿熟期、黄熟期和完熟期。①绿熟期，主茎花序基部的角果由绿色变为黄绿色，种子由灰白变为淡绿色，分枝花序上的果角仍为绿色，种子仍为灰白色。此期种子油量只有成熟种子的 70%左右。②黄熟期，植株大部分叶片枯黄脱落，主花序角果已呈现正常黄色，种子皮色已呈现出本品种固有的色泽；中上部分枝角果为黄绿色，当全株和全田 70%的角果达到淡黄色（即所谓米青米黄）时，即为收获适期。③完熟期，在部分角果由黄绿色转变为黄白色，并失去光泽时，多数品种呈现固有的色泽。此期角果容易开裂，若此时收获，易造成田间损失。

知识 2　油菜的收获期

油菜籽具有先开花、先成熟，后开花、后成熟，角果成熟参差不齐的特性，这给油菜的收获带来了困难。因此，科学地确定油菜籽的适宜收获时期是丰产的关键。

油菜的适宜收获期应以取得最高的产量和含油量为准。据测定，油菜主轴籽粒的含油量在终花后 25d 达到高峰，但分枝籽粒的含油量则在终花后 35d 达到高峰。在对油菜适宜收获期的掌握方面，油菜产区有“八成黄，十成收；十成黄，两成丢”的说法。这些经验都把油菜成熟度与产量的高低联系起来。此外，也有些经验丰富的群众将油菜的外部长相、色泽作为判断油菜适宜收获期的标准，如“角果枇杷黄，收割正相当”；也有用油菜角果的颜色来说明收获的紧迫性，如角果“上白中黄下绿，收割不能过午”等。农民群众对油菜成熟收获的经验，值得各地借鉴。

实训　油菜测产及收获

1．目的要求

学生两人一组，选择农业企业、家庭农场或专业合作社 3～5 家。调查当地生产上主要的油菜成熟类型及各类型的主要品种的成熟特性。

2．材料工具

材料：每组准备不同成熟类型的油菜。

工具：钢卷尺、剪刀、种子盘、天平、计数器、数粒板、调查表、笔一支。

3．实训步骤

流程：

选样点→选调查株数→填表、计算→收获

（1）油菜测产

油菜测产的具体实施步骤及操作要求见表 3-8。调查结果填入表 3-9。

表 3-8　具体实施步骤及操作要求

实施步骤	操作要求	注意事项
选样点	以 5 点、4 点或 3 点取样均可	不可取边行
选调查株数	每点随机取 5～10 株有代表性的植株	注意植株的代表性
填表、计算	按考察项目测试数据	注意考察项目及其标准要一致

表 3-9　油菜主要经济性状调查表

品种	株高/cm	有效分枝起点高度/cm	一次分枝数		主花序有效长度/cm	主花有序效角果数/个	主花序结果密度/（个/cm）	每株有效角果数/个	每果粒数重/g	千粒重/g	单株产量/g	种子色泽	理论产量/(kg/666.7m²)	备注
			有效（个）	无效（个）										

注：考察项目及其标准：

① 株高：自子叶节至植株顶端的高度。

② 有效分枝起点：指自子叶节至主茎上第一个一次有效分枝着生处的高度。

③ 有效分枝数：主茎结有一个以上有效果的第一次分枝数。

④ 无效分枝数；没有一个结实角果的第一次分枝数。

⑤ 主花序有效长度：主花序基部至主花序顶端最上一个结实角果着生处的长度。

⑥ 主花序结果密度：主花序最下一个角果着生处到最上一个有效角果着生处的长度，去除总花序上总角果数，以果数/cm 表示。

⑦ 主花有效角果数：指主花序上有效结实角果数。

⑧ 全株有效果数：指全株含有一粒以上饱满或半饱满种子的角果数。

⑨ 每果粒数：以千粒重除单株产量乘 1000，得单株总粒数，再以单数除之，即得平均每果粒数，按下列公式计算。

$$每果粒数=\frac{单株产量（g）\times 1000/千粒重（g）}{单株角果数}$$

⑩ 千粒重：数半饱满以上的晒干种子 1000 粒称重，以 g 表示，重复 2～3 次，取其平均值。

⑪ 种子色泽：分黄、黑、红、棕等。

⑫ 单株产量：将全株种子称重，以 g 表示。

⑬ 理论产量的计算（种植密度由教师提供或现场调查）。

$$理论产量（kg/666.7m^2）=\frac{666.7m^2内株数\times 每株果数\times 每果粒数\times 千粒重}{1000000}$$

（2）油菜的收获

油菜是总状无限花序，角果成熟很不一致。如果收获过早，未成熟的角果多，种子粒重和含油量均低；收获过迟，过熟角果开裂落粒，严重影响产量。其收获期一般可在全田有 2/3 的角果呈现淡黄色，主轴中部角果的种子呈本品种固有色泽时为宜。

收获的方法有割收和拔收两种。割收较省工，干燥快，种子净度高。拔收有利于油菜种子的后熟作用，但费工多，干燥慢，脱粒时泥土易混入种子中，影响商品等级，故一般较少采用。

收割后的油菜应及时堆垛后熟，然后再翻晒脱粒。堆放后熟过程中，要注意检查堆内温湿度，防止高温高湿导致菜籽霉变。一般堆放 4～6d，即可抓住晴天晾晒脱粒。脱粒后的菜籽，含水量高，不宜马上扬净，更不宜马上装袋堆放，否则易发热霉变。待晒干（含水量低于 9%）后再装袋或入库储藏。

4．实训报告

结合田间测产，请对调查单位大田油菜生产给予评价。

综合测试

一、名词解释

1．薹肥

2．粒肥

3．腊肥

二、选择题

1．世界上油菜产量最多的是（　　）。

A．亚洲　　B．欧洲　　C．北美洲　　D．非洲

2．1964年，（　　）育成世界上第一个甘蓝型油菜低芥酸品种——奥罗。

A．中国　　B．印度　　C．加拿大　　D．美国

3．（　　）油菜高产抗病，已成为栽培最广的类型。

A．白菜型　　B．芥菜型　　C．甘蓝型　　D．青菜型

4．着生在薹茎上的叶片为（　　）。

A．长柄叶　　B．短柄叶　　C．无柄叶　　D．圆柄叶

5．构成油菜产量的三个因素中，以（　　）变化最大。

A．每公顷角果数　　B．每角粒数　　C．千粒重　　D．以上均不是

三、判断题

1．移栽油菜的抗旱、抗倒能力不及直播油菜。　（　　）

2．甘蓝型油菜品种多属上生分枝型。　（　　）

3．油菜全生育期均不可缺磷，且磷肥应分2～3次施用。　（　　）

4．冬季温度偏低的地区，种植春性强的品种，易产生冻害。　（　　）

5．直播油菜一般宜比移栽油菜晚播10d左右。　（　　）

四、问答题

1．发展单、双低优质油菜的重要意义。
2．“秋发冬壮”栽培的突出优点。
3．油菜育苗移栽技术的要点。
4．优质油菜栽培必须采取的保优措施。
5．免耕油菜生产技术的要点。

五．综合分析题

1．总结当地油菜生产的优质高产经验？
2．观察油菜不同生育时期的主要生长特点？

【信息链接】

了解当地农业种植类期刊杂志或Internet，查询油菜生产的相关内容。

【考证提示】

获得种子繁育员、农艺工、植保员等中级资格证书，需具备以下知识和能力：

知识目标：

1．了解油菜的生育期和生育时期；
2．掌握油菜的形态识别与类型；
3．掌握油菜的产量构成因素及其相互关系；
4．掌握油菜各时期的生长发育特点；
5．掌握油菜各时期主要病、虫、草害的发生特点。

技能目标：

1．学会油菜播种；
2．学会看苗管理、壮苗培育；
3．能够进行油菜病、虫、草害防治；
4．学会油菜收获、田间测产与室内考种。

项目4　芝麻生产

项目导入　张师傅进城开办了一家糕点店，他制作的糕点，香甜松口，得到许多顾客的好评；尤其是他做的芝麻糖、芝麻饼，销量极大，每每脱销。附近乡邻前来取经，张师傅说，这除了他的手艺好之外，主要原因是芝麻是个好东西。

芝麻是一种高蛋白作物，其营养价值可与鸡蛋、肉相媲美，芝麻中含有人体必需的而自身又不能合成的8种氨基酸，含有丰富的脂肪、卵磷脂、维生素A、维生素B、维生素E、维生素K及锌、钙、磷、铁等元素，经常吃芝麻类食品，能起到滋补益寿的作用。《本草纲目》中写到：芝麻仁味甘气香，能健脾胃，饮食不良者宜食之。食后可以开胃、健脾、润肺、祛痰、清喉、补气，特别是与红枣相伴可有止咳等功效。芝麻还含有抗衰老功能因子。常吃芝麻对于防止器官老化、动脉硬化、心肌梗塞等及皮肤粗糙和皱纹出现都有明显的效果。

任务4.1　初识芝麻生产

知识目标

1．了解芝麻生产的意义和概况；

2．了解芝麻的器官形态；

3．掌握不同芝麻类型的特点以及目前生产上推广的主要优质高产芝麻品种的特性；

4．掌握芝麻生育期与生育时期的概念。

能力目标

1．会识别芝麻主推品种和芝麻器官，能进行芝麻的分类；

2．会根据当地气候条件、种植制度正确选用芝麻良种。

知识 1 芝麻生产的意义

1）芝麻是中国主要油料作物之一。芝麻种子含油量高达 62%，是中国四大食用油料作物的佼佼者。小磨制成的芝麻油，香气扑鼻，在国际市场上畅销不衰。另外，与之齐名的芝麻酱也供不应求。

2）芝麻营养价值高。芝麻不但含有大量的脂肪和蛋白质，还含有膳食纤维、维生素 B_1、维生素 B_2，尼克酸、卵磷脂、维生素 E、钙、铁、镁等营养成分；芝麻中的亚油酸有调节胆固醇的作用。

3）芝麻还具有一定的药用价值。例如，黑芝麻味甘性平，有补肝益肾、润燥通便之功。芝麻有养血的功效，可以治疗皮肤干枯、粗糙，令皮肤细腻光滑、红润光泽。

4）芝麻的其他作用。芝麻花中有蜜腺，它与油菜、荞麦并称为中国三大蜜源作物，且芝麻蜜品质上乘。另外，芝麻的茎、叶、花还可以提取芳香油。

知识 2 芝麻生产概况

1．分布情况

芝麻在我国各地都有种植。全国芝麻产区主要分为 7 个生态区，其中黄淮夏芝麻区、江汉夏芝麻区、长江中下游夏播及套种芝麻区约占全国芝麻种植面积的 75%，主要分布在河南、湖北、安徽和江西省。

黄淮地区为白芝麻的集中产区。长江中下游地区为白芝麻、黑芝麻的混合种植区，湖北省东南部、安徽省西南部、江西省西北部均属于此区，种植芝麻的前茬以油菜为主。

近年来，我国芝麻种植面积受到玉米、棉花、花生等高收益作物挤占而有所减少，2012 年全国芝麻种植面积为 32.21 万 hm^2。

2．产量变化

芝麻的单产水平经历了三个阶段：1949～1984 年为低产阶段，每公顷产量变化在 300～450kg。1985～1994 年单产逐年增加，每公顷由 600kg 增长到 800kg。1995～2007 年产量迅速增长，1998 年猛增到 1039.1kg 以上，其中 2002 年为历史最高，1179.6kg。

我国芝麻年生产总量在 45 万～50 万 t。而年需求量在 80 万 t 左右，缺口大约为 30 万 t。2011 年 1 月份以来，中国进口量连创世界芝麻贸易历史单月最高纪录，引起世界芝麻主要生产国及消费国贸易商的高度关注。

知识 3 芝麻的类型及品种

1．芝麻的分类

1）按分枝习性，分为单秆型和分枝型。分枝型又可分为少分枝型、中分枝型和多分枝型。

2）按叶腋着生花数，分为单花型、三花型和多花型。

3）按蒴果棱数，分为四棱型、六棱型、八棱型和多棱型。

4）按蒴果长度，分为短蒴型（3cm 以下）、中蒴型（3.1～4.0cm）和长蒴型（4.1cm 以上）。

5）按种皮颜色，分为白、黄、褐、黑等类型。

6）按生育期长短，分为早熟型、中熟型和晚熟型。其中早熟品种 80d 左右，中熟品种 80～100d，晚熟品种 100d 以上。

2．芝麻品种介绍

现将目前生产上推广的品种介绍如下。

（1）中芝 7 号

中国农业科学院油料所选育。单秆，茎秆粗壮，一叶 3 花或多花，蒴果较长，4、6、8 棱混生，每蒴 90 粒左右，种皮纯白。全生育期 90～100d，适宜于夏播两熟栽培。其抗性强，增产潜力大，品质优良，但在重茬地易感茎点枯病。

（2）中芝 8 号

中国农业科学院油料所选育。单秆，茎秆粗壮，始蒴节位低，果轴结蒴较密，蒴果长度中等，同株 4、6、8 棱蒴果混生，每蒴 90 多粒，种皮白色。全生育期 90～95d，适宜于夏播两熟栽培，抗性好，但重茬地易感枯萎病。

（3）豫芝 10 号

河南省驻马店地区农业科学研究所选育，1995 年通过审定。单秆型，株高 150～200cm，始蒴部位低，开花早，叶腋 3 花，蒴果 4 棱、肥大；子粒白色，千粒重 2.6g。生育期 90d 左右，夏播每 666.7m^2 产 60～70kg，高者可达 140kg。抗枯萎病、茎点枯病和病毒病。

（4）豫芝 9 号

豫芝 9 号是世界上第一个用雄性不育系制成的杂交种。单秆型或少分枝型，株高 180～200cm。蒴粒数 76～80 粒，千粒重 3g 左右，种皮白色。生育期 95d 左右，夏播每 666.7m^2 产 80～90kg，丰产栽培达 150kg，高产栽培达 200kg 以上。抗枯萎病和茎点枯病。

知识4 芝麻的器官形态

芝麻是胡麻科、胡麻属栽培芝麻种，为一年生草本植物。

1．根

芝麻根系属于直根系，由主根、侧根和细根组成。细根很多，主要着生在侧根的基部，呈细密状分布。芝麻根系分布的主要特点是：根层入土浅，呈伞状分布，90%的根群分布在9～15cm的土层里。芝麻属于浅根性作物。

2．茎

芝麻茎秆直立，茎秆粗细和主茎高度因品种和栽培条件不同而异。茎粗的可达2.5cm，细的仅1cm左右；茎高的可达200cm以上，低的只有50～60cm。茎秆有分枝和无分枝两大类。主茎和分枝上有节，节间长度一般是主茎比分枝短，上部比下部短。植株节间越短，节数越多，蒴果数越多，产量越高。主茎下部有一段下结蒴果，被称为“腿”。若施肥不当、密度大、晚播和间苗不及时，都会使结蒴部位提高、腿高，反之则腿低。

3．叶

芝麻是双子叶植物，子叶小，呈扁卵圆形。真叶由叶柄、叶片组成。叶片有单叶和复叶之分。叶序有对生、互生和轮生，也有在同株上对生与互生混合排列的。叶色有深绿、绿和浅绿，有极少数品种叶柄呈微紫色。

4．花

芝麻花是大型的两性花，由花柄、苞时、花尊、花冠、雄蕊、 雌蕊和蜜腺等构成。芝麻属无限花序，同一植株上花的开放有先有后，因此，蒴果成熟极不一致。早熟易裂蒴，造成损失。采取芝麻打顶、适时收获等措施，对实现增产是有效的。

5．蒴果

芝麻果实为蒴果，有棱，常见的有4棱、6棱、8棱等。每棱有一排种子。棱数越多，蒴粒也就越多。每蒴粒数多的可达130粒以上，少的仅有40粒左右。因此，多棱芝麻经济价值高。成熟时，蒴果有开裂和闭合的不同习性，分为裂蒴型和闭蒴性两种。闭蒴型蒴果成熟时损失小，适于机械栽培。

6．种子

芝麻种子籽粒小，千粒重多为2.5～3g。种子大小与蒴果棱数和长度有关，一般多棱或短蒴的品种籽粒小，千粒重低；4棱长蒴品种籽粒大，千粒重较高。芝麻种子有白、黄、褐、茶灰、黑等基本色，各基本色又有深浅之分。种皮色浅含油量高，色深含油量较低。种皮薄，种子饱满光滑含油量也高。此外，含油量的高低也受栽培条件、气候因素和病虫害的危害程度的影响。因此，创造良好的生长条件，可提高种子的含油量。

知识 5　芝麻生育期与生育时期

芝麻的生育期一般为 80～120d，芝麻的一生可分为出苗期、幼苗生长期、蕾期、花期、成熟期等生育时期。

1．出苗期

从芝麻种子下地到胚芽伸出地面、2 片子叶张开的时期，常称出苗期。这一阶段的长短，视地温、墒情、播种深浅以及种子的发芽势而定。在正常情况下，春播芝麻 5～8d 出苗，夏播芝麻 3～5d 出苗，秋播芝麻 3～5d 出苗。

芝麻发芽适宜的外界条件：温度 25～32℃，积温 120℃左右，土壤水分占田间最大持水量的 70%，pH 为 6～7.5。在稳定气温小于 18℃、土壤水分占田间最大持水量 50%以下或 80%以上时，不利发芽。

2．幼苗生长期

幼苗生长期指出苗到植株叶腋中第 1 个绿色花蕾出现的时期，又称苗期。苗期长短与品种、气温、光照等有关。正常夏播，苗期 25～35d；同一品种春播要比夏播长 5～10d，秋播比夏播短 5～7d。

苗期适宜的生长条件：气温为 25℃～30℃，积温大于 1000℃，空气相对湿度 80%以上，土壤水分占田间最大持水量的 60%～75%。在平均气温小于 16℃、积温小于 1000℃、空气相对湿度小于 75%、日照时数小于 220h，不利于苗期生长。

3．蕾期

从芝麻植株第一朵花蕾出现到花冠张开的时期，又称初花期，通称蕾期。蕾期长短，夏播一般为 7～13d，春播延长 3～5d，秋播提前 2～3d。

芝麻蕾期适宜的生长条件：温度 25～30℃，土壤水分占田间最大持水量的 70%。在气温低于 22℃、土壤水分过大或过小、光照不足时，易造成花蕾脱落。

4．花期

从芝麻植株开花至终花的时期，常称花期。花期长，单株蒴果多，单产高。花期长短与品种、播种期、田间管理技术和气温有关，夏播一般 24～38d。同一品种春播花期比夏播长 7～10d，秋播花期比夏播短 10～15d。

花期适宜的开花气温 25～30℃，积温大于 1300℃，空气相对湿度 75%～85%，土壤水分占田间最大持水量的 75%～85%，日照时数大于 350 小时。在平均气温小于 20℃、积温小于 1000℃、土壤水分占田间最大持水量的 75%以下或 90%以上、日照时数小于

300 小时时，不利开花或易造成花朵脱落、花而不实等。

5．成熟期

从芝麻终花至主茎中下部叶片脱落，茎、果、种子已呈原品种固有色泽的时期，常称成熟期。从终花至成熟，一般为 10～20d。

成熟期适宜的外界条件：气温小于 25℃，积温大于 400℃，土壤水分占田间最大持水量的 65%～75%，日照大于 100 小时。在气温小于 20℃、积温小于 300℃、空气相对湿度小于 70%、土壤水分占田间最大持水量的 55%以下、日照小于 100 小时时，不利成熟，易造成瘪果或嫩蒴脱落。

实训　调查当地生产上采用的芝麻品种类型及认识良种特性

1．目的要求

学生分组，走访当地农户、农业企业或专业合作社 3～5 家，调查当地生产上主要的芝麻品种及特性。通过调查，认识芝麻器官外部形态，掌握鉴别当地主要良种的特征。

2．材料工具

材料：当地良种 2～4 个完整植株。

工具：剪刀、米尺、解剖刀、镊子、放大镜、天平、铅笔、实验纸等。

3．实训步骤

流程：

当地芝麻种植类型及品种调查 → 各品种特性观察及良种特征识别 → 总结与交流

01 当地芝麻种植类型及品种调查。选择种有芝麻的农业企业、家庭农场或专业合作社 3～5 家，与技术负责人直接座谈，通过询问的方式了解调查单位种植的芝麻类型及品种，以及品种的生育期、产量及栽培注意事项等并做好记录。

02 各品种特性观察及良种特征识别。在调查时，从当地调查对象（农业企业、家庭农场或专业合作社）取得当地良种 2～4 个完整植株，进行下列特征观察记载（表 4-1）。

03 总结与交流。

表 4-1　芝麻良种特征观察表

器官特征 / 品种名称	叶的特征	茎的特征	花的特征	蒴果和种子的特征	根的特征

4．实训报告

结合已学知识，请对调查单位芝麻类型及品种的选择给予评价。

任务 4.2　芝麻播种和移栽

知识目标

1．了解芝麻对环境条件的要求；

2．理解芝麻产量构成因素与合理密植。

能力目标

会进行芝麻播前整地及播种移栽。

知识 1　芝麻对环境条件的要求

芝麻原产于热带，是喜温作物，怕寒冷，怕水淹，对环境要求如下。

1．温度

对温度要求比较严格，全生育期内需积温 2500℃。种子发芽最适宜温度为 24～32℃，所以气温稳定在 20℃以上才是芝麻适宜的播种期。芝麻的发育在昼夜平均温度为 20℃时良好，在 20～24℃时最适宜。气温低于 15℃以下，不但幼苗停止发育而且植株根系容易腐烂。

2．水分

芝麻为中等需水作物，但它对水分反应非常敏感。因种子小，幼苗生长慢，根系弱而吸收能力差，所以苗期生长需要适当水分，以促进种子萌发、出苗和生长，一般苗期土壤田间持水量应在 65%～70%。干旱时，则不能正常出苗或幼苗老化；水分过多会受渍，使幼苗黄化，生长不旺，严重时会大量死苗。与其他作物比，芝麻稍耐干旱，但对空气干旱的抵抗能力弱，当大气湿度低于 15%时，会产生开花而不结实现象。开花结荚期需水量较大，但此时又最不耐渍。受渍常使芝麻发育不良，并增加蕾花脱落和无效蒴果，粒小不饱满，降低种子含油量，易感染病害。

3. 日照

芝麻属于短日照作物。光照充足，不仅可提高地温，促进幼苗生长，还有利于进行光合作用，促进物质积累、转化以及油分的形成，提高产量和含油量。

4. 土壤

芝麻对土壤要求较严格，以土壤 pH 为 6.5～8 较适宜。沙质壤土疏松，排水通气较好，适于芝麻生长。黏土和沙土地也可种芝麻。

知识 2 芝麻的产量构成因素和合理密植

1. 芝麻的产量构成因素

芝麻的产量是由每亩株数、每株蒴果数、每蒴粒数和千粒重组成。每 666.7m^2 株数是形成产量的基础，主要影响时期是播种出苗期，生产上要做到足量下种，适时间苗、定苗，保证适宜的密度。株蒴果数与产量呈显著正相关，其形成时期在花蕾期，生产上要注意苗期蹲苗，防“腿长”，缩短茎节长度，增加结蒴数量。果粒数和千粒重与产量相关性不显著，二者的形成时期在蒴果发育和种子成熟期，该期加强肥水调控，防止果粒数减少和粒重下降，对保证稳产增产有十分显著的作用。

芝麻单株蒴果数是产量构成中起主导作用的因素，只有在有较高单株蒴果数的基础上，增加每蒴粒数和千粒重才能获得高产。据对中芝 7 号和豫芝 2 号等品种大面积产量构成的调查，上述两个品种每 666.7m^2 产量分别为 127.9～144.2kg 和 94.0～154.3kg；株有效蒴果数依次为 66.7～88.6 个、48.9～119.5；每蒴粒数依次为 77.0～80.0、53.9～60.1；千粒重（g）依次为 2.74～2.90、2.86～3.10。

一般 4 棱型蒴果品种每 7000～8000 蒴收 1kg 种子，每 666.7m^2 产 75～100kg 时需要 70 万～80 万个蒴果；6 棱或 8 棱型品种 5000～6000 蒴可收 1kg 种子，每 666.7m^2 产 75～100kg 时，需要有效蒴果 50 万～60 万个。

2. 合理密植

芝麻合理密植，能增加单位面积土地上的种植株数，扩大叶面积指数，充分利用光能和地力，协调个体与群体之间的矛盾，使其生产更多的有机物质，是提高产量和质量的一项有效措施。芝麻合理密植能增产 20%左右。

合理密度应根据芝麻品种特性、土壤肥力水平、播种期、播种季节等综合考虑。一般情况下，单秆品种的密度为 1.2 万株左右，分枝型品种应稀一些，但不得少于 0.6 万株。

实训　芝麻播种和移栽

1．目的要求

学生两人一组，农场种植地一块。通过芝麻种植生产实践，掌握当地农业生产中芝麻高产播种和移栽技术。

2．材料工具

材料：芝麻种、肥料（基肥种肥）。

工具：锄头、米尺。

3．实训步骤

流程：

精细整地→种子准备→播种期的确定→播种方式的确定→播种量的确定→芝麻移栽

01 精细整地。 芝麻种子小、储藏养分少，幼芽细嫩，顶土力弱，因此对整地质量要求较高。农谚说“小粒庄稼靠细耕，粗糙悬虚无收成”，说明芝麻整地时必须精耕细耙，达到地平土细、上虚下实、土厚墒好的要求，才能使种子正常生根、发芽，顺利出苗。

1）夏播芝麻整地。因季节性强，时间紧，加之气温高，土壤水分蒸发快，前茬农作物收获后，务必争分夺秒，抢墒整地，趁墒早播。有条件的地方，前茬农作物收获后，立即撒粪犁地，耕深 16cm 左右，随犁地，随碎土保墒，直耙、斜耙各一次，达到整地要求。“铁茬”播种的要在出苗后及时中耕、灭茬、松土，以利于幼苗生长。

2）春播芝麻整地。在冬闲地上播种，有充足的整地时间。前茬农作物收获以后，耕地灭茬。每 666.7m^2 施优质农家肥 3000～6000kg，撒匀，深耕 20～25cm。春季浅耕细耙，碎土保墒。

在雨水较多、土壤黏重、排水不畅的地方，应实行“沟厢垄田”种植。在土壤整平后，用犁冲沟成厢，厢宽 3～4m，沟深 33cm，并垂直于沟厢挖几条腰沟，直通田间排水沟，达到沟沟相通，明水能排、暗水能泄的标准。

02 种子准备。

春芝麻或肥力高、土壤黏重的地块，选用丰产性能较强的品种。

夏芝麻或肥力较差的地块，选用早熟、耐瘠性强的品种。

选择晴天将备播种子摊晒 1～2d，然后进行风选，去杂去劣，选出清洁、饱满、发芽率高的种子。

如引进外地种子或陈种子时，必须做发芽试验，若发芽率低于 90%，必须加大播种量或更换种子。

另外，采用 0.5%硫酸铜溶液浸种 30 分钟，可减轻种子和土壤传播的立枯病、枯萎病和茎点枯病的危害。

03 播种期的确定。对芝麻的播种期，群众有“春芝麻宜晚，夏芝麻宜早”的经验。春芝麻播种应在 5 月上中旬，过早，种子发芽慢，出苗后易受冻害或感染病害；过晚，影响产量。夏芝麻要在前作收获后抢时播种，越早越好，力争在 5 月下旬播完。

04 播种方式的确定。芝麻播种方式有点播、撒播和条播三种。撒播适宜抢墒播种。撒播时种子均匀疏散，覆土浅，出苗快，但不利于田间管理。条播能控制行株距，实行合理密植，便于间苗中耕等田间管理，适宜机械化操作。无论何种播种方式，要求浅播、匀播，深度 2～3cm 为宜。

春芝麻大多采用条播，夏芝麻大多撒播。条播的行距，分枝型品种一般 45～50cm，单秆型品种 33cm，条播应防止覆土太深。开穴或开沟点播时，采用行距 33～40cm，穴距 26～33cm，每穴 2～3 株。无论是夏芝麻还是秋芝麻，都要在气温高、蒸发量大的季节播种，精细整地、保持水土水分是全苗的关键。

05 播种量的确定。芝麻种子小，每 500g 16～20 万粒，以出苗率按 80%计，可以出苗 12～16 万株。一般条件下，每 666.7m^2 播种量，撒播为 400g，条播时为 350g，点播时为 250g。土质好、土壤含水量适宜、地下害虫少、整地质量好时，播种量宜少，反之应适当提高播种量。

06 芝麻移栽。为了延长芝麻的生长期，提高芝麻产量，在水肥条件较好和劳力充足的地区，可实行育苗移栽。移栽前一个月育苗，苗床深翻 20～23cm，施底肥，耕细耙平，整成 1.0～1.2m 宽的长畦，连浇两水，地皮发白时，进行条播，行距 6～7cm，播后浅覆土，轻镇压，用塑料薄膜覆盖增温，出苗后加强管理。

芝麻苗以 6 叶时期（即 8 对真叶）、现蕾前移栽较好。移栽时，小苗要带“老娘土”，大苗可将土轻轻抖掉，以免带土多时折断细根。移栽前先在大田按行距开沟，按株距将芝麻苗埋好，然后浇一次水，天旱时，隔 2～3d 再浇一次水。这样，既可提高移栽成活率，又可促进早返苗、早生长。

4．实训报告

任务实施完毕，要及时整理实训报告，总结经验。

任务 4.3 芝麻田间管理

知识目标

1. 了解芝麻的生长发育特点；
2. 掌握芝麻田间管理的主攻目标及田间管理技术。

能力目标

会进行芝麻田间管理。

知识 1 苗期生育特点及田间管理的主攻目标

芝麻的田间管理分 3 个时期：苗期、花蒴期、生长后期，3 个时期的生长发育特点不同，田间管理的主攻目标也不同。

芝麻苗期以营养生长为主，茎、叶生长较慢，根系吸收能力低，幼苗顶土能力差，既怕草荒，又怕苗荒，既怕水渍又怕干旱。因此，苗期管理的主要任务是：创造良好的环境条件，保证苗全、苗匀，壮苗早发。

知识 2 花蒴期生育特点及田间管理的主攻目标

芝麻花蒴期是营养生长和生殖生长并进的旺盛生长时期，需要充足的养分、水分等。主要管理任务是，力争延长有效花期，争取蒴多、蒴大，防倒伏、防早衰、防涝、防旱。

知识 3 生长后期生育特点及田间管理的主攻目标

芝麻生长后期，植株各器官的营养物质迅速向蒴果运输、转化和积累。该期营养生长停止，以生殖生长为主。主要任务是，保根护叶，力争蒴大、粒饱、含油率高。

实训　芝麻不同时期田间管理技术

1．目的要求

教师指导学生分组，负责指定芝麻种植地的田间管理。让学生通过实地操作掌握芝麻田间管理不同时期的主攻目标及管理技术。

2．材料工具

材料：芝麻种植地。

工具：肥料、锄头、剪刀、农药、铅笔、标签、电子秤等。

3．实训步骤

流程：

制定芝麻种植地管理计划→芝麻苗期管理→芝麻花蒴期管理→芝麻生长后期管理→管理目标实现评价

01 制定芝麻种植地管理计划。学生分组，老师指定每一组负责相应芝麻种植地的田间管理，要求每组事先制定好管理计划，确定芝麻不同生长阶段的主攻目标及管理措施。

02 芝麻苗期管理。

1）破除板结、查苗补缺。芝麻幼芽顶土力差，播后遇雨转晴后，要及时用锄头松土或横耙破壳，严防土壤板结，发现有缺苗断垄现象时，要催芽补种。

2）间苗定苗。一般在1对真叶时间苗，2～8对真叶时定苗。间苗和定苗时要求做到，留壮、留匀，不断行、不缺棵。如因苗差或耙地折损幼芽，造成缺苗时，要结合定苗进行疏密补缺，力争全苗。

3）早施苗肥。土壤瘠薄、底肥施用不足或晚播的夏芝麻，幼苗长势弱，应尽早追肥、提苗肥。每666.7m^{2}可用硫酸铵15kg和过磷酸钙17.5kg混合后施用，增产效果显著。如土壤肥沃、底肥充足、幼苗健壮，可不施苗肥。

4）中耕松土。芝麻开花前一般要求中耕三遍，即所谓的“紧三遍”，是芝麻中耕的关键。中耕三遍的时间分别是：1对真叶时第一次中耕，深度要浅，目的在于除草保墒；2～3对真叶时第二次中耕，深度为5～8cm；4～5对真叶时第三次中耕，深度为8～10cm。

5）注意排灌。芝麻苗期需水量小，土壤水分过多不利于芝麻的生长发育。因此要注意排水，做到既无明水，又滤暗水。但土壤中水分也不能过少，当田间持水量低于60%时，应当轻浇，浇后及时中耕。

6）防治病虫害。芝麻苗期病虫害主要有立枯病、青枯病和蚜虫、地老虎等。病害除靠轮作、种子处理防治外，苗期多中耕，提高地温，培育壮苗，也可以增强抗病力，减轻危害。防治蚜虫，可用 40%乐果乳油 2000～3000 倍药液进行喷洒；防治地老虎，在 3 龄前可利用其在芝麻上群居为害的习性喷药杀死，3 龄以后可用毒饵诱杀。

03 芝麻花蒴期管理。

1）重施花肥。芝麻进入开花期即开始大量吸收养分，因此，现蕾后应追施足够的肥料，以满足旺盛生长时期的需要。现蕾后追施花肥增产效果显著。据试验，花期每 666.7m^2 施硫酸铵和过磷酸钙各 7.5kg，比对照增产 10%以上。

2）中耕培土。花蒴期勤中耕、浅中耕，能改善土壤透气性，有利于肥料分解，促使根系健康生长。芝麻是浅根农作物，随着地上部的增长，也增加了根系的支撑重量，往往会发生倒伏。因此，进入花蒴期以后，在每次中耕的同时，要培土固根，防止倒伏。

3）抗旱排涝。花蒴期是芝麻一生中需水最多的时期，也是决定植株高矮的关键时期。在该期内，芝麻对水分反应非常敏感，既不能忍受长期的干旱，更不能抵抗短期的水涝或渍害。此期已进入雨季，各地雨量分布不均，常出现间歇性旱涝灾害，对芝麻蒴数、粒数和粒重都有很大影响。因此，要求做到适时浇灌和排水，保持土壤湿润疏松。

04 芝麻生长后期管理。

1）适时打顶。芝麻具有无限结蒴习性，茎秆顶端有一部分花蕾不能形成蒴果，一些蒴果内的种子不能成熟，形成“黄稍尖”，消耗养分。如果能及早把这一部分稍尖去掉，使养分集中于中下部的蒴果，可以提高芝麻的产量和品质，芝麻适时打顶一般增产 10%左右。打顶时间在芝麻“封顶”以后，茎秆顶端生长衰退，由弯变直，即所谓芝麻抬头的时候。打顶的适宜长度约 3cm。

2）保护叶片。芝麻上部叶片是后期进行光合作用的重要部分，对促进籽粒饱满，提高含油率有重要作用，生产中，应大力宣传芝麻“打顶不打叶”的好处。另外，还应防虫蛀叶，芝麻天蛾为害中后期叶片，可用 40%乐果乳油 2000 倍液喷洒防治。

3）水分管理。芝麻封顶以后，耗水量减少，保持土壤适宜含水量和透气性，充分发挥根系功能，有利油分形成和积累。遇旱时，要适当灌水，以防早衰和籽粒不饱，灌水时，采用小水沟灌，灌后适墒中耕，保持土壤通透性，切忌大水漫灌。如遇秋涝，要及时排水。

05 管理目标实现评价。各组根据芝麻生长情况和产量结果，对照管理计划对各组工作情况进行自评和教师综合评价。写出评价报告。

4．实训报告

据管理目标实现情况与综合评价结果，总结芝麻田间管理经验及关键技术措施。

任务4.4 芝麻收获

知识目标

1. 掌握芝麻的收获适期和成熟标志；
2. 理解影响芝麻安全储藏的因素。

能力目标

会进行芝麻的收获。

知识1 芝麻的适时收获

1. 收获适期

芝麻绝大多数品种是无限花序，花期较长，植株不同部位的蒴果形成和成熟期很不一致。当基部蒴果已经成熟，甚至开裂时，上部蒴果往往尚处于籽粒灌浆期，如收获时期过早，植株上部蒴果种子灌浆不充分，籽粒不能完全充实，未成熟的籽粒所占的比例高，籽粒的品质差；收获过迟，植株下部蒴果田间炸裂落粒损失大，产量低，遇雨还会出现籽粒在蒴果中发芽，损失更严重，造成丰产不丰收。所以，掌握成熟时的特点，确定芝麻成熟时的标志和适合的收获方法，减少籽粒损失，对提高产量和品质，最大限度地获得高产，有十分重要的作用。

2. 芝麻成熟的标志

植株由浓绿变为黄色或黄绿色，即芝麻终花 20d 左右，或打顶后 25d 左右，大部分叶片枯黄，脱落 2/3 以上；蒴果呈黄褐色，植株下部 2～3 个蒴果即将裂开，中、上部蒴果微黄青绿基本成熟，用手摇晃下部，蒴果有响声，籽粒呈现固有色泽，此时应及时收获。

知识2 芝麻安全储藏条件

芝麻种子籽粒细小，种皮脆薄，含有较高的脂肪和蛋白质，在空气湿度较大时极易吸收水分，造成种子的吸湿返潮。同时，油料作物中芝麻含杂量最高，其中细小灰尘占总杂质的 80%，后期容易造成种子堆发热霉变，种子出油率、发芽率都会降低。为此，在芝麻种子入库储藏之前应做好以下工作。

1）保证净度。芝麻种子在入库前必须进行认真的筛选，以清除杂质，保证净度。芝麻种子中如果含有较多破碎粒或不成熟的种子，再加上大量尘土杂质，就会使种子间的缝隙变小，阻碍热量的散失，让杂菌和储粮害虫有可乘之机，造成坏种。为此，对要储藏的芝麻种必须通过筛选，清除种子中的秸秆、瘪粒、灰尘和杂质，使芝麻种子的净度达到99%以上。

2）严格控制入库种子水分。种子的含水量是影响种子质量的重要因素，芝麻种子的安全储藏水分应控制在7%左右，种子内如果含水量过多，极易在储藏过程中发热，使种子脂肪分解，引起霉菌寄生和虫蚀，从而降低种子的生活力和发芽率。因此，控制入库种子的含水量，是维持种质长期安全储藏的重要保证。

3）合理安排入库时间和存放位置。芝麻种子含油量多，导热性差，在高温条件下不易降温，所以芝麻种子必须低温入库，阴雨潮湿天气不宜入库。种子入库时要合理地安排种子的存放位置，根据种子级别、含水量、纯净度等情况分别堆放，不同品种严格分开，包装袋内外放置标签，注明种子名称、数量、质量等级，以防品种混杂，保证其纯度。

实训 芝麻收割、脱粒及安全储藏

1．目的要求

学生分组，负责指定芝麻种植地的采收工作。让学生通过实地操作掌握芝麻采收的方法和安全储藏措施。

2．材料工具

材料：成熟芝麻种植地。

工具：锄头、箩筐、刀、铅笔、标签等。

3．实训步骤

流程：

分配芝麻采收任务→明确芝麻采收时间→芝麻采收→芝麻安全储藏

01 分配芝麻采收任务。学生分组，负责指定芝麻种植地的采收工作。

02 明确芝麻采收时间。趁早、晚收获，避开中午高温阳光强烈照射，减少下部裂蒴或病死株裂蒴造成损失。

一般春芝麻 8 月中下旬收获，夏芝麻 8 月下旬至 9 月中旬收获。芝麻出现成熟特点时，应尽快收获，且应在早晨收割，做到熟一块，收一块，熟一片收一片，保证丰产丰收。

03 芝麻采收。手工收获，一般以镰刀轻割较好。收获部分提前裂蒴植株时，必须携带布单或其他相应物品，以便随割随收裂蒴的籽粒，以减少落籽损失。

镰刀收割一般在近地面 3～7cm 处斜向上割断，收获后捆成直径 15～20cm 的小捆及时晾晒，切记大垛闷，避免因闷大垛造成芝麻品质下降，甚至造成霉变，保证芝麻丰产丰收。

04 芝麻安全储藏。收获后的芝麻要及时晒干扬净，去除杂质，使种子含水量保持在 7%左右为好，最高不超过 9%再入库储藏。储藏期间的管理要点如下。

1）防潮隔湿。芝麻种子储藏期限的长短，取决于仓库内的温湿度及储藏设备的防湿性能。芝麻种子吸湿性强。种子入库后，底部应用隔潮物垫底，种子堆上面还可以用草垫或麻袋等物压盖，然后再压盖上沙子或大糠，应压盖平整、严密、坚实，这样不仅防潮，使芝麻处于低温干燥状态，还可以起到防虫的作用。

2）及时通风散湿。新收获的芝麻种子入库后，有一个后熟的过程，会释放出大量的湿气，很容易引起种子变热发霉。因此，要经常观察库内的温度和湿度，只要发现温度过高或湿度过大，应及时进行机械通风，促使种堆内的气体交换，提高种子的安全储藏系数。

3）采用低温密闭储藏。芝麻在储藏期间宜采用低温密闭储藏。低温密封不仅可以降低种子呼吸强度，延长种子的寿命，同时能抑制仓库的害虫和微生物的繁殖。为了使芝麻种子安全入夏，可以在冬季和初春自然低温时对芝麻进行降温降湿。冬季低温时，将仓库门窗打开，用摊薄种堆、翻动种面等方法冷却种子，也可以将种子搬到仓外充分冷却，使种子温度降低。入夏之前密闭仓库，以减轻高温、高湿对芝麻种子的影响。低温密闭后，除工作人员可以定期检查外，尽量减少开库房的次数。

4）不宜与农药、化肥同储。种子储藏时不要与农药、化肥等物品同库存放，因为许多农药和化肥都具有挥发性和腐蚀性，一旦进入种胚，就会影响种子的发芽力，使其失去原有的利用价值。

5）定期检查。种子储藏后，随着种子生理性状和环境条件的变化，种子也会不断发生变化。因此，在整个储藏期间必须制定合理的种子检查制度，定期、定点对种子的含水量、温度、湿度、发芽率、虫鼠害等情况进行全面检查、记录、分析。夏季应增加检查的次数，发现问题及时采取措施，以保证种子的安全储藏。

4．实训报告

任务实施完毕，要及时整理实训报告，总结经验。

拓展　地膜芝麻生产技术

地膜覆盖可使芝麻亩产达到 150kg 以上，甚至可超过 200 kg，因此覆膜是一项实现芝麻高产的栽培措施。但是为了实现地膜芝麻高产，必须注意以下几点。

1．适时早播

地膜芝麻高产的主要原因之一就是利用地膜的增温、保温作用提早播期，从而更加充分地利用光热资源挖掘芝麻的高产潜力。因此，地膜芝麻必须适时早播，其适宜播期是 4 月底至 5 月初。

虽然夏芝麻采用地膜覆盖也有很大增产效果，但其高产潜力有限，经济效益也较低。当然，如果一年只种一季春芝麻是不划算的。为了提高复种指数，提高种植效益，可以在芝麻前茬种植越冬短季蔬菜（菠菜、青菜、黄心菜、食夹豌豆、早蒜薹等）也可以采用间作套种，在种小麦时用适当的形式将小麦与越冬蔬菜带状间作早春蔬菜，收获后种植地膜芝麻，小麦收获后，再套种红薯、花生等作物。

2．选用丰产潜力大的中晚熟优良芝麻品种

地膜覆盖后芝麻有效生育期延长，因此适宜种植一些耐涝、抗病、丰产潜力大的中晚熟优良芝麻品种。只有选用中晚熟芝麻品种才能充分利用生长季节，提高芝麻产量。

3．增施肥料

讲究施肥技巧，地膜芝麻生育期长，生长发育快，植株高大，必须增施肥料才能满足其对养分的需求。同时由于地膜芝麻倒伏的可能性增大，且生育后期又极易脱肥早衰，因此地膜芝麻非常讲究施肥技巧。

其施肥的原则是：增施磷钾肥，控制氮肥用量。 在此原则下，高磷、高钾、补氮，氮∶磷：钾接近 1∶1∶1。当亩产芝麻 200 kg 以上时，三者各施 20kg 左右。在施肥方法上以底肥为主，花期追肥和叶面追肥为辅。将全部磷、钾肥和总氮量的一半用作底肥，其余一半氮肥作为追肥。

追肥的时期、用量和方法应根据芝麻苗情和天气而定。苗弱早施、多施、苗壮适量施、晚施或不施。天旱时可结合灌水追肥，土壤墒情较好时，可在垄面插孔灌注肥料溶液 （或用追肥枪追施）。 同时可结合防病治虫，进行叶面追肥。此外，在芝麻高产条件下应考虑硼、锌 、锰等微量元素肥料的施用。

4．化学调控

播种前用 100～150mg/L 缩节胺浸种或在苗期喷洒 150mg/L 缩节胺，促根蹲苗。在花蕾期，喷洒叶面宝、喷施宝等植物生长调节剂，并结合喷施 0.1%～0.2%硼砂、0.1%尿素、1%磷酸二氢钾，促花增蒴。

5．浇水防旱和防病保叶

地膜覆盖有一定防涝抗旱的效果，但不是绝对的，尤其是在长期持续干旱使地膜芝麻生长受到严重抑制，甚至提早封顶时，必须及时浇水。另外，为了尽量延长地膜芝麻茎叶光合功能期，应在芝麻盛花期和封顶期，喷洒一二次 40%多菌灵 500～700 倍液防治芝麻叶病。

6．播种和管理技术

（1）整地与起垄

为了充分发挥地膜栽培的除涝、防渍和防病效果，地膜芝麻必须实行垄作。一般每隔 80cm 起一垄，垄面宽 45cm，沟宽 35cm，垄高约 10cm。每垄种 2 行，平均行距 40cm。

（2）播种与覆膜

地膜芝麻可采用条播或穴播（点播）。一般地膜栽培可先播种后盖膜，也可先盖膜，然后打孔播种，但以先播种、后盖膜较好。

因为地膜芝麻播种较早，气温很低，而地膜内温度高，先盖膜后打孔播种，往往出现芝麻由于特别喜欢温暖 “贪恋”膜内温暖环境而不钻出播种孔的情况。地膜芝麻所用地膜幅宽以 70cm 为宜，为了降低生产成本，一般使用线型低密度聚乙烯微薄地膜（当地膜厚度为 0.008mm 时，每亩约需地膜 6.5kg）。

覆膜可使用机械或人工进行，但必须做到垄面平整，地膜与土面贴实，地膜封严，凡有孔洞处均应用土盖严。

（3）破膜、放苗及间苗

定苗地膜芝麻在 4 月底 5 月初播种的，一般 4～5d 可出苗。出苗后应及时破膜、放苗。春播地膜芝麻每亩适宜种植密度为 9000 株左右，平均行距为 40cm 时，株距为 19 cm。如果采用点播，可在点播时定好穴距；如果采用条播，可按株距破膜放苗。

放苗时，孔不宜太大，每孔放出二三棵苗即可。 苗周围用土封实。如果芝麻苗出土后，不能及时放苗，可先在地膜上刺孔放气，以减少或避免幼苗灼伤，但时间不可太长。地膜芝麻放苗后，长到 3 对真叶时即可定苗。

（4）地膜芝麻草害的防治

地膜覆盖后，膜内高温有强烈的抑草作用。但是由于地膜春芝麻播种早，气温较低时，膜内也会形成利于杂草滋生的条件，尤其是地膜封闭不严或有破损、孔洞时降低了膜内的升温、保温效果，更易造成膜内杂草的滋生。因此地膜一定要封闭严实。同时为了彻底防除草害，可以采用化学除草的方法：一种是根据杂草种类采用相应除草药膜；另一种是在播种后，覆膜前喷洒芽前土壤处理除草剂。但是由于膜内温度高、湿度大，其用量要相应减少，一般为通常用量的 2/3（按实际喷洒面积折算）。

综合测试

一、填空题

1．芝麻一般在________时间苗，________对真叶时定苗。

2．间苗和定苗时要求做到________。

3．芝麻开花前一般要求中耕三遍，即所谓的“紧三遍”，是芝麻中耕的关键。中耕三遍的时间分别是：________时第一次中耕，深度要浅，目的在于除草保墒；________时第二次中耕，深度为 5～8cm；________时第三次中耕，深度为 8～10cm。

4．打顶时间在芝麻“封顶”以后，茎秆顶端生长衰退，由弯变直，即所谓________的时候，打顶的适宜长度约 3cm。

5．中国三大蜜源作物为________、________、________。

6．芝麻按生育期长短，分为________型、________型和________型。

二、判断题

1．芝麻按分枝习性，分为单秆型和多秆型。 （ ）

2．芝麻是中国四大食用油料作物之一。 （ ）

3．芝麻原产于热带，是喜温喜水作物。 （ ）

4．芝麻单株蒴果数是产量构成中起主导作用的因素。 （ ）

三、简答题

1．简述芝麻整地的要求。

2．芝麻的一生可分为那几个生育时期？

3．简述芝麻成熟的标志。

4．简述芝麻收获的方法。

四、综合分析题

1．分析芝麻产量的构成因素，确立合理的种植密度。

2．试述地膜芝麻的生产技术。

3．分析芝麻的安全储藏措施。

【考证提示】

获得种子繁育员、农艺工、植保员等中级资格证书，需具备以下知识和能力：

知识目标：

1．了解芝麻的生育期和生育时期；

2．掌握芝麻的器官识别与类型；

3．掌握芝麻的产量构成因素及其合理密植；

4．掌握芝麻各时期的生长发育特点。

技能目标：

1．学会芝麻播种；

2．学会芝麻移栽技术；

3．能够进行芝麻田间管理；

4．学会芝麻收获、安全储藏。

项目5 棉花生产

项目导入 棉花是仅次于粮食的第二大农作物。棉纤维能制成从轻盈透明的巴里纱到厚实的帆布和厚平绒多种规格的织物，适于制作各类衣服、家具布和工业用布。

棉花是涉及农业和纺织业两大产业的商品，是全国1亿多棉农收入的主要来源，是纺织工业的主要原料，也是广大人民的生活必需品。棉纱及棉布还是出口创汇的重要商品，在国民经济和人们生活中占有极其重要的地位。

任务5.1 初识棉花生产

知识目标

1. 了解棉花生产在国民经济中的地位，了解棉花生产概况；
2. 掌握不同棉花类型的特点以及目前生产上推广的主要优质高产棉花品种的特性；
3. 掌握棉花生育期与生育时期。

能力目标

1. 会正确识别不同类型的棉花；
2. 会根据当地气候条件、种植制度正确选用棉花良种。

知识1 棉花生产在国民经济中的地位

（1）棉花的主产品棉纤维是我国纺织工业的主要原料和人民生活的必需品

现阶段，我国有70%左右的纺织原料是棉纤维。由于棉纤维的吸湿性强，透气性和保暖性好，手感柔软，不带静电，其织品穿着舒适且具有染色牢固等特点，因此任何化纤都难以取代。尤其化纤织品要比棉织品多消耗 60%的能源，因此，棉花生产是纺织工业稳定发展的基础。同时，我国的棉纺织品种类型繁多、质量上乘，除了满足国内市场的需求以外，每年还有大量的出口，为国家换取巨额外汇。近年来，每年纺织品创汇占全国创汇总额的 25%左右。

（2）棉花副产品在轻工、食品、医药、化学、国防工业等方面有着广泛的用途

棉花的副产品主要有棉籽、棉短绒和棉秆。棉籽壳可生产糠醛、酒精、植物激素、活性炭等多种化工产品，也是培养平菇、银耳、蘑菇、灵芝等食用菌的理想原料。棉籽油是我国主要的食用油源之一，也是重要的化工原料，其产量占各种植物油总产量的 1/4，仅次于花生，居第二位。榨过油的脱脂棉仁饼，蛋白质含量高达 43%～50%，且富含维生素 B、维生素 E，是食用工业与酿造工业的原料，也是优质的饲料和肥料。

棉短绒是残存在棉籽壳上的短纤维，每 100kg 棉籽可剥短绒 8～10kg。13mm 以上的头道绒，能纺 6～12 支精纱，可用于制作地毯、绒衣、绒布、药用纱布和高级纸张等；2、3 道绒是制造火药、人造革、清漆的原料。

棉秆也是宝贵的财富。每吨棉秆经粉碎加工成型后，相当于 0.3～0.4m^3 木材加工出的产品，且物美价廉，颇受欢迎，也是制造牛皮纸的良好原料。棉秆剥皮可用来制作麻袋与绳索。棉秸秆是棉区的主要生活燃料。棉秆还可作为纤维胶合板的原料；棉仁中提取的棉酚可用于生产治疗肝癌、肺癌等疾病的药物。

（3）棉花产业在我国生产与就业领域占有重要地位

棉花产业链长，涉及生产、加工、流通、纺织、出口等多个行业，属劳动密集型产业。整个棉花产业不仅在生产领域吸纳了大量农村劳动力；而且，棉花加工企业、棉花流通企业、棉纺织企业、纺织品服装加工及出口企业也解决了大量城乡劳动力的就业问题。常年棉花生产涉及 4000 多万农户、1.4 亿农民，纺织服装加工产生提供 2000 多万个就业岗位。棉花生产不仅是纺织工业发展的重要支撑，还是棉区农民增收的重要途径。湖北、江苏、河南等内地棉区的棉农经济收入的 30%左右来源于棉花生产。新疆棉区的这一比重达到 55%左右。

总之，棉花是关系国计民生的重要物资，在国民经济发展中具有重要地位。

知识 2　棉花生产概况

1. 棉花栽培简史

棉花原产热带和亚热带地区，栽培历史悠久。据文献记载：公元前 1 世纪汉武帝时代到公元 4 世纪，海南省及云南省的大理一带，劳动人民已能纺织棉布；在 6 世纪南北朝梁代以前，新疆已种植棉花；13 世纪后长江流域和黄河流域已先后种植棉花。

我国古代棉种传入的主要途径是：草棉由阿拉伯地区经伊朗、巴基斯坦传入我国新疆；中棉由印度经缅甸、泰国等传入云南及两广地区；陆地棉于 19 世纪末从美国传入；一年生海岛棉在 1914 年前后开始在我国栽培。

2．世界棉花生产概况

棉花的种植范围广泛，从北纬 47° 到南纬 35° 均有分布。全世界有 150 多个国家种植棉，五大洲均有分布，主要集中在亚洲和美洲。亚洲面积最大，约占 62%，总产占 64%，美洲棉田面积和总产量分别占 26%和 24%。其中以中国、美国、印度、乌兹别克斯坦、土库曼斯坦、塔吉克斯坦、埃及、土耳其、巴西、墨西哥、澳大利亚等国的棉花总产量较高。以上 11 个国家的皮棉产量占全世界皮棉产量的 85%左右。

3．中国棉花生产概况

我国南自海南岛，北到辽宁南部和新疆北部均有棉花栽培。主要分布在黄河流域、长江流域及新疆等地。新疆、山东、河南、河北、湖北、安徽、江苏七省（自治区）是我国棉花的主产省（自治区），2012 年植棉面积达 419.4 万 hm^2，约占全国的 89.4%；产量 611.5 万 t，也约占全国总产量的 89.5%。

根据棉花分布，我国可分为南方棉区和北方棉区两大部分。其中南方棉区可分为长江流域棉区和华南棉区，现简介如下。

1）长江流域棉区主要是长江中下游流域。包括四川、重庆、湖北、湖南、江西、浙江、上海和江苏、安徽两省淮河以南部分以及陕西的汉中盆地，是我国第二大棉区，约占全国棉田面积的 44%，总产占全国的 53%～64%。

2）华南棉区包括两广、台湾、云南的大部分，福建、贵州的南部及四川的西昌地区，棉田播种面积小。

我国是世界植棉大国，单产居各产棉大国前列，总产量居世界第一位。2012 年全国植棉面积 468.811 万 hm^2，棉花总产 683.5061 万 t。加入世界贸易组织以后，我国纺织品出口量增加，对原棉的需求量也增加。2008 年进口棉花 211.4 万 t，占总需求量的 22%，对外棉依赖度增加，使我国成了棉花进口大国。

目前，我国棉花生产随着新品种的培育和栽培技术水平的不断提高，棉花单产逐年提高。“十五”期间，全国棉花平均单产 1095kg/hm^2，比“九五”增加 117kg；“十一五”以来，棉花单产达到了 1200kg/ hm^2，2012 年为 1458kg/ hm^2，比上年增加 148kg。

据农业部统计，当前我国棉花种植面积稳定在 8000 万亩以上，总产已达 700 万 t，单产水平连创新高。但由于受到水土资源、生产条件、技术水平、自然灾害、劳动力转移等多种因素的制约，我国棉花生产和技术推广工作面临的形势不容乐观。

按照 2015 年我国棉花面积将稳定在 8500 万亩左右、单产 90kg 左右、总产 800 万 t 左右、国内棉花自给率在 60%左右的总体目标，必须充分发挥科技支撑作用，努力在以下几个方面实现突破：

1）提高技术规范化水平。标准化生产是现代农业的重要标志。要在传统植棉技术基础上形成适合各种生产条件的技术规程，促进棉花生产规范化水平提高。

2）提高栽培轻简化水平。重点发展免耕板茬移栽、化除、化控、机械化播种、施肥、采收等节本省工轻简化栽培技术，扩大示范工厂化育苗移栽技术，最大限度地降低棉农的劳动强度。

3）提高环境清洁化水平。按照环境友好型要求，选择环保、高效农药产品，改进施用技术，提高利用率，减轻环境污染。

4）提高技术集成化水平。以良种为基础，优化种植模式，集成地膜覆盖、育苗移栽、合理密植、化学调控、科学施肥、综合防治病虫害、机械化管理等高产优质高效综合技术，提高棉花生产技术的整体水平。

知识 3　棉花栽培种的分类

1. 按产地分类

棉花属锦葵科棉属，按产地分类共有四个栽培种，即陆地棉（Gossypium hirsutum）、海岛棉（Gossypium barbadense）、亚洲棉（Gossypium arbeum）和草棉（Gossypium herbaceum）。这四个种分为两大类：一类原产东半球，称为旧世纪棉，是细胞内具有13对染色体的二倍体，它的叶、花、铃、种子都很小，亚洲棉和草棉属此类；另一类原产西半球，称为新世纪棉，是细胞内具有26对染色体的异源四倍体，它的叶、花、铃、种子都较大，陆地棉和海岛棉属此类。其中栽培最广泛的是陆地棉，其次为海岛棉、亚洲棉和草棉已很少栽培，见表5-1。

表 5-1　棉花栽培种类型及特性

棉花栽培种	特性描述
陆地棉	原产西半球，铃大、衣分高、皮棉产量高，纤维细长，品质好，适应性强，为世界主要栽培类型。种植最多、最广
海岛棉	原产南美、中美洲地区。纤维长，有长绒棉之美称，纤维品质最优，但产量和适应性低于陆地棉，我国集中种于新疆
亚洲棉	原产印度，叶、花、铃、种子都很小。产量不高，但较抗旱、抗病、抗虫，多雨地区烂铃少。在中国栽培历史长，变异类型多。一般仅作为种质资源利用，但在某些地区还有种植价值
非洲棉（草棉）	原产非洲，叶、花、铃、种子都很小。产量低、品质差，但极早熟，抗旱力强。一般仅作为种质资源利用

2. 按性状分类

棉花的栽培品种按性状分类，大致可分为常规品种、杂交棉、抗虫棉、有色棉等。常规棉品种具有稳定的遗传性状，品种特征特性表现一致；杂交棉是用两个不同的棉花品种（种间或品种间）进行杂交，得杂交种，再将杂交种种下去，即收获杂交棉。棉花杂种优势第一代最强，第二代可部分利用；棉子一般含有 0.2%～2.0%的棉酚等有害物质，把棉子中棉毒素含量降低到一定数值即为低酚棉，低酚棉棉子中的蛋白质可作为食品和饲料来源，目前育成的低酚棉品种有豫无 19、中无 151、湘棉 16 号；目前育成的抗虫棉，有抗棉铃虫的品种，如中棉所 29、中棉所 30、晋棉 26 等；有色棉一般由陆地棉和有色的半野生种系杂交而育成，如“棕杂 92”等。

知识 4 棉花的生育期和生育特性

1. 棉花的生育期

棉花从播种到收花结束的时期叫大田生长期，一般为 200d 左右。从出苗到开始吐絮的时期叫生育期，一般为 130d 左右。棉花一生可划分为：播种出苗期、苗期、蕾期、花铃期、吐絮期。

（1）播种出苗期

即从播种到子叶出土并展开。一般 4 月中旬前后播种，经 5～7d 出苗。一播全苗是棉花生产的关键。

（2）苗期

即从出苗到现蕾，40～50d。苗期以营养生长为主，生长中心为地下部分，苗期积累的干物质占一生总干物质的 1%左右。

（3）蕾期

即从现蕾到开花 22～28d。蕾期多在 6 月中旬至 7 月上旬，蕾期积累的干物质占总干物质的 5%～6%。蕾期是营养生长和生殖生长同时并进的时期，但主要是长根、茎、叶，是搭丰产架子的时期。

（4）花铃期

即从开花到吐絮，需 45～52d。花铃期多在 7 月上旬至 8 月中旬。花铃期是营养生长和生殖生长两旺的时期，所积累的干物质占总干重的 70%以上。花铃期是决定棉花产量的关键时期。

（5）吐絮期

棉花单株第一个果枝第一个果节的铃自然裂开露白叫吐絮，棉田有 50%的棉株开始吐絮，即进入吐絮期。吐絮期是指棉花从吐絮到收花结束的一段时间，70～80d。我国一般 8 月中下旬开始吐絮，9 月为吐絮盛期，到 11 月初收花基本结束。积累的干物质约占总干重的 10%～20%，其中棉铃积累的干物质约占这一时期积累量的 90%以上。此期营养生长逐渐衰退，生殖生长逐渐减慢。

2．棉花的生育特性

（1）喜温好光，较耐旱怕渍涝

棉花原产于热带、亚热带地区，是多年生植物，经长期人工选择和培育，逐渐北移到温带，演变为一年生作物。生长发育最适宜的温度为 25～30℃，超过 35℃对生长也不利。棉花是喜光作物，对光照十分敏感，幼嫩叶片和生长点有向光性，属短日照作物。棉花耐旱怕渍，前期受渍病害多，中期受渍脱落多，后期受渍早衰，烂桃多。

（2）无限生长习性

只要温度、光照环境条件适宜，棉花能够不断地进行纵横生长。因此，单株结铃伸缩性很大，一般大田生产的棉株有 15～20 个果枝，每个果枝有 4～5 个果节，一株至少有 40 个果节，多的可达 100 多个。

（3）再生能力强

棉花的根、茎、叶都有较强的再生能力。全根受伤或移栽断根，会促进大量侧根生长。棉株越小，根的再生能力越强。棉花每片叶的叶腋都有腋芽。在正常条件下，部分腋芽处于潜伏状态，当受雹、虫等灾害时，枝叶折损，但只要有茎节，靠再生能力，原来潜伏的腋芽就会萌发生长成新的枝条，还能现蕾、开花和结铃，获得一定的产量。但是，再生能力强也有不利的一面，如打顶偏早，促使生长无效的枝、叶和花蕾，消耗养料，降低产量和品质。

（4）可塑性强，自调性好

棉花株型上的伸缩性，使我们可以通过各种人为的促控措施，如采用不同的株行距配置方式，不同水平的肥水管理，合理整枝，施用植物生长调节剂来控制棉株生长发育，这就给不同条件下创造高产提供了可能。如在肥水条件较差的地区，可采用矮株、密植、早打顶的办法，充分发挥群体的增产潜力，夺得高产；在肥水条件较好的地区，采用稀植，大株，充分发挥个体的生产潜力，可夺得高产。棉花有明显的自动调节能力，多表现在棉株结铃上：一般坐桃早、前期结铃多的、容易早衰、前期脱落多的棉田，只要加强管理，后期就可以增结秋桃。

（5）营养生长和生殖生长重叠的时间长

棉花从现蕾到吐絮，营养生长和生殖生长重叠的时间长达 70～80d。适度的营养生长，是良好的生殖生长的基础，如营养生长不良，生殖器官的发育就会受到抑制，蕾铃脱落多。只有使二者协调并进，才能实现早发、稳长、早熟不早衰而获得优质高产。

（6）适应性广

棉花种植遍及各地，从海拔 1000 多米的高地到低于海平面的洼地，黄壤、红壤和轻度盐碱地均可种植；对旱、薄、盐地，均有一定的适应能力。

知识 5 棉花的生长发育

1．生长发育的过程

（1）棉子发芽的过程

1）棉子萌发的内在条件。即种子充分成熟；有健全的生活力；未受机械损伤。一般应以当年收获的种子做下年种子为好，两年以上的陈种子不宜做种。检查棉子质量的直观方法是看油腺和胚的色泽：剥开种壳看、油腺呈红褐色，胚为乳白色的是好种。另外，可用化学染色法如酸性品红法或亚甲蓝法等测定其生活力。

2）棉子萌发的外界条件。即足够的水分，适宜的温度和充足的氧气。棉子一般需要吸足相当于种子重量 80%以上的水分才能发芽；田间持水量为 70%～80%的土壤最适于棉子发芽。土壤过干过湿，对萌发均不利。棉种发芽最适宜的温度为 28～30℃，最低极限温度为 10.5～12℃，最高极限温度为 40℃；变温比恒温更有利于发芽。品种不同，对发芽的温度要求也不同，一般早熟种比中熟种要求的温度较低，发芽也较快。最适合棉子发芽的土壤的含氧量为 7%～21%。

3）棉子发芽机理。棉子发芽大致可分为三个阶段：第一阶段是种内大量蛋白质等亲水胶体吸水膨胀；第二阶段是当胚萌动体积增大后白色的胚根经珠孔伸长，通常称“露白”；第三阶段胚根逐渐生长，当胚根伸出珠孔，达种子长度的一半时就叫发芽，胚根继续伸长，发育成主根，这时下胚轴快速伸长，最初弯曲成钩状，然后靠弯曲部分向上顶土，将子叶带出土面，至两片子叶平展时，即为出苗（图 5-1）。

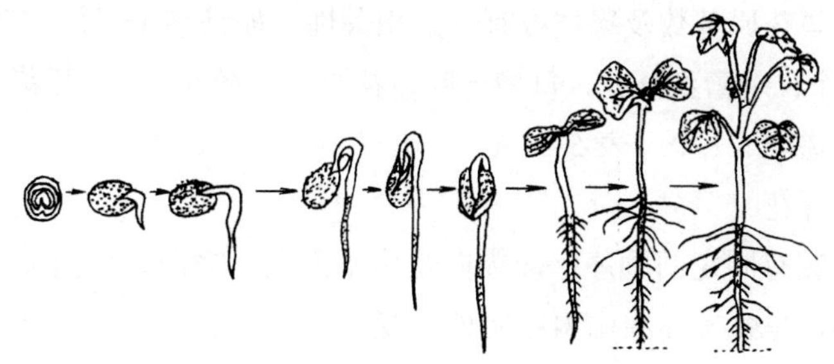

图 5-1　棉花种子发芽出苗过程

（2）根系生长

1）根系发展期。是指从萌发到现蕾的这一段时期。此时根系生长平均每天达 2cm，而地上部分生长很慢，主茎日增长量仅为 0.4～0.5cm。

2）根系生长盛期。蕾期是主根和侧根的生长旺盛期。主根每天伸长 2.5cm，深度可超过 100cm，侧根也迅速横向扩展，可达 50cm。

3）根系吸收高峰期。进入花铃期，根系网基本建成。主根每天只伸长 0.5～1cm。此时是根系吸收水分和矿质养料的高峰期，但发根能力逐渐下降，所以花铃期不宜伤根。

4）根系活动机能衰退期。进入吐絮期，主根日生长量减少，根系衰退，吸收养分能力明显下降。

（3）主茎生长

棉苗出土后，子叶间的顶芽不断分化，形成主茎的节和节间，同时产生侧生器官，不断地分化出叶原基和腋芽原基，叶原基进一步发育成叶片，腋芽原基发育成叶枝和果枝。

主茎的生长，一般苗期慢，蕾期较快，盛蕾期后明显加快，开花前后增长最快，盛花后生长逐渐转慢，吐絮期主茎生长渐趋停止。

主茎生长速度以日增量来表示。通常情况下，苗期平均日增长量为 0.5cm 左右；蕾期 1cm 左右；盛蕾初花期为 2～2.5cm，以不超过 3cm 为宜；盛花期为 1～1.5cm；打顶前降至 0.5～1cm 为宜。

（4）叶片生长

棉花第三片真叶长出之前，子叶是主要同化器官。子叶功能期 60d 左右，以后自然枯黄脱落，留下痕迹，称子叶节。棉花株高或果枝着生高度的测定，多从子叶节算起。

真叶的生长速度与温度有密切关系：在一定范围内，随温度增高而加快。真叶一般经 15d 左右达最大叶面积，其有效功能期为 2 个月左右。

棉株展叶数与花原基数及果枝数有一定相关性：如岱字 15 号，苗期每展开一叶，花原基递增 5.4 个；现蕾到开花，每增一叶，花原基递增 6.8 个；开花到临界蕾期，每增一叶，花原基递增 5.1 个（表 5-2）。

（5）现蕾与开花

棉花现蕾开花有固定的顺序：即纵向是由下而上，横向是由内而外。以第一果枝第一果节为中心，呈螺旋曲线由内圈向外圈发展（图 5-2）。相邻两果枝的相同节位，现蕾间隔的天数一般为 2～4d；同一果枝相邻两个果节现蕾间隔的天数一般为 5～7d。第一个蕾出现后，棉株生殖生长加快。第一果枝在主茎上着生的节位叫果枝着生节位，一般早熟品种的果枝着生节位较低，晚熟品种较高。

表 5-2　棉花主茎展叶数与花芽分化动态

主茎展叶数	3	8			17			26		
生育期（月/日）	花原基分化 5/25—5/28	蕾期（6/14）			开花期（7/13）			临界蕾期（8/15）		
		可见数	分化总数	每增一叶递增数	可见数	分化总数	每增一叶递增数	可见数	分化总数	每增一叶递增数
果枝数	2.8	1	10	2	11	19	1.1	16	25	0.7
花原基分化数	3	1	27	5.4	24	88	6.8	53	134	5.1

注：品种为岱字 15 号，4/20 播种，密度 5000 株/666.7m^2。

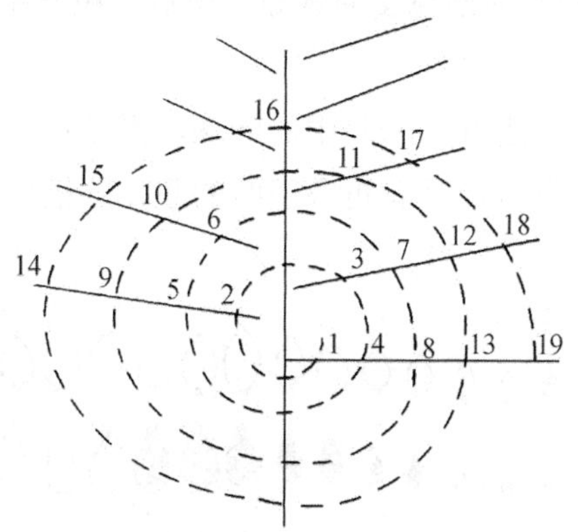

图 5-2　棉株现蕾顺序模式图

现蕾后经 25～30d，花器各部分逐渐发育完全。开花的前一天，花冠急剧伸长，露出苞叶外，一般在第二天上午 8～10 时开放。在花冠开放的同时或略早，或略晚，花药开裂，花粉落到柱头上，称为授粉。下午花瓣由乳白色变红色，第三天花冠枯萎，连同雄蕊管、花柱、柱头一起脱落。花粉粒在柱头上 1 小时左右可萌发出花粉管，花粉管伸长到子房约需 8 小时。整个受精过程在开花后 20～30 小时完成。一般情况，柱头的生活力可维持 2d 左右，花粉只能维持 1d 左右。花粉的生活力在开花当天上午最强，下午显著减弱，所以人工授粉应取当天的花粉，上午进行授粉效果较好。因柱头生活力可达 2d，如果开花当天遇雨，次日上午可进行人工辅助授粉。开花与受精要求 20℃以上温度，最适宜的温度为 25～30℃，高于 35℃或低于 20℃，花粉生活力下降，严重影响受精成铃。

棉花授粉方式以自花授粉为主，有一定的天然杂交率，故棉花是常异花授粉作物，其天然杂交率一般为 5%左右。棉花的花朵内外，苞叶基部有蜜腺，可分泌蜜汁引诱昆虫。因此，棉花是很好的蜜源植物。

（6）棉铃的发育

棉铃的发育可划分为三个阶段：

1）体积增大阶段。受精后的幼铃，经过 20～30d 的生长，棉铃的外形即可长到应有的大小。相应地，棉铃内的种子也正处于体积增长期，纤维正处于伸长期。此时铃壳呈肉质状，颜色嫩绿，易遭害虫蛀食，应注意保护。

2）内部充实阶段。外形长足以后，转入内部充实阶段，历时 25～30d。在这阶段，种子和纤维干重急剧增加，同时，铃壳内的部分储藏物质向种子转移，棉铃含水量逐渐下降，壳色由绿色变为黄褐色。棉铃内纤维增加，纤维壁上积累大量纤维素。此时，易招致一些嗜纤维的霉菌繁殖，易发生烂铃。

3）脱水开裂阶段。棉铃内部充实而逐渐成熟后，积累相当数量的乙烯，促使棉铃脱水开裂。

棉子的发育与棉铃同步进行。子房中的胚珠，受精后发育成种子。胚珠的内、外珠变成了棉子壳，受精卵发育成具有折叠子叶的胚，即棉仁部分。棉铃及种子等的发育顺序如图 5-3 所示。

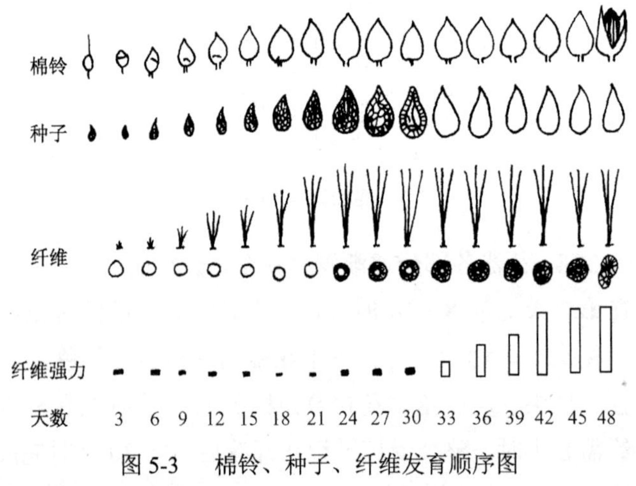

图 5-3 棉铃、种子、纤维发育顺序图

（7）棉纤维的生长

棉纤维的生长需经过以下三个时期。

1）纤维伸长期。在开花的当天（或前一天），胚珠外珠被的表皮细胞向外隆起，形成初生的纤维细胞。一般开花后 3d 内隆起伸长的细胞可形成长纤维；开花后第 4～10d 隆起，中途停止生长的，最后形成短纤维。在开花后 20～30d，棉纤维的长度达最大值。

2）胞壁加厚期。从纤维伸长基本结束到吐絮前，这段时间纤维加厚最快，历时 25～30d。纤维生长的后期，主要是次生壁加厚，即在初生壁的内面，不断地沉积纤维素层。

次生壁的纤维沉积有昼夜周期性，一般每天加厚一层。随着次生壁的不断加厚，纤维中腔变小。

3）纤维扭曲期。此期大致从裂铃到吐絮。成熟的纤维细胞在吐絮前为圆筒形，棉铃开裂，纤维细胞脱水，失去膨压，即呈扁平带状，并产生许多扭曲。

2．棉花生长发育对环境因子的要求

（1）温度

棉花为喜温作物，对温度的反应较敏感。棉花生长发育最适宜的温度为25～30℃，各生育期所需的最低温度不同：发芽需要12℃以上，出苗要求16℃以上，现蕾要求19～20℃以上，纤维发育要求15℃以上。蕾期适宜的温度为25℃左右，花铃期适宜温度为25～30℃，纤维发育的适宜温度为20～30℃。晚秋桃的纤维成熟度低，强度差，主要原因是温度偏低，不利于纤维素的转化沉积，使铃重显著减轻。

（2）光照

棉花特别喜光。光照不足，会使光合产物减少，并改变光合产物的类型，使蛋白质的形成多于糖类，并降低了可塑性物质自叶片向外运送的速度，这不利于蕾铃的发育，容易导致徒长，减少现蕾开花，增加脱落。

（3）水分

棉花叶面积大，是需水较多的作物，每生产1kg干物质要消耗800～1200kg水，棉花生育期间每1hm^{2}棉田总需水量为4500～6000m^3，在干旱地区耗水更多。干旱缺水时，棉株矮小，产量低，纤维短，品质差；水分过多，苗期易感病死苗，蕾期易徒长，花铃期蕾铃易脱落，吐絮期易发生烂铃。

（4）养分

棉花对于矿物质营养元素的需要，属于完全营养类型，它需要各种大量的营养元素和微量元素，而需要量最多的是氮、磷、钾三种。在单产皮棉每666.7m^{2}60～100kg的棉田，需供给纯氮12kg的基础上，可按氮∶磷∶钾为1∶0.34∶0.85的比例施用磷、钾肥。目前一般棉田普遍表现不同程度的缺硼、缺锌症状。各地根据具体情况，因地制宜地配施硼肥和锌肥，对棉花产量和品质的提高均有利。硼肥和锌肥一般作基肥施，每666.7m^{2}施用量为硼砂0.5～1kg，硫酸锌1～2kg。也可叶面喷施，浓度为0.1%左右，每666.7m^{2}用水30～60kg，也可与农药和生长调节剂混合喷洒。

（5）土壤

棉花对土壤要求不严，适应性强。一般以土层深厚、肥力较高、排水良好、地下水位较低的沙质或粘质壤土最为理想。而对排水不良，地下水位高，贫瘠的沙土、强酸性土、重盐碱土等，则不适宜种植。据调查，有机质丰富、养分充足的沙质土壤棉田，棉花的产量和品质一般均较好。

（6）空气

二氧化碳是光合作用的原料，适当提高大气中的二氧化碳浓度对光合作用有利。增施有机肥、碳酸盐肥料，促进土壤疏松、株间通气，利于空气交换，可补充大气中二氧化碳的不足。但土壤中二氧化碳过多，对根系生长不利。所以棉田应多中耕松土，以有利根系生长。

3．棉花“三桃”的形成

（1）“三桃”的划分及特点

棉花单位面积的总铃数由三桃组成。生产上习惯于把棉株生育期间结的棉铃，按结铃时期的早、晚划分为三种类型的棉桃。

1）伏前桃。指 7 月 15 日以前开花所结的棉铃。一般占单株总铃数的 5%～10%。多为下部果枝第一果节的棉铃，铃重较小。

2）伏桃。指 7 月 16 日至 8 月 15 日所结的棉铃。一般占单株总铃数的 55%～65%，多为中下部果枝接近主茎节位的棉铃。由于其生长条件优越，子棉发育好，铃重较大，是决定产量和纤维品质的主体。

3）秋桃。指 8 月 16 日以后所结的桃。一般占单株总铃数的 25%～45%。通常后期温度较低，棉铃成熟差，铃重较小，纤维内在的品质也较差。但有的年份秋高气爽，光照充足，也可获得较好的纤维和较高的产量。

伏桃与秋桃相比，伏桃生长发育的条件更为优越，铃重较大，纤维品质更好。所以，在生产上要主攻伏桃，狠抓秋桃。

（2）“三桃”的形成过程

棉花“三桃”形成过程大致可分为：准备时期、有效花芽分化期、三桃形成期。幼苗期是三桃建成的准备时期，也是基础时期。可通过培育壮苗，促使棉花提早花芽分化，并促进生殖生长期向前延伸，为多结伏前桃和伏桃奠定基础。孕蕾期到盛蕾期以前，是有效花芽分化期。孕蕾期分化的花芽是棉花三桃建成的主体，同时对棉花纤维品质的影响极大。发育成秋桃的花芽主要在蕾期形成，盛蕾后分化的多为无效花芽。因此，促使盛蕾期以前多分化一些花芽，是多结秋桃的基础。

开花后是三桃形成期。了解三桃形成的过程（图 5-4），掌握其规律并配合有效的措施，对增结三桃和夺取棉花优质高产，具有十分重要的意义。

4．棉花的产量构成

棉花单位面积的皮棉产量是由单位面积总铃数、单铃重和衣分三个因素所构成，即一般以单位面积总铃数对产量构成起主导作用，铃重次之，衣分相对较稳定。

（1）单位面积总铃数

由单位面积总株数和平均单株结铃数所组成。一般情况是：单位面积株数少，则单株结铃数多；单位面积株数多，则单株结铃数少。

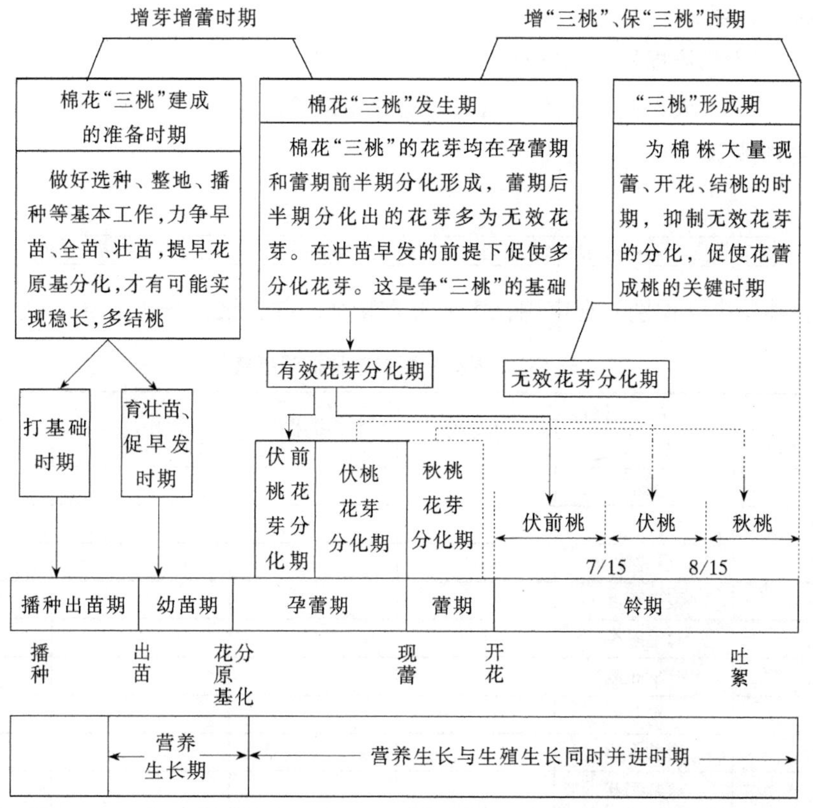

图 5-4　棉花“三桃”形成过程示意图

（2）单铃重

单铃子棉的平均重量，称为单铃重。同一品种棉铃的大小，因栽培条件，铃的着生部位和成熟时期的不同而有差异。

（3）衣分

衣分指皮棉占子棉重量的百分数。衣分高低主要受品种特性的影响，一般相对稳定。陆地棉的衣分一般为 34%～40%。

目前我国棉花的平均单铃重一般为 4g 左右，衣分为 35%～38%。照此计算，每 $666.7m^2$ 产 50kg 皮棉，要有 4 万个左右的成铃；产 100kg 皮棉，要有 7 万个左右的成铃。

实训　调查当地生产上采用的棉花类型及良种特性

1．目的要求

学生两人一组，农业企业、家庭农场或专业合作社 3～5 家。在实训室识别棉花四种类型的基础上进行生产实践，调查当地生产上主要的棉花类型及各类型主要品种特性。

2．材料工具

材料：四个栽培棉种的植株标本。

工具：镊子、放大镜、米尺、铅笔、实验用纸等。

3．实训步骤

流程：

棉花类型识别→当地棉花类型和品种调查→各品种特性调查→总结与交流

01 棉花类型识别。观察棉花主要形态特征，并记录在表 5-3 中。

表 5-3 棉花主要形态特征观察表

器官及形态特征 \ 棉种		陆地棉	海岛棉	中棉	草棉
株高	cm				
叶片	大小				
叶片	裂片数				
叶片	裂口深度				
叶片	茸毛多少				
叶片	叶柄长度				
苞叶	形状				
苞叶	蜜腺大小				
花	萼片形状				
花	花瓣颜色				
棉铃	形状				
棉铃	大小				
种子	大小				
种子	光、毛				
纤维	长短				
纤维	颜色				

注：棉花各部分观察要点如下。

① 根。棉根属圆锥根系，具有主根、侧根、支根、细根和根毛。

② 茎。主茎的高度，基部的粗度，茎色，油腺和茸毛分布的稀密，节数，下、中、上部节间长度；叶枝的部位和数目；果枝的部位和数目，果枝的长度和节数；果枝的种类（多轴果枝或零式果枝）；叶枝和果枝的区别。

③ 叶。真叶的组成（托叶、叶柄、叶片）；叶片的形状，真叶的裂片数，裂片的宽度和裂口深度，叶背主脉的蜜腺位置，叶色和叶面的油腺多少。

④ 花。花柄的长度；苞叶的形状和数目，苞叶的锯齿多少，苞叶基部的蜜腺多少和颜色；花萼的组成，萼片联成的形状，三个蜜腺的着生处；花冠的组成，花瓣的形状、大小和颜色；雄蕊的组成、数目，雄蕊管形状；雌蕊的组成和形状。

⑤ 棉铃。蒴果的形状，铃面的油腺和光滑程度，铃柄的长度，棉铃重量和室数、每一个室的棉子数和排列方式。

⑥ 棉子。形状、组成（种皮、胚、子叶等）、颜色，有无短绒。

02 当地棉花类型与品种调查。选择种有棉花的农业企业、家庭农场或专业合作社 2～3 家，与技术负责人直接座谈，通过询问的方式了解调查单位种植的棉花类型及品种，各品种的生育期、产量及栽培注意事项等。

1）鉴定棉花类型时，要从株高、叶片、棉铃、纤维各方面综合考虑才能下结论。

2）进农场或农户进行调查时，用词要礼貌，记录要完整。

03 各品种的特性调查。

04 总结与交流。

4．实训报告

调查完毕后要把调查内容及时整理成报告。

拓展　棉花的器官形态

1．棉子的形态结构

棉子一般呈不规则的梨形或圆锥形（图 5-5）。尖端有一棘状突起，为子柄。子柄旁有一小孔，称发芽孔。棉子钝端为合点端。种脊连贯于子柄及合点之间。成熟棉子种皮为黑色或棕褐色，壳硬；未成熟种子的种皮呈红棕色、黄色乃至白色，壳软。棉子一般长 8～12mm，宽 5～7mm。其大小通常以 100 粒棉子的重量（g）表示，叫子指，陆地棉子指多为 9～12g；海岛棉子指多为 11～12g。

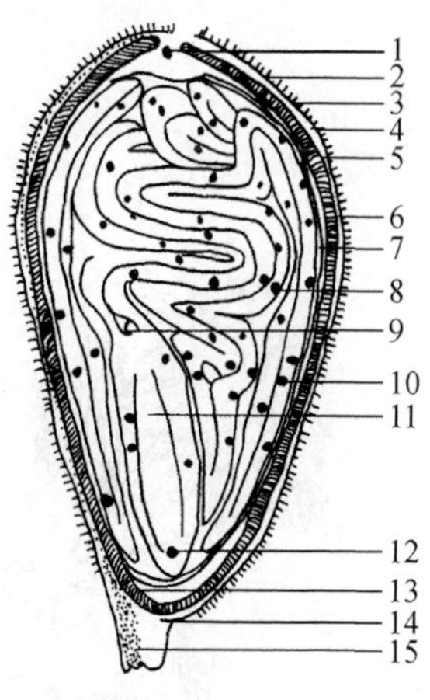

图 5-5　棉子纵切面结构

1—合点；2—短绒；3—外种皮；4—外色素层；5—无色素层；6—内色素层；7—乳白色膜；8—子叶；9—胚芽；10—色素腺体；11—胚轴；12—胚根；13—维管束；14—珠孔；15—子柄

棉子由种皮、胚乳遗迹和胚三部分组成。种皮通常称为棉子壳，剥去种皮后，有一层乳白色的薄膜、称为胚乳遗迹；最内是胚，又称棉仁。胚由子叶、胚芽、胚轴、胚根四部分组成。子叶在种皮内折叠成 W 形或 S 形，体积占胚的绝大部分。棉壳约占棉子重量的 40%，以粗纤维和碳水化合物为主；棉仁约占棉子重量的 60%，其内含物以油脂和蛋白质为主，其中油脂占 35%～40%，蛋白质占 30%～35%，碳水化合物占 15%左右。

2．根的形态

棉花属直根系，由主根、侧根、支根和根毛组成。在适宜的生长和栽培条件下，一年生棉花主根入土深度一般可达 2m，有时可超过 3m，上部侧根伸展较远，横向扩展可达 60～100cm，下部侧根伸展较近，整个根系网呈倒圆锥形。但是，移栽棉花的根系，其主根折断，而侧根较发达，根系呈鸡爪形，入土较浅，耐旱抗倒能力较弱，如图 5-6 所示。

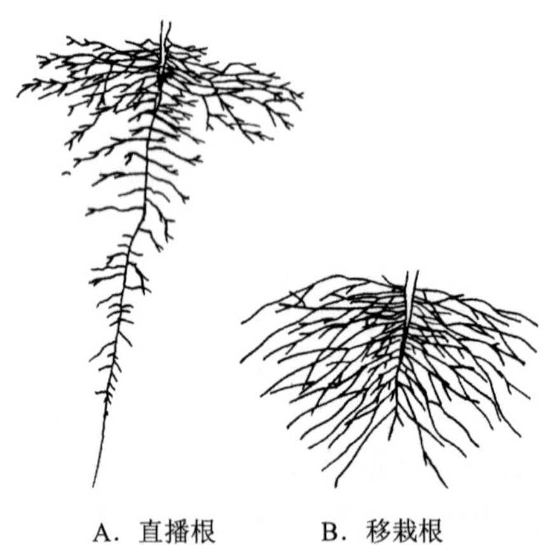

图 5-6　棉花根系图

3．主茎和分枝的形态

棉花的主茎为圆柱形，直立（图 5-7）。棉花的分枝分为叶枝和果枝（表 5-4），叶枝又称营养枝，其形态与主茎相似。叶枝和果枝有明显的形态区别（图 5-8）。棉株上每片真叶只有一个腋芽，它既可以发育成叶枝，也可发育成果枝。

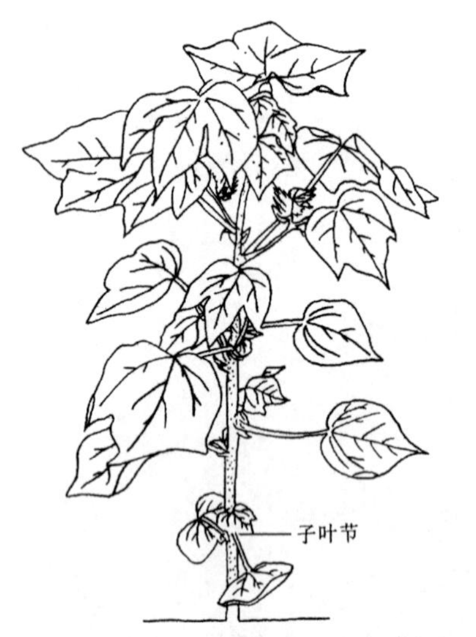

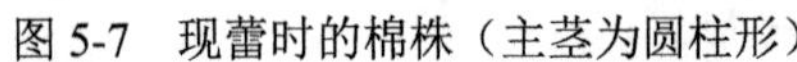
图 5-7　现蕾时的棉株（主茎为圆柱形）

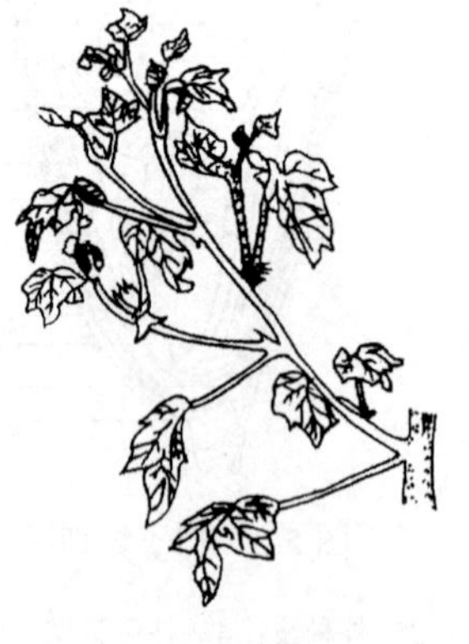

图 5-8　棉花的叶枝和果枝

（表示子叶节和株顶的位置）

果枝类型依据节数划分为三种。具有多个果节的为无限果枝；仅有一个果节的称为有限果枝，常在枝顶丛生几个棉铃；无果节，铃柄直接着生于主茎叶腋，称为零式果枝（图 5-9）。根据果枝的长短和分布，可将整个棉株的外形描绘为：塔形、筒形和倒塔形。

A．无限果枝

B．有限果枝　　C．零式果枝

图 5-9　棉花果枝的类型

表 5-4　棉花叶枝和果枝的区别

区别＼名称	叶枝	果枝
枝条长相	斜直向上生长	近水平方向曲折向外生长
发生节位	主茎下部	主茎中、上部
叶序	呈螺旋形互生	左右对生
蕾铃着生方式	间接着生于二级果枝	直接着生

4．叶的形态

棉花有三种叶片，即子叶、真叶、先出叶。种子出苗最先平展的两片肾形叶片，称为子叶；在子叶以上各节及分枝着生的叶片都称为真叶。棉花叶形多呈掌状分裂，一般有 3～5 个裂片，裂口深浅和裂片宽窄因棉种和品种不同而有区别：棉花先出叶，面积小，易于脱落。

主茎上最早长出的第一片真叶，形状最小，叶片全缘不分裂。第二片真叶稍大，浅裂成三个尖端；到第三片叶子，才有明显的三个裂片；第四片可成三裂或五裂；第五片开始有典型的五个裂片（图 5-10）。主茎上的真叶陆续展开后，子叶逐渐失去作用。

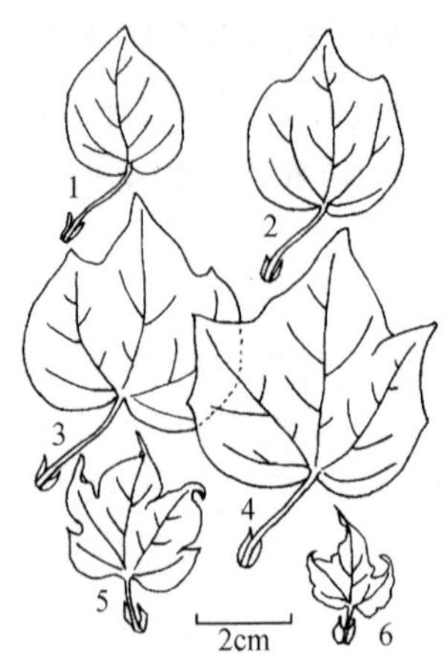

图 5-10　棉株第六片真叶（6）展开后，第一到第五（1～5）各片叶子的外形

棉花真叶由托叶、叶柄、叶片三个部分组成，属完全叶；叶片背面的叶脉上生有蜜腺，一般 1～3 个。棉叶在主茎上排列的顺序为叶序。陆地棉的叶序多为 3/8 的排列：即 8 片叶绕主茎或叶枝 3 周；果枝叶分成左右两行排列，为 1/2 叶序。

5．蕾和花

（1）蕾的形态结构

当棉花主茎下部的第二、三片叶平展时，在第五到第七片叶的叶腋里已开始花芽分化，当棉蕾长到 3mm 大小时，称为现蕾。棉蕾通常呈三角锥形，在构造上，具有花器各部分的原始组成，即苞叶、萼片、花冠、雌蕊、雄蕊及子房等（图 5-11）。

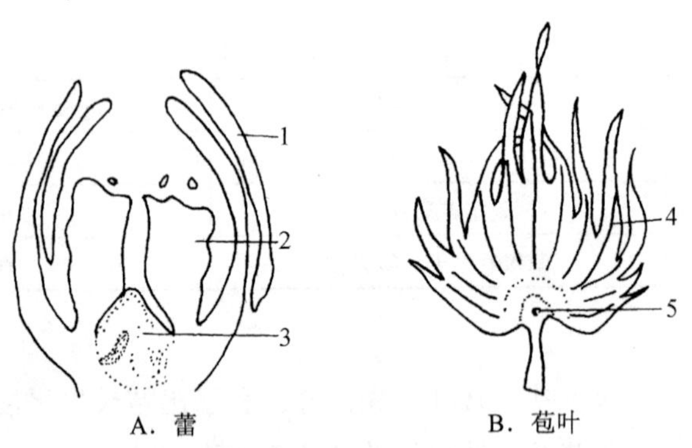

图 5-11　棉花蕾的构造和苞叶

1—花瓣；2—雄蕊；3—子房；4—苞片；5—蜜腺

（2）花的形态结构

棉花的花为完全花，每一朵花，有一个花柄，花柄顶端膨大形成花托，花托上由外至内着生苞叶、花萼、花冠、雄蕊、雌蕊等部分（图 5-12）。

苞叶又称苞片，为三角形，有 3 片，位于花的最外层，具有保护作用；苞叶通常呈绿色，少数呈紫色。陆地棉的苞叶基部有蜜腺，能分泌蜜汁。

花萼位于苞叶之内花冠外的基部。花萼共 5 片，联合成杯状，基部有 3 个蜜腺。

花冠由 5 片分离的花瓣构成，花瓣初为乳白色，开花当天傍晚由白变淡红色，次日为紫红色，3d 后干枯脱落。

雄蕊由花丝和花药构成，一朵花通常有 60～120 个雄蕊；雌蕊位于花的中央，由柱头、花柱、子房三部分组成。

6．棉铃和棉纤维

棉铃为蒴果，俗称棉桃，由 3～5 个心皮组成，每一心皮形成棉铃的一室，棉铃形状有圆球形、卵圆形和椭圆形等。随着棉铃发育成熟，铃面由绿色变为红褐色（图 5-13）。

棉纤维由胚珠的外珠被的表皮细胞延伸而成，长短纤维都是单细胞。成熟的纤维有许多不规则的扭曲，称为捻曲。棉纤维从外形上看，可分为基部、中部和顶部三部分（图 5-14）。成熟棉纤维的横切面呈椭圆形或圆形，而未成熟的纤维呈“U”形，成熟纤维由初生胞壁、次生胞壁、腔壁、中腔等四个部分组成（图 5-15）。

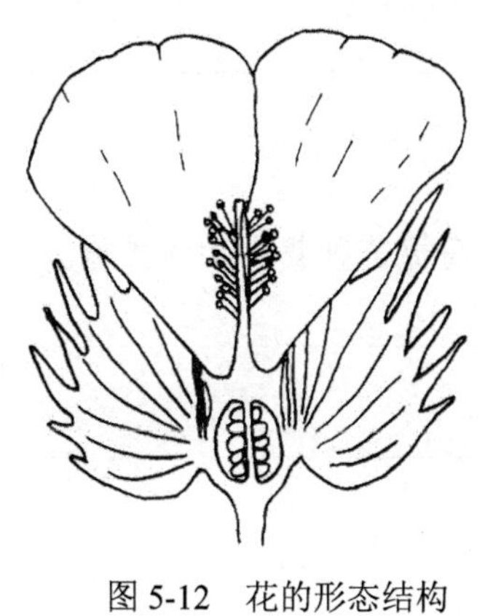

图 5-12　花的形态结构

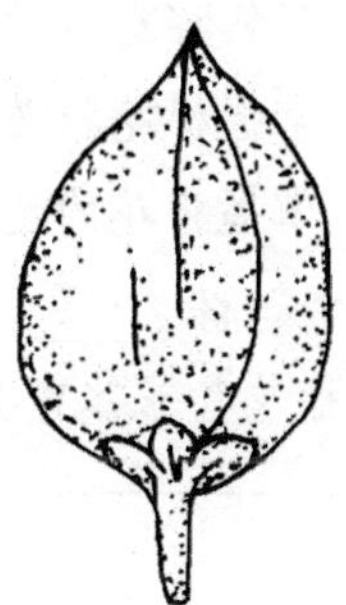

图 5-13　棉铃

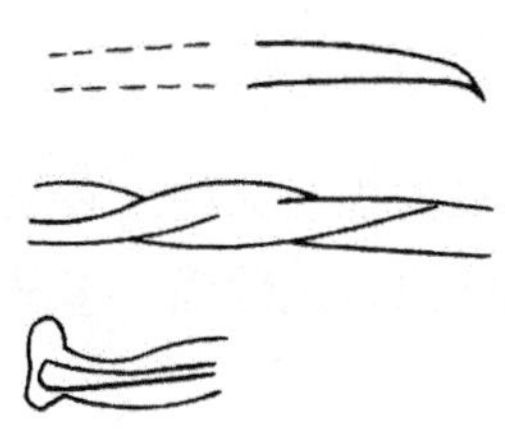

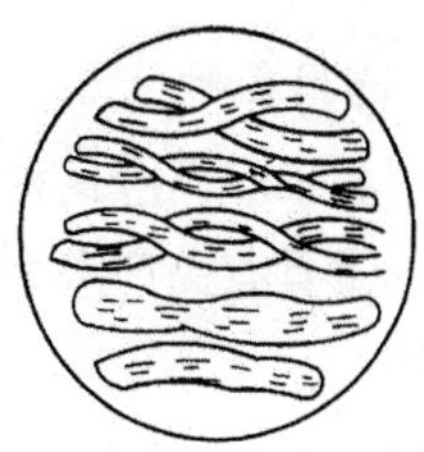

图 5-14　棉纤维三部分、横切面及侧面图

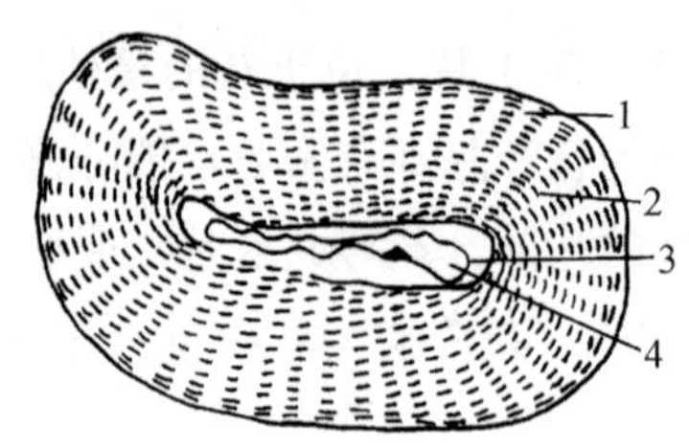

图 5-15　棉纤维横切面示意图
1—初生胞壁；2—次生胞壁；3—腔壁；4—中腔

任务 5.2　棉花播种与育苗移栽

知识目标

1．了解棉花播种前的准备工作；

2．掌握棉花壮苗的标准；

3．掌握棉花的适时移栽时期及提高棉苗移栽质量的措施。

能力目标

会棉花营养钵育苗移栽。

知识 1　棉花播种前的准备工作

1．选用良种

选用和推广高产良种是提高棉花产量的关键措施。优良的棉花品种，必须具备下列条件：①具有高产潜力；②具有优良的纤维品质；③对病虫害抗性强；④早熟、生育期较短。

2012、2013 年农业部在长江流域主推中棉所 63、鄂杂棉 10 号、铜杂 411F1、苏杂 3 号、鲁棉研 28、鲁棉研 21、冀棉 958、铜杂 411、苏杂 3 号等优质棉种。

2．种子处理

作种用的棉子，必须是通过良种繁育出来的原种或经块选、株选、朵选、粒选的新鲜、饱满、无病虫害、纯度高、发芽率高和发芽势强的种子。生产上对种用棉子的纯度要求在 95%以上，发芽率 85%以上。嫩子、虫伤子、杂子等通过粒选要完全剔除，以保证种子的统一计划和质量。经粒选后的种子，最好再晒 2～3d，以提高其生活力，并可利用阳光中的紫外线，杀死部分病菌。

播种前要对棉子进行药剂处理。每 100kg 种子可用 25%的多菌灵粉剂 1.5～2.5kg 拌种；或用 TY 乳油浸种，TY 是一种新型内吸性的植物油杀菌剂，近年用于棉枯萎病的防治，效果较好。具体做法是：用 25g 药剂兑 2kg 水，浸泡 5kg 棉子，4 小时后即可播种。

有条件的地方，最好用粗硫酸将棉子脱去短绒，精选后再浸种或拌药。具体做法是：将棉子放入瓦缸内（切忌用铁、铝桶），约 10kg 种子加入 1kg 粗硫酸，边加硫酸边用木棒搅拌，经 5～10 分钟，见种子上绒毛脱光，立即用清水冲洗，至无酸味。经硫酸脱绒精选的棉子，再用种衣剂包衣处理，防病虫效果更佳。据报道，经上述处理的棉种，防病虫有效期可长达 40d 左右。

种衣剂是借助粘着剂，将杀虫剂和杀菌剂按一定比例配成（一般用杀虫剂呋喃丹 35ST 液剂，分别加入多菌灵，或五氯硝基苯或拌种灵等，杀虫剂按种子重量的 1.0%，杀菌剂按种子重量的 0.5%配成）。在种子表面均匀形成一定透性的种衣，可保护种子不受土壤病菌及害虫危害。

3．精细整地，施足基肥

（1）精细整地

整地的目的是通过对棉田采取耕作措施，创造深厚疏松的土层。冬闲棉田在棉花拔秆后，应在宜耕期进行翻耕，深度以 25cm 左右为好。黏土棉田争取晒垡过冬，使土壤冻融。套种冬作棉田，冬季宜进行深中耕，并结合追施腊肥。

南方棉区的苗期、蕾期正值多雨季节，棉田必须开沟作畦，开好畦沟、腰沟、围沟、棉田纵横排水沟，做到沟平、沟直，沟沟相通，排水通畅，雨停后棉田无积水。畦面要平直、土碎、草净，略呈瓦背形，最好在播种前 10～15d 整好，经适当沉实后播种。

（2）施足基肥

基肥宜以厩肥、堆肥、绿肥、河塘肥、饼肥和土杂肥为主，这类肥料含有大量有机质，肥效稳定，有利于壮苗早发，稳长不早衰，也有利于改良土壤，培肥地力。

基肥的用量根据棉田茬口、土壤性质和肥力、肥料种类和质量而定。一般中等肥力棉田，每公顷施厩肥 15000kg 或绿肥 22500kg 左右，加入过磷酸钙和饼肥各 300～450kg。基肥用量应占总施肥量的 60%～70%。冬闲棉田结合秋冬耕翻施用。两熟棉田，一般在冬作行间，追施腊肥和施入春肥。绿肥宜在播种前半个月翻埋为好。

知识 2 棉花播种

棉花播种的目标是一播全苗，并争取早苗、齐苗、匀苗、壮苗。

（1）确定栽培方式

目前，各地棉花栽培方式有多种类型：按育苗与否分直播栽培和育苗移栽，按盖膜与否分露地栽培和地膜栽培。现阶段还出现了移栽地膜棉（又称“双膜棉”）促早栽培技术，即棉花采用营养钵育苗移栽和大田地膜覆盖相结合的一种栽培新技术。这些种植方式中，育苗移栽和地膜覆盖技术具有增温保墒，延长生育期，提高抗逆和促进早发早熟的多种功能，是目前高产棉花栽培普遍应用的技术。但各地由于生产条件、耕作制度等的差异不能千篇一律，还必须结合生产实际情况选用。在前作收获较早、土地瘠薄、肥水条件差、移栽成活率困难的情况下也可直播。

（2）确定适宜播种期

播种的适宜时期主要根据气温和前茬来定。一般说来，当土壤 5cm 深入的土温稳定在 14℃以上，气温在 18℃以上时是适宜播种期。南方棉区一般在清明至谷雨期间播种。

（3）合理密植，确定种植密度

合理密植的好处：能充分利用地力、提高光能利用率，能充分利用空间，增加总铃数，能改善棉铃空间分布，提高平均单铃重。

确定棉花合理的种植密度，要充分考虑当地气候、土壤肥力、品种特性等因素。

1）土壤条件。土层厚，保水、保肥力强的土壤，应适当稀些；土层薄，保水、保肥力差的土壤，要适当密些。

2）水肥条件。施肥水平高的宜稀，施肥水平低的宜密。干旱少雨棉田及旱地宜密些，水浇地及降雨多的棉地宜稀些。

3）气象条件。温度较高和无霜期较长的南方棉区，密度宜小些；北方棉区的密度宜大些。

4）品种类型。株型紧凑、植株较矮的早熟品种要密些；株型松散、植株高大的晚熟品种宜稀些。

（4）确定种植密度

我国棉花种植密度，一般是北部高于南部，西部高于东部。目前我国棉区种植密度一般以 4.5 万～9 万株/hm^2 为宜。江苏 1500kg/hm^2 皮棉的最适密度为 4.5 万～5.55 万株/hm^2；黄河流域棉区春棉高产田的最佳密度范围为 4.5 万～6.0 万株/hm^2，夏棉为 7.5 万～12.0 万株/hm^2；西北内陆棉区种植密度为 15.0 万～18.0 万株/hm^2；新疆棉区部分棉田密度甚至高达 22.5 万～27.5 万株/hm^2。

（5）确定适宜行株距

目前采用的行株距配置方式，主要有以下两种类型：

1）宽行窄株排列。合理密植时，适当放宽行距，缩小株距，以推迟封行时间，改善通风透光条件，并有利于田间管理。一般肥水较好的棉田，行距可放宽到 90～100cm，肥水条件较差的以 80～90cm 为宜，株距一般不得少于 30cm。

2）宽窄行排列。宽行与窄行相间种植，可以通过宽行来改善光照条件，通过窄行来增加密度，同时还利于冬作物的播种，有利于两熟增产。一般宽行距 90～100cm，窄行距 50～60cm，株距 30cm 以上。

（6）提高播种质量

1）播种量。要根据栽培方式、土壤气候条件、棉籽发芽率的大小及计划种植密度等掌握好播种量。一般直播按播种量比留苗数多 8～10 倍的要求，每公顷播种量用粒选后发芽率在 80%以上的棉子 90～112.5kg。育苗移栽为每公顷 6～9kg。

2）选用适当的播种方式。播种方式分条播和点播。条播的优点出苗较均匀；点播的优点是节省棉子。

3）讲究播种方法。播种时要求做到：浅沟、毛底、匀播、压实、薄盖。特别是播种深度要把握好，棉花是双子叶植物，子叶顶土力弱，以“深不过寸，浅不露子”为好。墒情差、沙质土宜深些，墒情好、土质黏重宜浅些。

知识 3　棉花育苗移栽

棉花育苗移栽是一项有效增产措施，据试验，一般可比直播棉花增产 20%～30%。目前生产上多采用营养钵育苗移栽，薄膜覆盖保温。但也有些地方会采取基质育苗、水浮育苗、穴盘育苗等其他新式育苗移栽方式。

（1）育苗移栽的作用

1）解决两熟矛盾。棉花生育期较长，和冬作物争季节、争光照、争地力的矛盾比较突出。套种棉花不利于早苗、壮苗和全苗，采用育苗移栽可克服上述矛盾。

2）克服不良环境，促棉花早发。棉花播种季节多阴雨低温，难于实现一播全苗；采用育苗移栽，能充分利用光照资源，有利于棉花早发，果枝和花芽提高分化，现蕾、开花、结铃相应提早，达到早熟、优质的目的。

3）调节劳力和节省用种量。棉花育苗在春播大忙之前进行，移栽在前作收获后适当向后推移，错开了生产用工高峰，有利于调节劳力。棉花大田直播，一般每公顷约需要 90kg 种子；而采用营养钵育苗，每公顷一般只需要约 4.0kg 种子，这样节省了用种量，更利于良种的推广。

（2）育苗技术

1）备好苗床。要选择背风向阳、地势较高、排灌方便、地下水位低的无病地块作苗床。忌用重茬床基，苗床四周应有一定空间，尽量避免前茬作物起身拔节后影响苗床光照与通风。苗床面积与移栽大田面积之比一般为 1∶（12～15）。杂交抗虫棉每亩建标准苗床长 13m、宽 1.3m，可摆 3500 钵，育成棉苗 2000～2500 株。将床底铲平拍实，撒入草木灰或碎麦秸、稻壳等。

2）适期播种。日平均气温稳定在 8℃以上时为播种适期，一般在 3 月下旬至 4 月 10 日播种，麦油后茬口可适当推迟到 4 月 10 日后。要求抢在“冷尾暖头”的晴天播种，力争播种后有 2～3d 的连续晴好天气，以利于增加床内积温，夺取全苗、齐苗。播种前将苗床浇足水并用多菌灵或灵福合剂杀菌剂药液进行床面消毒，然后播种。棉种播前需晒种 1d，一钵 1～2 粒。对于包衣精棉籽播种时要做到“二湿一干”，即湿钵、湿覆盖、干籽。播种覆碎土（或细砂）后，要浇足盖籽水，然后用敌克松 1g 兑水 3kg，喷雾杀菌。为提高保温效果，宜采用一平一拱双层地膜覆盖。

3）培育壮苗。其中心环节是通过及时的揭膜、盖膜措施，控制苗床的温湿度。播种后，盖膜密封苗床，采用高温促发芽，但以不超过 35℃为宜。开始出苗时，要及时揭掉平铺膜，只盖拱膜。出苗后，苗床温度控制在 25～30℃。齐苗后，根据天气和温度的变化，及时通风调节温湿度。一般晴天上午 9 时许，揭开两头薄膜通风换气，降温排湿。当床土出现缺水“发白”时，应及时揭膜浇水。下午 4 时左右覆膜封闭。棉苗出一片真叶后，苗床温度宜控制在 20℃左右，以防棉苗旺长。随着苗龄的增大，在二叶期后，应及时揭膜炼苗。移栽前 6～7d 可全部揭膜进行昼夜炼苗。遇天气出现寒潮或阴雨时，应注意盖膜护苗。

齐苗后要及时进行间定苗，拔除杂草。间定苗时，宜用剪刀剪去弱病苗。同时进行苗病防治。定苗后，追施稀薄粪水一次。移栽前，追施一次“送嫁肥”。移栽前一天，进行浇水和喷药一次，防止将病虫带入大田。

壮苗标准：移栽时，棉苗三叶一心，苗高 15cm，茎秆粗壮，子叶完好，红茎过半、白根盘钵、叶色浓绿、苗体墩实，无病斑和虫害。

棉花营养钵育苗流程如图 5-16 所示。

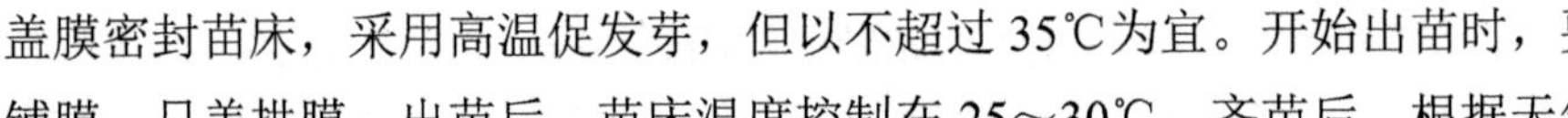

苗床选择 → 钵土配制 → 制钵装钵 → 钵体置床 → 短期播种 → 立架覆腊 → 苗床管理

图 5-16　棉花营养钵育苗流程

棉花水浮育苗流程如图 5-17 所示。

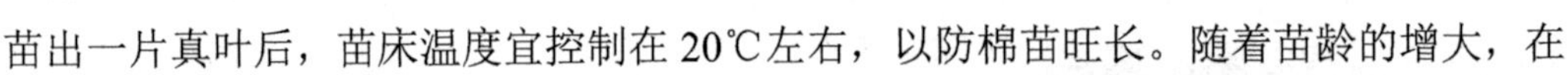

苗床准备 → 苗床铺膜 → 基质装盘 → 配制育苗营养液 → 浸种催芽 → 播种 → 架拱盖膜 → 苗床管理

图 5-17　棉花水浮育苗流程

（3）适龄移栽

1）移栽适期。一般地说，当大气平均温度稳定在 16℃以上时即可移栽。套栽棉一般在麦收前 15～20d，约在 5 月上中旬移栽为宜，最佳移栽苗龄是 2 叶一心至 3 叶一心期，麦（油）后棉立足于抢栽，收获一块，移栽一块，苗龄控制在 5～6 叶期。最好选择阴天，晴天应于早上或下午 4 点以后移栽。

2）移栽方法。

① 营养钵育苗：当苗高 10～12cm，有真叶 3～4 片，白根长满钵时，即可带药带肥移栽到大田。移栽时，按预定的行株距开沟或挖穴，施好"安家肥"，然后搬钵移栽。钵面略低于表土面，钵的周围用土壅到三分之二时，浇足"团结水"，最后盖土成馒头形，防止钵面外露造成倒苗。提倡移栽时覆盖地膜。

② 水育苗或基质育苗：移栽时取出育苗盘，托起，用手握住棉苗茎基部，轻轻向上拔，不要损伤根系，保持根系完整。移栽时不需开沟或挖穴，用移苗小锄或小铲直接移栽，要使根系舒展，幼苗直立。要求带基质移栽，边栽边淋定根水，第二天早上和傍晚再淋一次活蔸水。

移栽中的注意事项：一是选阴天、爽土、移栽；二是根据棉苗大小、强弱分级移栽；三是不栽特弱苗、病苗、无头苗等。

实训　棉花营养钵播种育苗

1．目的要求

学生 8～10 人一组，负责一块苗床。让学生通过在实验田实地操作，掌握棉花营养钵的制作方法和棉花播种育苗技术。

2．材料工具

材料：棉种、速效性氮磷钾肥、杀虫剂。

工具：制钵器、薄膜、铲或刀、竹片、绳索、锄头等。

3．实训步骤

流程：

苗床选择→钵土（块）制作→种子处理→播种→苗床立架、盖膜→苗床管理、培育壮苗

01 苗床选择。

1）宜选择背风向阳、地下水位低、排水良好、水源方便、无枯、黄萎病、离大田接近、土壤肥沃的田块作苗床，苗床包沟宽 1.2m 左右，苗床与大田之比为 1∶12 左右。教师把学生按要求分成几组（一般 8～10 人一组），划分苗床。

2）抓好苗床培肥。每个标准苗床，一般于制钵前10d施用经腐熟的人畜粪100kg左右或经发酵处理的细豆饼1kg左右，充分拌匀，达到泥熟、土细、结构疏松。制钵前再施氮、磷、钾、微养分含量俱全的棉花苗床专用复合肥2～3kg，并与钵土充分混合。培肥土层厚度应不少于15cm。切忌用尿素、碳铵作床肥，以防出苗时烧根死苗。同时注意床土及盖籽土不能被绿（甲）黄隆之类的除草剂污染，一旦发现受除草剂污染，应及早选用新床址，进行翻晒培肥或用客土填床，并重新备足盖籽土。

02 钵土（块）制作。

1）及时制钵。一般应在3月底前完成制钵。在制钵前15～30d选熟化肥沃的土壤，加30%左右的腐熟厩肥，1%的过磷酸钙和适量的速效氮钾肥，均匀混合堆放，待制钵时使用。钵土于制钵前1d洇足水，湿度为最大持水量的80%，制钵时翻拌土壤，达到干湿适度，以手捏成团，齐胸落地而散为宜。

2）制钵规格。一般制钵器直径6～7cm，钵高10～12cm（对杂交棉，钵的规格宜略大）；制钵数为大田实栽密度1.5倍以上。放钵前床底撒少量杀虫剂；钵要摆平，高度一致。边制钵，边排钵，苗床四周培好土，平铺薄膜保墒待播，苗床周围挖好排水沟。

03 种子处理。首先要选种晒种，其次做好种子脱绒和杀菌工作。有种衣剂的种子直接播种即可。

04 播种。

1）营养钵（块）播种。一般每公顷大田需种子量18～22.5kg；每钵（块）播两粒健壮种子，播后覆盖细土，做到钵间不见缝，钵口不外露，四周不见钵，覆土1cm厚，再喷药消毒。

2）大田直播。一般每公顷大田需种量为105kg左右，一般采用条播或穴播，总的要求是：播深以2cm为宜，要播匀压实，覆盖即以浅不露子为宜。

05 苗床立架、盖膜。

1）立架。把竹片弯成弓形插在苗床两侧，大约每隔1m插一根，竹架要插平插直，用绳索串联固定。

2）盖膜。把膜绷紧覆盖在拱架上，四周用土压实，四周开好排水沟，也可采用双膜覆盖，即在盖拱膜之前，用微膜覆盖床面。

06 苗床管理、培育壮苗。

出苗前，高温高湿催全苗。双膜育苗的苗床，在出苗80%时抽去床内地膜。齐苗后视苗床温度及时揭膜晒床散湿，一般在上午10时左右，先通风，后揭膜，下午3时左右盖膜保温，坚持2～3d。结合晒床，每个标准苗床使用助壮素进行叶面喷施。麦（油）后茬口棉苗一般应二次化控。喷施多菌灵或波尔多液等杀菌剂防治苗病。晒床后采用只通风不揭膜和通风揭膜相结合的调温促壮措施，开始时通风迟开早关，一般上午10时左右打开通风口，下午 4 时左右关好床。逐渐增加通风口数，不断变换通风口位置，自始至终调节好苗床温度。移栽前 10～15d（套栽棉 10d、麦后棉 15d）搬钵假植，做好“三补一增”（补肥、补水、补土、增温），缩短移栽后缓苗期。移栽前一周昼夜揭膜炼苗，做到红茎过半、白根盘钵、叶色浓绿、苗体墩实。结合喷施防病虫药剂，坚持“苗不移田、膜不离床”，防天气突变。

> **小贴士：**
> 做好出苗期的温度记载工作，适时揭盖膜，做好护苗工作。

4．实训报告

任务结束，要做好实训报告。

拓展　棉花地膜覆盖生产技术（播前准备和播种）

1．地膜覆盖栽培的增产机制

（1）改善棉田生态环境

1）提高了耕作层土壤温度。土壤盖膜后有明显的增温和保温作用，温度一般可提高 2～4℃。

2）改善了棉田土壤水分状况。地膜覆盖后，使土壤水分只能在膜内循环，有效地起到了保墒作用。

3）改善了土壤理化性状。盖膜后土壤不易板结，减轻土壤的水蚀和风蚀及土壤肥力损失；同时增加了孔隙度，促进了微生物活动，使可供态养分增多，提高了肥料利用率。

（2）促进棉株生长发育

1）生育提早，发育进程加快。据倪全柱在南京调查：地膜棉比不盖膜的出苗提早 6d，主茎生长高峰早出现 7d。

2）根系发达，叶面增长迅速。据研究：盖膜比不盖膜的棉株根系干重多 246%。另据陈奇思 1980 年 6 月测定：地膜棉的光合强度比对照高 44.2%～56.5%。

（3）提高了产量和品质

地膜棉由于能壮苗早发，延长了有效开花结铃期，所以伏前桃和伏桃显著增多，早桃的比例增加，铃重也大为提高。

2．棉花地膜覆盖栽培的注意事项

（1）精细整地

地膜覆盖效果的大小与整地质量关系密切。整地时要做到地平土细，才能使地膜平展紧贴地面。同时膜边要垂直入土 5cm，用湿土封严压实，严防跑风漏气，膜上每隔 4～5m 压一土埂，防风揭膜，这是发挥地膜增温保墒，防止杂草滋生的重要一环。

（2）增施底肥

地膜棉易早发，根系多，增强了棉株对养分的吸收利用，所以地膜棉要增施底肥。除有机肥外，还要将 1/3 的氮磷、钾肥作底肥深施以防早衰。

（3）化学除草

地膜覆盖的增温保墒效应，既有利于一播全苗，也有利于杂草的萌发滋生。防除杂草的有效方法是在播种覆土后，在播种行上喷施化学除草剂。例如，每公顷用除草醚 6kg，兑水 1500～1800kg，搅拌均匀后喷洒在播种行上，使其形成一层药膜，可有效防除杂草。

3．地膜覆盖栽培播前准备和播种

（1）播前准备

1）选用地膜。根据栽植的行距大小，选择幅宽 70cm、90cm、100cm 的超微地膜。

2）精细耕地。应达到厢平，土细，无杂草。

3）施足底肥。地膜棉田的底肥要做好两点：第一要施足底肥，多施有机肥，一般每 666.7m^2 施厩肥 1000～1500kg 或饼肥 40～50kg；第二是底肥要和氮磷钾配合施用，在播种前，每公顷施过磷酸钙 300～375kg 碳酸氢铵 150～225kg、氯化钾 75kg 或饼肥 600～750kg，做到深施，肥土相融，以土养苗。

4）选用优良品种。选适应性强、结铃性好、后劲足、不易早衰的优良品种，以充分发挥地膜棉的优势。

5）种子处理（详见棉子处理内容）。

（2）播种

1）适时播种。地膜棉一般比露地直播早 7d 左右。

2）化学除草。地膜覆盖栽培必须采用化学除草剂，如敌草隆、扑草净、除草醚等。

3）覆盖地膜。常分为先播种后盖地膜和先盖地膜后播种两种方法。盖膜要做到："实、直、严、紧"，即把地膜顺棉行铺直，绷紧、无皱褶，紧贴田面，以提高地膜的利用率；盖膜时两边用土盖严、压实，避免鼓风、漏气，以保湿增温。

（3）移栽地膜棉生产技术

移栽地膜棉生产技术就是将棉苗移栽到棉田后，再覆盖上地膜。也可以先覆盖地膜，再按计划株距在膜上打洞移栽棉苗。移栽地膜棉具有栽后活棵快，生长发育早，有效结铃期长，成铃强度高，增产潜力大等特点。一般比不盖膜的移栽棉增产 2 成以上。该技术将育苗移栽和地膜覆盖的双重增温效应有机地结合在一起，对提高单产有重要作用。

任务 5.3　棉花苗期田间管理

知识目标

1. 了解棉花苗期生长发育特点；
2. 掌握棉花苗期田间管理的主攻目标及田间管理技术。

能力目标

1. 会正确使用棉花化学调控剂；
2. 会棉花苗期田间管理。

知识 1　棉花苗期生长发育特点

南方棉区的苗期是从 4 月下旬至 6 月上旬。从出苗到现蕾为苗期，一般 45d 左右。（其出苗过程如图 5-1 所示）此时长根、长茎、长叶，但已有花芽分化。苗期是以营养生长为主的时期，生长速度较慢，所积累的干物质约占一生总干重的 1%。由于苗期地上部生长缓慢，棉苗营养体小，吸收肥水较少。此期以根为生长中心，主根伸长比地上部株高增长快 4～5 倍。

其长相长势为：株高日增量 0.3～0.5cm，6 月上中旬现蕾，现蕾时株高 12～20cm，真叶 6～8 片；棉株敦实，宽大于高，茎粗节密，红绿各半，叶片平展，大小适中。

知识 2　棉花苗期田间管理技术

1. 苗期管理的主攻目标

棉花苗期田间管理的主攻目标：促壮苗早发、根系旺、促平衡。苗期的生长中心是地下部分的根系，所以，促根壮苗是该生育时期各项农艺措施的关键。

2. 苗期田间管理措施

（1）查苗补种

棉田播种或棉苗定植后，会由于病虫害、土壤、气候、种子和播种质量等原因造成出苗不齐或缺苗断垄等现象。因此，要在棉苗出土 70%～80%时进行查苗补缺。为使棉苗生长一致，可采用催芽补苗或芽苗移栽的方法。

补种方法：一般播后 7～10d 出齐苗，之后逐地块逐床查苗，补籽补苗。在种子落干处，人工顺行小水补墒，水渗下后上面盖上干土保墒；或在种子落干处用催芽后的同一品种种子补上。对已经发芽但顶土困难的行段用手横扒表土，减少覆土厚度。对补种已晚的棉田，可采取芽苗移栽。对于棉苗已出现 1～2 片真叶，仍有少量缺株的棉田，可利用田间的预备苗或邻近棉行的多余棉苗进行移栽。移栽前，先在缺苗处挖好坑，再用移苗铲在棉苗四周插入土中 5～6cm，使土团挤紧，然后放入坑内，用细土培好土团后，浇少量“团结水”。

（2）间苗定苗

间苗要求在苗齐后进行，间到叶不搭叶的程度。间苗分两次进行：第一次在齐苗后；第二次在 1～2 片真叶时；定苗在三叶期。间苗要尽早进行，否则易形成高脚苗。

（3）中耕

苗期中耕不仅能破除板结、清除杂草，还能提高地温，促进棉花根系发育，利于壮苗早发。一般苗期应结合天气情况中耕 3～4 次，以充分发挥“锄头下面有水也有火”的作用，天旱时应浅锄保墒，雨较多时，应深锄放湿增温。第一次中耕在子叶期，结合间苗，中耕深度为 4～5cm；第二次中耕结合定苗，深度 6～7cm；第三次中耕在现蕾前，深达 7～8cm。

（4）施肥

棉花苗期施肥不多。苗情好、地力较好、基肥充足的大田可不施苗肥；但对底肥不足或地力本身瘠薄，棉苗长势差，明显脱肥的田地可适当追肥：一般在定苗时每公顷施尿素 40～60kg。

（5）抗旱和排涝

棉花苗期需水较少，在足墒下种条件下，可不浇水。但在现蕾前后，土干天旱，可结合施肥进行浇水，但浇水量不宜过多。南方棉区有些地方苗期正逢梅雨季节，要特别做好清沟排渍，以降低土壤湿度，提高地温。

（6）防治病虫害

苗期病害主要是立枯病、炭疽病、猝倒病、枯萎病、疫病等；主要虫害是棉蚜、育椿象、红蜘蛛、地老虎、棉蓟马等，可有针对性地防治。对地老虎，可采取毒土、毒饵诱杀的方法，大龄地老虎可采用桐树叶诱杀；对于棉蚜在三叶期前有蚜株率达到 30%，定苗后有蚜卷叶株率达 5%以上的，提倡用 40%氧化乐果 100 倍滴心，或喷施定虫咪、吡虫啉、好年令等进行防治。防炭疽病和立枯病等病害可用翠贝、代森锰锌等药剂喷雾防治。

（7）化学调控

棉花具有无限生长的习性，化学调控能合理调整棉花株型，合理调整营养生长和生殖生长的矛盾，促进棉花多现蕾，促进棉花根系生长，减少蕾铃脱落，减少病虫害发生，因此合理的化学调控能明显提高棉花产量和质量。

苗期化控方法：生长正常的棉苗可以不进行化调，弱小苗或受灾苗用 4000 倍“802”加 2%尿素进行灌根或叶面喷雾，对促进棉苗多长、快长新根，缩短栽后缓苗期起到明显作用。对长势较好的一二类棉田，结合施蕾肥，每公顷用助壮素 20～50ml 或缩节胺 7.5～15g 对水 300kg 喷棉株幼嫩部分，可有效地控制棉株旺长。随后每隔 10～15d，采取“前轻后重，少量多次”的原则，看苗、看天、看地进行化调。

实训 露地棉花苗期田间管理（含化学调控剂的使用）

1．目的要求

学生分组，负责一块实验田。学生通过实地操作，掌握露地棉花苗期田间管理技术。

2．材料工具

材料：露地棉田、肥料、杀虫剂、化学调控剂。

工具：锄头等。

3．实训步骤

流程：

试验田划分→查苗补苗→间苗定苗→中耕→施肥→抗旱和排涝→防治病虫害→化学调控

01 实验田划分。教师把学生按要求分成几组（一般 8～10 人一组），每组负责一块露地棉田的管理。

02 查苗补苗。要在棉苗出土 70%～80%时进行查苗补缺。为保棉苗生长一致，可采用催芽补苗或芽苗移栽的方法。

03 间苗定苗。间苗要求在苗齐后进行，间到叶不搭叶的程度。间苗分两次进行：第一次在齐苗后；第二次在 1～2 片真叶时；定苗在三叶期。间苗要尽早进行，否则易形成高脚苗。

04 中耕。第一次中耕在子叶期，结合间苗，中耕深度为 4～5cm；第二次中耕结合定苗，深度 6～7cm；第三次中耕在现蕾前，深达 7～8cm。

05 施肥。棉花苗期施肥不多。苗情好、地力较好、基肥充足的大田可不施苗肥；但对底肥不足或地力本身瘠薄，棉苗长势差，明显脱肥的田地可适当追肥：一般在定苗时每公顷施尿素 40～60kg。

06 抗旱和排涝：在足墒下种条件下，可不浇水。但在现蕾前后，土干天旱，可结合施肥进行浇水，但浇水量不宜过多。如逢梅雨季节，要特别做好清沟排渍，以降低土壤湿度，提高地温。

07 防治病虫害：可有针对性地防治。对地老虎，可采取毒土、毒饵诱杀的方法，大龄地老虎可采用桐树叶诱杀；对于棉蚜，可喷施定虫咪、吡虫啉、好年令等进行防治。防炭疽病和立枯病等病害可用翠贝、代森锰锌等药剂喷雾防治。

08 化学调控。生长正常的棉苗可以不进行化调，弱小苗或受灾苗用 4000 倍“802”加 2%尿素进行灌根或叶面喷雾，对促进棉苗多长快长新根，缩短栽后缓苗期起到明显作用。对长势较好的一二类棉田，在蕾期，每公顷用 7.5～15g 缩节胺对水 300kg 喷雾，有控上促下、稳长增蕾作用。随后每隔 10～15d，采取“前轻后重，少量多次”的原则，看苗、看天、看地进行化调。

4．实训报告

任务结束，做好实训报告。

拓展　地膜覆盖棉花苗期田间管理

地膜覆盖棉花苗期田间管理见表 5-5。

表 5-5　地膜覆盖棉花苗期田间管理

破膜放苗	覆盖护根	早查苗补苗	早间苗定苗	早中耕	偏管弱小苗	早化调	防治病虫害
地膜棉的出苗，从见苗到全苗一般只需 2～3d，当棉苗出苗达 60%～70%时，进行破膜放苗。破膜的洞口的直径以 2～3cm 为宜。放苗可在晴天的上午和下午进行，以下午放苗较好，阴天可全天放苗	放苗后要及时覆土护根，时间应在露水干后进行，否则子叶易沾泥，影响子叶生长。封口要严密，防止风吹揭膜。土壤湿度较小时，放苗后待苗叶水干后立即堵孔；土壤湿度较大时，苗放出来后晾晒 1～2d，待苗周围的表土晾干后堵孔	地膜棉田地温高、长势快，要及早补栽，防止过晚栽，形成小苗，造成大欺小、强欺弱，达不到苗齐、苗匀、苗壮的目的（一般采用移苗补缺，如缺苗较多，可采用催芽补种）	地膜棉田生长快，出苗后要及时间苗，做到叶不搭叶，每穴两株；当棉苗达到二叶一心时定苗	地膜覆盖的棉田因播种、覆膜、放苗、间苗、定苗等农事作业都在沟内进行，往往因踩踏造成严重板结，中耕迟了，跑墒快，杂草多，所以应及早中耕松土提高地温	最好的办法是浇化肥水，即在定苗后距棉株 2～3 寸（1 寸≈3.33cm）远的地方挖小坑或打眼，每棵浇 1%尿素 50～100g 埋好即可	对不抗虫、不早衰大株型的品种可在 5～7 片真叶时用 0.5%的缩节胺化调，控制株高	因膜下温度高、湿度大，适宜病菌繁殖，苗病比较重，要注意防治苗病，又因地膜棉花发育早、长势旺，棉蚜和棉铃虫等害虫均比露地棉花发生早而重，应早治、及时治

任务 5.4　棉花蕾期田间管理

知识目标

1. 了解棉花蕾期生长发育特点；
2. 掌握棉花蕾期田间管理的主攻目标及田间管理技术。

能力目标

1. 会正确使用棉花化学调控剂；
2. 能正确识别棉花叶枝与果枝；
3. 会进行棉花蕾期田间管理。

知识 1　棉花蕾期生长发育特点

棉花现蕾后，开始进入营养生长与生殖生长并进时期，但仍以营养生长为主，根茎、叶的增长仍为生长中心。这个时期是棉花根系达到高峰、侧根大量发生、须根成倍增加，同时地上部分生长发育迅速，枝叶大量生长、花蕾大量形成的时期，叶片的光合作用和根系的吸收能力也都增强，是为下一时期转化到以开花结铃为主的生殖生长奠定基础、搭好丰产架子的关键时期。

在这一时间，主茎的生长量要完成 50%左右，果枝出生数要完成 70%左右，现蕾总数要完成 60%左右。正如棉农总结的："6～7 月，力争枝和节，3 天一果枝，6 天一果节"。这个时期既是决定棉花早坐伏前桃的基础，又是确保伏桃争秋桃的前提，因此蕾期管理好坏直接关系到产量高低。

高产棉花蕾期稳长的标志为：根系深扎，茎粗节密，叶色油绿，棉株宽大于高，顶心凹陷，顶芽肥壮，向阳性强；现蕾时株高 20cm 左右，现蕾后主茎日增长量由现蕾时的 0.3cm 逐渐增加到 1～1.5cm，到初花时达到 2～2.5cm，开花时有 10 个左右的果枝。

知识 2 棉花蕾期田间管理技术

1．棉花蕾期管理的主攻目标

调节好营养生长和生殖生长之间、地上部分和地下部分之间的关系，促使棉株营养生长和生殖生长协调并进。既要根系发达，长好茎叶，增加果枝、果节，搭起丰产架子；又要生长稳健，防止徒长，使蕾多、蕾壮、开花早，减少花蕾脱落，使棉株表现为“壮而不旺，稳而不衰”，为花铃期打好基础。

2．棉花蕾期田间管理措施

1）中耕除草。蕾期是棉花根系发育的重要时期，深中耕可以促进根系下扎，增强棉株的吸收、抗旱、抗倒伏能力，保证棉花发棵稳长。中耕应依苗情、天气、土壤等灵活掌握。要做到三个“必锄”，既下雨后必锄，长草后必锄，浇水后必锄。此期一般需中耕 2～3 次，第一次中耕深度 10cm 左右，第二、三次中耕要视长势、天气而定，中耕深度 15～20cm。旺长棉田可以适当增加中耕深度，散墒的同时切断部分毛根，以控制旺长、促进稳长。

2）培土清沟。棉花蕾期要求土壤持水量为 60%，但棉区这时正遇梅雨季节，雨水多易造成棉地渍害，弱苗迟发，形成“水控”苗；而高地棉田因水足、温高，会旺苗疯长，形成“水发”苗，都不利棉株稳长，因此必须清理围沟、腰沟和厢沟，保证及时排明水、滤暗水，从而保证棉苗正常生长。培土要分次进行，一般在从定苗至开花这一段时间进行，每次培土 3cm 左右。

3）施肥。蕾期施肥，既要满足棉株发棵、搭起丰产架子的需要，又要防止施肥过多、过猛，造成棉花旺长。因此要做到稳施蕾肥。蕾期追肥的早晚和数量依天气变化、土壤肥力、棉花长势来定。对于水肥充足、稳健生长的高产棉田一般在盛蕾期每亩用尿素 5～8kg。对于旱薄地或水肥较差、棉株长势弱的棉田，在现蕾初期要重施蕾肥（每亩尿素 12～15kg）。蕾期施肥要尽量深施，以充分发挥肥效。南方棉区的蕾肥一般有施“当家肥”的经验，为蕾肥花用，施肥量一般为：猪牛粪每 666.7m^2 施 1000～2000kg 或饼肥 40～50kg，拌过磷酸钙 15～20kg，施于 12～15cm 以下，覆土整平。

4）去叶枝。去叶枝要早，一般在第一果枝出现，可以辨认叶枝和果枝时进行。去掉第一果枝以下的营养枝及主茎基部的老叶，并保留 2～3 片肥健叶，以减少无效养分的消耗，促进果枝的生长发育。在缺苗断垄的地方或地头，也可选留 1～2 个叶枝。其次抹去赘芽。

5）蕾期浇水：蕾期浇水要看天、看地、看棉花进行。若天气干旱，土壤含水量降至田间持水量的 55%以下，当上部 3～4 片叶叶色变暗，中午开始萎蔫，主茎红色部分达 2/3 以上时，表明明显缺水，需要立即浇水。但每次浇水不宜过多，每亩 20～30m^3 为宜。浇水后要及时中耕松土，促进根系下扎，以增强棉花后期抗旱能力。蕾期浇水量宜小，最好采用隔行沟灌，以防旺长，落蕾严重。千万不能大水漫灌，以防徒长。

6）适时化控：化控要掌握“早、轻、勤”和“前轻、后重”的原则，天控人不控，控旺不控弱。在盛蕾期和初花期，棉苗有旺长趋势的地块，一般亩用 98%缩节胺晶体 2～3g 兑水 25～30kg，或 5%缩节胺水溶剂 70～100ml，兑水 25～30kg 叶面喷洒，可起到控制疯长、培养合理株型、壮蕾早花的效果。

7）综合防治病虫害。要坚持“预防为主、综合防治”的植保方针。在田间调查的基础上采取以生物和物理防治的方法，确保棉花正常生长。蕾期是棉蚜、棉叶螨、棉枯黄萎病等病虫害的发生危害期，防治不利会造成蕾、花大量脱落，影响成铃与棉花品质。蕾期蚜虫防治的方法是：用 10%吡虫啉 2000～3000 倍液进行喷雾。对于棉叶螨，可选用专性杀螨剂如 1.8%齐螨素 3000 倍、73%克螨特乳油 2000 倍、20%螨克乳油 1000 倍、5%尼索郎等进行交替喷施。

蕾期病害防治主要是通过施钾肥防治红叶茎枯病；虫害重点防治盲椿象、斜纹病蛾、棉铃虫，兼治其他害虫。

实训 棉花去叶枝，肥水与化控管理

1．目的要求

学生分组，每组负责一块实验田。学生通过实地操作，掌握棉花蕾期去叶枝，肥水与化控管理技术。

2．材料工具

材料：蕾期棉田、肥料、化学调控剂等。

工具：锄头。

3．实训步骤

流程：

实验田划分→早去叶枝→适时化调→稳施蕾肥、巧浇蕾水

01 实验田划分。教师把学生按要求分成几组（一般 8～10 人一组），每组负责一块棉田的管理。

02 早去叶枝。去叶枝要早，一般在第 1 果枝出现，可以辨认叶枝和果枝时进行。去掉第一果枝以下的营养枝及主茎基部的老叶，并保留 2～3 片肥健叶。其次抹去赘芽。

03 适时化调。在盛蕾期和初花期，棉苗有旺长趋势的地块，一般亩用 98%缩节

胺晶体 2～3g 兑水 25～30kg，或 5%缩节胺水溶剂 70～100ml，兑水 25～30kg 叶面喷洒，可起到控制疯长，培养合理株型，壮蕾早花的效果。

04 稳施蕾肥、巧浇蕾水。

1）稳施蕾肥。

对于水肥充足、稳健生长的高产棉田一般在盛蕾期每亩用尿素 5～8kg。对于旱薄地或水肥较差、棉株长势弱的棉田，在现蕾初期要重施蕾肥，每亩尿素 12～15kg。

如施当家肥，施肥量一般为：猪牛粪每 666.7m^2 施 1000～2000kg 或饼肥 40～50kg，拌过磷酸钙 15～20kg，施于 12～15cm 以下，覆土整平。

2）巧浇蕾水。

蕾期浇水要看天、看地、看棉花进行。蕾期浇水量宜小，最好采用隔行沟灌，以防旺长，落蕾严重。

4．实训报告

任务结束，做好实训报告。

拓展　地膜覆盖棉花蕾期田间管理

地膜覆盖棉花苗期田间管理见表 5-6。

表 5-6　地膜覆盖棉花苗期田间管理

揭膜（不同）	科学施肥（不同）	中耕除草（不同）	棉田培土（不同）	适时浇水（相同）	化控（相同）	防治病虫害（相同）
棉田地膜最大的作用是提墒，保墒出苗，浇水棉田应在盛蕾期或出花期浇水前揭膜，利于施肥浇水，培土护根	地膜覆盖棉田，由于地膜覆盖在棉垄间，不宜追肥，所以强调施足底肥，蕾期不进行追肥。但对地力较差、底肥不足的，可在蕾期追肥，每亩追尿素 5～7kg	一般需中耕 2～3 次。由浅而深。地膜覆盖棉田，要在大行间中耕，6 月底揭膜后普遍深中耕一次，有利根系下扎	6 月底 7 月初浇水或下透地雨后，地膜覆盖棉田可以揭膜培土，以防倒伏，同时有利于排水和灌溉。但无水浇条件的地膜棉在下透雨前不进行揭膜培土	蕾期浇水主要看苗期的长相，当上部 3～4 片叶叶色变暗，中午开始萎蔫，主茎红色部分达 2/3 以上时，均表明棉株缺水。但每次浇水不宜过多，每亩 20～30m^3 为宜。浇水后要及时中耕松土，促进根系下扎，以增强棉花后期抗旱能力	主要针对生长过旺和密度较大的棉田，每亩用缩节胺 0.5～1g 或助壮素 2～4ml，兑水 10～15kg 喷施。棉田施用生长调节剂后，必须加强管理，注意浇水施肥，做到下促上控	重点防治二代棉铃虫、红蜘蛛和盲蝽象。当百株棉田二龄以上幼虫达到 20 头以上时，应及时进行化学防治。当棉苗有螨为害黄斑株率 20%～25%，应及时进行防治。盲蝽象防治的关键在于“早”，一般在田间百株有虫 1 头时，或发现棉株嫩叶或苞叶出现小黑点时，就应该开始喷药防治

任务 5.5 棉花花铃期田间管理

知识目标

1. 了解棉花花铃期生长发育特点；
2. 掌握棉花花铃期田间管理的主攻目标及田间管理技术。

能力目标

1. 会正确使用棉花化学调控剂；
2. 会摘心整枝；
3. 会花铃期田间管理。

知识 1 棉花花铃期生长发育特点

1. 生长发育特点

棉花从开花到开始吐絮这段时间称为花铃期。此期棉株逐渐由营养生长与生殖生长并进，转向以生殖生长为主，边长茎、枝、叶，边现蕾、开花、结铃需肥、需水量多，积累的干物质也较多，是决定产量和品质的关键时期。其中初花期（见花到第四果枝第一果节开花）营养生长仍占优势，是长势最旺盛的高峰期，主茎、果枝、叶面积的增长都达到最快阶段；盛花结铃期后，棉株生殖生长开始占优势，营养生长逐渐减弱，营养物质主要供应到蕾、花、铃等生殖器官。主茎和根系的生长减慢，叶面积系数达最大值。现蕾速度减慢，转向以增蕾为主。

此期棉花株高的日增长量为：初花阶段为 2～2.5cm，盛花阶段保持 1cm 以上。红茎在开花期占 70%～80%，盛花期接近 90%，若此时红茎到顶，则长势过弱，为早衰。"大暑"前后带 1～2 个成铃封行。南方棉区封行一般在大暑至立秋期间。

2. 花铃期棉株的长势长相要求

株型紧凑，茎秆下部粗壮，向上渐细，节间较短，果枝健壮，横向生长，叶片大小适中，叶色正常，花蕾肥大，脱落少。若株型高大、松散，茎秆上下均粗，节间稀，果枝斜向生长，叶片肥大，而花蕾相对瘦小，脱落多，则为肥水过多、长势过旺的表现；若植株矮小、瘦弱，果枝细短，叶片小而发黄，花蕾少而不壮则为肥水不足、生长不良的表现。

知识2　棉花花铃期田间管理技术

1. 花铃期管理主攻目标

棉花花铃期管理主攻目标是：增蕾保桃，减少蕾铃脱落；早坐桃，结大桃，防早衰；控制旺长，不贪青晚熟。

2. 花铃期田间管理措施

（1）施肥

花铃期施肥要求是重施花铃肥，适当补施盖顶肥。花铃期棉桃大量形成，是棉花一生中需要养分最多的时期。重施花铃肥是保伏桃、争秋桃、防早衰的关键措施。花铃期施肥种类及方法见表5-7。

表5-7　花铃期施肥种类及方法

施肥方法 施肥种类	施肥量	施用时间	操作方法
花铃肥	一般占总追肥量的50%或更多一点，每公顷施尿素100～150kg，并配合一定数量的磷钾肥	一般以棉株下部果枝开始结铃时为宜。旱年、稳长、早发或水利条件差的棉田，要适当提早到初花期施；雨年、旺长、迟发或土壤肥力条件较好的棉田，可在棉株结下1～2个硬桃后施	要开沟深施花铃肥，然后盖土，避免日晒雨淋，降低肥效。土壤干旱时，施后灌水或兑水浇施，以提高肥效。对于红壤丘陵区，根外喷施0.2%磷酸二氢钾和2%过磷酸钙浸出液，增产效果显著。缺硼土壤在盛花期叶面喷0.2%的硼砂溶液1～2次，能有效防止“蕾而不花”的发生。另外，在盛花期于棉田四周边行增施少量氮肥，能充分发挥边行增产的作用
盖顶肥	施用盖顶肥的数量和时间，要根据棉株的长势、长相等具体情况而定。缺肥而有早衰趋势或中下部脱落严重的棉田，要早施多施，防止早衰，力争上部多结早秋桃；长势正常、肥力足、后劲大的棉田，可迟施、少施。一般每公顷施尿素120kg左右。 长江流域一般在8月15日前施盖顶肥		可采用株间开塘或大行开沟深施的方法，以提高肥效。 花铃期后期，由于根系吸收能力减弱，且行间操作不便，可采用根外追肥，对叶面喷施1%左右的尿素与磷钾肥的混合液，以补充棉株养分

（2）化学调控

为塑造理想株型，协调个体和群体发展，提高成铃率，花铃期搞好化控十分重要。花铃期化控一般可依据长势长相合理利用助壮素或缩节胺，以控制棉株造型，防止落花、落桃。化学调控的方法如下。

1）用缩节胺调控：在初花期主茎叶 17～19 片时，每公顷用缩节胺 33～37.5g，兑水 450～600kg 喷洒，可促进棉株稳发稳长，降低脱落率。第一次在初花期每 666.7m^2 用缩节胺 1.51g 兑水 30kg 喷雾，以防旺长增结铃。第二次在花铃期，每 666.7m^2 用缩节胺 34g 兑水 30kg 重点喷株冠、果节顶部，防止上部节间过长，以调控株型生长。第三次是在进入吐絮期前有旺长趋势可重点调控，每 666.7m^2 用 34g 缩节胺兑水 30kg 封顶，以控晚蕾，缩短上部果节，防止无效果节增生和赘芽丛生。

2）用助壮素调控：助壮素不仅能避虫、抗虫和驱虫，而且能控制棉花徒长，使棉株个体生长紧凑、健壮，增强植株生理抗性，减少蕾铃脱落。一般土壤瘠薄、水源短缺和生长较差的“三类苗”不宜施用。肥水条件好，表现徒长的可在初花期每 666.7m^2 用 25%助壮素 5ml 兑水 40kg 各喷施一次。到盛花期（打顶后 7d 左右）每 666.7m^2 用 25%助壮素 10ml 兑水 40kg 再喷施一次，重点喷施棉枝上部果枝尖部。

（3）整枝

整枝包括打顶（尖）、打群尖和去赘芽。

1）打顶（尖）。打顶是棉田整枝技术中最重要的措施。适时打顶，可打破棉株顶端生长优势，改变棉株体内养分运输和分配，使之多结蕾、铃，增加铃重。打顶还可有效控制棉株高度，改善通风透光条件，有利增产和早熟。打顶时间一般在 7 月下旬至 8 月上旬，要采取“一叶一尖打顶”，只摘除顶心；严禁一把揪，而应分次进行，使全田生长一致。

2）打群尖。即打旁心，打掉各果枝的生长点，控制果枝的横向生长，作用与打顶相似。一般在 7 月中、下旬至 8 月底，要对中下部的果顶分次进行摘旁心，使株型呈“宝塔状”。做法是：下部果枝留 2～4 个果节，中部留 3～4 个果节，上部留 4～5 个果节，待果枝达到计划果节时，将其顶心摘除。

3）去赘芽。凡果枝基部和果节上叶腋内生长的新芽统称赘芽，对赘芽应随见随抹，以免徒耗养分，造成荫蔽，影响蕾铃发育。

（4）抗旱排渍

花铃期叶面积最大，适逢高温季节，叶面蒸腾强烈，是棉株一生中需水最多的时期。棉株对缺水非常敏感，如遇干旱，会造成蕾铃大量脱落，并引起早衰。故此期必须重视水分供应。如棉株长势缓慢，叶色暗绿，晴天中午顶部叶片萎蔫下垂，应立即浇水；一般采用沟灌，每次浇水后要适时中耕保墒。另外，注意台风、暴雨后要及时排除棉田积水，扶理倒伏棉株，补施速效肥，以利灾后恢复，弥补产量损失。

（5）中耕与培土

花铃期结合追肥进行中耕，可减轻草害，增强土壤通透性，防止根系早衰。中耕宜浅不宜深，以免伤根太多，影响根系对水肥的吸收，造成蕾铃脱落。培土可结合中耕进行，这对于灌溉、排涝、防倒伏都是有利的。

（6）防治病虫害

花铃期是棉花病虫害盛发期，此时以蛀食性害虫为主，对蕾铃威胁最大，必须注意重点防治，兼治叶面害虫。要重点抓好二、三、四代棉铃虫的防治并注意红蜘蛛、甜菜夜蛾、棉叶蝉等害虫。一般以增施钾肥和磷肥，适当控制氮肥施用量，辅以药剂防治的综合防治方法控制其发生。

实训 棉花摘心整枝，肥水与化控管理

1．目的要求

教师把学生按要求分成几组（一般 8～10 人一组），每组负责一块花铃期棉田的管理。学生通过实地操作，掌握棉花花铃期摘心整枝、肥水与化控管理技术。

2．材料工具

花铃期棉田、锄头、肥料、化学调控剂等。

3．实训步骤

流程：

棉花摘心整枝 → 重施花铃肥，补施盖顶肥 → 化学调控 → 抗旱排渍

01 棉花摘心整枝。按照操作要求对棉株进行摘心整枝练习，包括打顶（尖）、打群尖和去赘芽。

① 打顶（尖）。一般在 7 月下旬至 8 月上旬，要采取“一叶一尖打顶”，只摘除顶心，严禁一把揪，而且应分次进行，使全田生长一致。

② 打群尖。一般在 7 月中、下旬至 8 月底，要对中下部的果顶分次进行摘旁心，使株型呈“宝塔状”。做法是：下部果枝留 2～4 个果节，中部留 3～4 个果节，上部留 4～5 个果节，待果枝达到计划果节时，将其顶心摘除。

③ 去赘芽。对果枝基部和果节上叶腋内生长的新芽即赘芽，应随见随抹，以免徒耗养分，造成荫蔽，影响蕾铃发育。

02 重施花铃肥，补施盖顶肥。重施花铃肥：对于土壤肥力高、雨多、墒情好、棉株长势旺的棉田，可在盛花期追肥；对于土壤肥力一般、天旱墒差、棉株长势弱的棉田，应早施、重施，可在初花期追肥。一般每公顷追氮钾复合肥 225～300kg。

补施盖顶肥。一般在 7 月底 8 月初，对中上等肥力棉田，每公顷追施尿素 75～120kg，争取多结铃、结大铃。

03 化学调控。花铃期化控一般可依据长势长相合理利用助壮素或缩节胺，有利控制棉株造型，防止落花、落桃。方法如下。

① 用缩节胺调控：在初花期主茎叶 17～19 片时，每公顷用缩节胺 33～37.5g，兑水 450～600kg 喷洒，以防旺长增结铃。第二次在花铃期，每公顷用缩节胺 510g，兑水 450～500kg 重点喷株冠、果节顶部，防止上部节间过长，以调控株型生长。第三次是在进入吐絮期前有旺长趋势的可重点调控，每公顷用 510g 缩节胺兑水 459kg 封顶，以控晚蕾，缩短上部果节，防止无效果节增生和赘芽丛生。

② 用助壮素调控：对肥水条件好、表现徒长的田块，可在初花期施每 666.7m^2 用 25%助壮素 5ml 兑水 40kg 各喷施一次。到盛花期（打顶后 7d 左右）每 666.7m^2 用 25%助壮素 10ml 兑水 40kg 再喷施一次，重点喷施棉枝上部的果枝尖部。一般土壤瘠薄、水源短缺和生长较差的“三类苗”不宜施用。

04 抗旱排渍。如棉株长势缓慢，叶色暗绿，晴天中午顶部叶片萎蔫下垂，应立即浇水；一般采用沟灌，每次浇水后要适时中耕保墒。另外，注意台风、暴雨后要及时排除棉田积水。

4．实训报告

任务结束，做好实训报告。

拓展　地膜覆盖棉花花铃期田间管理

1．地膜覆盖棉花花铃期田间管理

地膜覆盖棉花花铃期田间管理见表 5-8。

2．棉花蕾铃脱落及防止途径

（1）蕾铃脱落的现象

陆地棉蕾铃脱落率一般为 60%～70%，严重的高达 80%以上，其脱落规律可归纳为如下几点。

1）蕾铃脱落的时期。一般来说，开花前脱落很少，开花后脱落逐渐增加，至盛花期达到最高峰，以后又逐渐减少。据调查，棉花不同生育期，其脱落率也不同，蕾期为 6.6%，开花初期为 6.7%，开花盛期为 53.4%，吐絮初期为 25.9%，吐絮盛期为 7.5%。

2）蕾铃脱落的日龄。现蕾后 10～20d 的蕾脱落最多，现蕾 6d 以前的小蕾和现蕾 20d 后的大蕾脱落均较少（表 5-9）。

一般幼铃在开花后 3～6d 脱落最高，占落铃总脱落率的 70%左右（表 5-10）。开花 3d 以前和 7d 以后的棉铃脱落率共占 30%，而 10d 以上的棉铃，除特殊原因，一般很少脱落（表 5-9）。

表 5-8 地膜覆盖棉花花铃期田间管理

施肥浇水（不同）	合理整枝（不同）	化控（相同）	防治病虫害（不同）
① 地膜覆盖的棉花发育早、生长快、结铃多，需水需肥量大，高峰期提前，如肥水管理失误，很容易造成早衰。 ② 花铃期肥要早施、重施。一般初花期要轻施，结铃盛期要重施。追肥要开沟埋施，并结合浇水，以发挥肥效。 ③ 棉花生长快，叶面积大，叶面蒸腾量比露地棉花大，而且需水高峰提前，延续时间长，同时棉花根系分布较浅，对干旱较敏感，尤其是伏旱，极易造成早衰。因此要浇好初花水、结铃盛期水和后期水，以防早衰，增加铃数和铃重	棉花整枝一定要精细。整枝与一般大田棉花不同的有两点：一是伏前桃遇高温高湿易烂桃，下部果枝要适当少留果节；二是有效花铃期长，可多留 3～4 个果枝，以充分利用时间和空间，争取多结铃，充分发挥地膜覆盖增产的优势	初花期追肥浇水后，为了防止棉花徒长，可喷洒植物生长调节剂，协调营养生长和生殖生长之间的矛盾	因膜下温度高、湿度大，适宜病菌繁殖，苗病比较重，要注意防治苗病，又因地膜棉花发育早、长势旺，棉蚜和棉铃虫等害虫均比露地棉花发生早而重，应早治、及时治

表 5-9 不同日龄棉蕾的脱落率

不同日龄/d	1～5	6～10	11～15	16～20	21～25	26～29
脱落率/%	4.2	8.4	34.4	34.6	14.2	4.2

表 5-10 不同日龄的幼铃脱落率

不同日龄/d	1～2	3～6	7 以后
脱落率/%	12.3	69.3	18.4

3）落蕾与落铃的比例。在一般情况下，落蕾占总脱落的 35%～45%，落铃占总脱落的 55%～65%，落铃多于落蕾，其比例为 6∶4，但在不同的年份和地区，由于栽培条件的不同而有差异。

4）蕾铃脱落的部位。一般是下部果枝脱落少，中上部果枝脱落多；同一果枝，靠近主茎的果节脱落少，远离主茎的果节脱落多（表 5-11）；不同圆锥体上内围脱落少，外围脱落多。

表 5-11 不同部位果枝和果节的蕾铃脱落率

果枝 \ 果节	1	2	3	4	5	6	7	果枝平均
1～6	40.00	60.31	78.99	84.35	82.64	85.48	94.75	75.22
7～12	61.11	70.98	81.75	74.41	59.63	81.25	94.49	76.27
13～18	76.14	80.52	68.57	69.02	85.70	88.33	95.00	80.47
果枝平均	59.42	70.60	75.44	75.93	79.42	85.02	94.75	77.23

5）不同棉种的蕾铃脱落。从不同种来看，以陆地棉脱落最高，中棉次之，海岛棉最低。

（2）蕾铃脱落的原因

蕾铃脱落的原因可分为如下几个方面。

1）有机养料供应不足。土壤水分过多或过少，土壤肥力不足，光照不足，密度过大，温度过高或过低都会导致养分合成少，增加蕾铃脱落。养分供应不足是导致蕾铃脱落的主要原因，上海植物生理研究所的环剥棉花果枝试验是很好的证明：截断有机养分与其他部分的流通，以留不同叶片和蕾铃数目，造成有机养分供应状况的不同，由此说明脱落的情况。

2）蕾铃内源激素失调，受精不良或没有受精。据上海植物生理研究所测定：受精幼铃比未受精幼铃含有较多的促进生长物质，且其含量随着受精发育的幼铃生长而逐渐增多。相反，未受精的幼铃含有较多的抑制生长物质，而且2d后显著上升，因而逐渐脱落。

在高温、高湿或阴雨条件下，授粉和受精作用常遭受破坏。35℃以上的高温会导致花药不开裂和降低花粉的生活力，因而影响受精；降雨能冲散正在开花的花粉，并使花粉吸水破裂，丧失生活力；开花期间连续阴雨，特别是上午下雨，常破坏授粉和受精过程，造成幼铃大量脱落。正常受精的棉铃子房发育良好，能产生较多的生长素，代谢旺盛，主动吸取养料的能力强，所以较少脱落。

3）病虫为害。直接蛀食蕾铃，引起脱落的有红铃虫、棉铃虫、金刚钻等。而棉蚜等的危害造成棉叶卷缩，或使棉叶残缺不全，使蕾铃由于营养不足而脱落。角斑病侵害棉叶、茎秆、蕾铃。黄萎病和枯萎病破坏导管正常的输导作用，不仅造成蕾铃大量脱落，严重时使整个棉株枯死。

4）机械损伤。棉花中耕、施肥、治虫及整枝时，人畜机械碰撞，以及暴风雨和冰雹袭击，都会直接或间接造成蕾铃脱落。

（3）防止蕾铃脱落的途径

1）创立合理的群体结构。

各地要根据具体情况，制定当地的合理种植密度，科学配置行株距。适当放宽行距，缩小株距，使棉花达到小暑小封行，大暑大封行，先开花，后封行，下封上不封，有效控制棉株生育进程，协调营养生长和生殖生长的均衡发展，以满足蕾铃生育所需要的有机养料，减少蕾铃脱落。棉田中后期要注意整枝，改善通风透光条件，增加光照强度，及时满足蕾铃生长的需要。

2）合理及时供应水、肥，加强田间管理。

花铃期是棉花一生中需要肥水最多的阶段。此时，南方棉区正值伏旱高温期间，蕾铃脱落严重。因此，要科学供应肥水，满足棉花生长发育的需要。缺硼的棉田要增施硼肥，避免“蕾而不花”。当前，棉田加施硼肥已成为减少蕾铃脱落，促进棉花增产的一项新措施。花铃期也是需水最多的时期，应提高土壤的保肥、保墒能力，以水调肥，水肥结合，增蕾保铃，减少脱落。

3）选用株型紧凑、光合性能好、脱落率低的品种。

4）加强病虫害防治。

5）使用生长调节剂。

用生长调节剂防止棉花蕾铃脱落已取得良好效果。如在开花 10%～50%时，用（80～100）$\times 10^{-6}$浓度的缩节胺喷雾，可减少脱落。采用赤霉素涂点花铃和整株喷雾，对防止蕾铃脱落有更明显效果。

任务 5.6　棉花吐絮期田间管理

知识目标

1．了解行棉花吐絮期的生长发育特点；

2．明确棉花吐絮期田间管理的主攻目标及田间管理技术。

能力目标

1．会正确使用棉花化学调控剂；

2．会正确判断棉花成熟度；

3．会棉花吐絮期田间管理。

知识 1　棉花吐絮期生长发育特点

1．生育特点

吐絮期是指棉花从吐絮到收花结束的一段时间。我国棉花一般在 8 月下旬或 9 月上旬开始吐絮，历时 70～80d。此期营养生长逐渐衰退，逐步进入完全生殖生长时期，叶色由下而上陆续衰老变黄，光合能力降低，根系吸收能力减弱，对水分、养分的需求显著减少。这一时期棉株内积累的有机养分，大量的由营养器官向生殖器官转移，积累的干物质大部分输送到棉铃。棉株下部棉铃陆续吐絮，中上部棉铃继续发育，是增加铃重、提高衣分和纤维品质的重要时期。此期如逢阴雨常引起烂铃，如遇干旱则降低铃重和纤维品质。对于水肥条件好的棉田，易出现贪青晚熟，水肥条件差的则易早衰。

2．吐絮期理想的长相标准

密度合理，枝杈错落有致，伏桃满腰，秋桃盖顶，铃大、烂铃少、吐絮畅、不早衰，每 666.7m^2 有 4 万～5 万个果枝，666.7m^2 成铃 5 万～8 万个，平均铃重 5g 左右。如果顶部果枝伸得过长，向上生长，赘芽丛生，断花过晚是旺长和贪青晚熟的表现。

知识 2　棉花吐絮期田间管理技术

1．吐絮期的田间管理目标

促早熟防早衰，尽量延长根叶功能期，增加铃重、提高衣分和纤维品质，防烂铃、加快吐絮，确保增产增收。

2．管理措施

1）及时抗旱排渍。如果棉田后期干旱缺墒，土壤水分低于田间持水量的 60%时，应及时浇水，发挥以水促肥的作用，防止早衰，延长叶功能期，增强光合产物的积累，有利于增秋桃、增铃重，提高种子成熟度和纤维品质。干旱严重时可浇到 9 月中下旬，要小水浇透，防止大水漫灌。浇水不宜过晚，防止贪青晚熟。

2）彻底整枝，推株并垄。后期整枝能改善棉田通风透光条件，减少养分消耗，有利于增秋桃、增铃重、促早熟、防烂铃。个别后期长势旺，荫蔽重的棉田，还要进行打老叶、剪空枝，推株并垄，防烂铃。

3）根外追肥。对早衰棉田，宜喷施 1%～2%的尿素稀释液，每公顷喷 750～1025kg。一般以下午 3 时后喷施为宜。也可喷施磷酸二氢钾。

4）用乙烯利催熟。夏播棉、晚栽棉、套栽棉和盐碱地棉等会贪青晚熟，影响产量，降低品质。生产上可进行乙烯利催熟。一般温度在 20℃以上，顶部棉铃长足，每公顷喷（800～1000）$\times 10^{-6}$ 浓度乙烯利液 600～750kg，可促进棉铃早熟，减少烂桃。

5）及时采摘烂桃。因田间密度大、棉花徒长、阴雨天气等原因引起的烂桃要及时采摘带出田外，可减轻烂桃的发生与蔓延。

6）防治病虫害。棉花吐絮期虫害主要有四代棉铃虫，其次为棉盲蝽、棉小造桥虫和棉大卷叶螟；病害主要有红腐病、黑果病等铃病。因进入棉花生长后期，一般很少进行化学防治，但可结合田间管理、整枝修棉、摘除无效花蕾等措施进行人工抹卵，减轻防治压力。

实训 棉花成熟度判定，棉花吐絮期管理（含化控）

1．目的要求

教师把学生按要求分成几组（一般 8～10 人一组），每组负责一块吐絮期棉田的管理。学会用感官检验法即以目测、手扯、手感三结合的方法鉴定棉花成熟度。学生通过实地操作，掌握棉花吐絮期田间管理技术。

2．材料工具

材料：吐絮期棉田、肥料、化学调控剂等。

工具：锄头。

3．实训步骤

流程：

及时抗旱排渍→彻底整枝，推株并垄→根外追肥→用乙烯利催熟→鉴定棉花成熟度

01 及时抗旱排渍。如果棉田后期干旱缺墒，土壤水分低于田间持水量的 60%时，应及时浇水，干旱严重时可浇到 9 月中下旬，要小水浇透，防止大水漫灌。

02 彻底整枝，推株并垄。后期无效花蕾，要及时去掉。个别后期长势旺，荫蔽重的棉田，还要进行打老叶、剪空枝，推株并垄，防烂铃。

03 根外追肥。对早衰棉田，宜喷施 1%～2%的尿素稀释液，每公顷喷 750～1025kg。一般以下午 3 时后喷施为宜。也可喷施磷酸二氢钾。

04 用乙烯利催熟。对贪青晚熟棉田，生产上可进行乙烯利催熟。一般温度在 20℃以上，顶部棉铃长足，每公顷喷（800～1000）$\times 10^{-6}$浓度乙烯利液 600～750kg，可促进棉铃早熟，减少烂桃。

05 鉴定棉花成熟度。可用感官检验法鉴定：即根据棉花的外观色泽类型、扯断纤维时的拉力强弱及抓握棉样时的弹性大小来判断成熟度的优劣。在正常情况下，凡外观色洁白或乳白，有丝光，夹取一小束纤维，整理后用双手扯断时，感觉拉力强，用手抓握棉样时，弹性大，恢复原状快的，成熟度好；外观略有丝光而夹有微黄，扯断纤维时感觉拉力不弱，断面不整齐，手捏棉样时感觉弹性较小的，成熟中等；外观色呆滞或灰白、阴黄，纤维容易扯断，且断裂整齐，手捏棉样时感觉弹性很小，不易恢复原状或纤维容易粘手粘衣的，成熟差。

4．实训报告

任务结束，做好实训报告。

拓展　地膜覆盖棉花吐絮期田间管理

1）其他措施与露地棉相同。

2）加强肥水管理，防早衰。地膜覆盖改善了棉田生态条件，棉花生长发育快，需肥耗水量大，同时，根系分布较浅，耐旱性较差；进入开花期以后，容易因缺水或脱肥而造成后期早衰，影响地膜覆盖的增产作用，所以前期肥水管理要相应提前。为防止早衰，在 8 月份以后还可进行叶面喷肥：在 100kg 水中加 1.5kg 尿素、0.2kg 磷酸二氢钾，0.2kg 硼砂，配成混合溶液，喷施 2～3 次，可延长叶片功能期，提高植株生理机能，早熟而不早衰。土壤干旱要及时浇水，以水调肥，保根发叶，防止早衰。

3）及时摘早熟桃，减少烂铃损失。地膜棉花生长发育快，早发下部结桃多，吐絮期如果遇阴雨天，容易烂铃，对产量品质影响很大，可及时摘收老熟桃，即当下部老桃铃壳开始变黄刚刚出现病斑时，就要及时摘收，并做好随摘随拨随晾晒。这样，仍可收到好花，以减少损失。

任务 5.7　棉花收花和质量指标

知识目标

1. 掌握棉花适时收花的时期；
2. 了解棉花质量指标。

能力目标

会进行棉花收花。

知识 1　棉花的收花

1. 及时收花

适时收花的时间，一般以棉铃开裂后 7d 左右为好。早收和迟收，其纤维强度均略有降低。

2. “五分收花”

棉花“五分”收花，即分摘、分晒、分存、分轧、分售等五个环节。

1）分摘。分摘的方法较多，如分人法（专人摘好的，专人摘次的）、分裂法（一个人挂两个袋子，一袋好的，一袋次的）。无论采取哪种方法，都必须做到“五要”、“四不准”、“三找”、“两分”。“五要”即要适时收摘，要好坏分摘，要种子棉与一般棉分摘，要沙壤土地与岗地分摘，要雨前抢摘与雨后分摘；“四不准”即不准带桃壳摘花，不准晴天摘笑口花，不准摘露水花，不准剥青桃；“三找”即找落地棉，找僵瓣棉，找眼睫棉。“两分”即摘花时粗分，晒花时细分。

2）分晒。一般用木架帘子晒花。晒花时，要分清好坏和干湿，做到薄晒勤翻，边晒边翻，去僵拣净，达到口咬棉子粒粒有响声。

3）分存。要将不同品种、不同等级、不同干湿程度的棉花分别存放。

4）分轧。

5）分售。应按照不同品种、不同等级，分别评级，分别过秤，分别出售。

总之，做好棉花“五分”工作，既可提高收购品质，又可增加棉农收入。

知识 2 棉花质量指标

由于品种、气候及轧花方法不同，棉花在外观上、品质上形成的类别也不同，国家对不同类别和类型的棉花规定了各种条件和实物标准。按国家标准规定，分级实物标准分子棉、皮辊棉、锯齿棉三种，作为生产上指导“五分”使用。

1．不同分级体系

（1）颜色级（锯齿加工的细绒棉的分级规定）

颜色级划分是依据棉花黄色深度将棉花划分为白棉、淡点污棉、淡黄染棉、黄染棉 4 种类型。依据棉花明暗程度将白棉分 5 个级别，淡点污棉分 3 个级别，淡黄染棉分 3 个级别，黄染棉分 2 个级别，共 13 个颜色级。白棉三级为标准级。

颜色级用两位数字表示，第一位是级别，第二位是类型。颜色级代号见表 5-12。

表 5-12 颜色级代号

级别 \ 类型	白棉	淡点污棉	淡黄染棉	黄染棉
一级	11	12	13	14
二级	21	22	23	24
三级	31	32	33	
四级	41			
五级	51			

颜色级文字描述见表 5-13。

表 5-13 颜色级文字描述

颜色级	颜色特征	对应的籽棉形态
白棉一级	洁白或乳白、晶亮	早中期优质白棉，棉瓣肥大，有少量的一般白棉
白棉二级	洁白或乳白、明亮	早中期好白棉，棉瓣大，有少量雨锈棉和部分的一般白棉
白棉三级	白或乳白、稍亮	早中期一般白棉和晚期好白棉，棉瓣大小都有，有少量雨锈棉
白棉四级	色白略有浅灰、不亮	中期较差的白棉和晚期白棉，棉瓣小，有少量灰僵瓣
白棉五级	色灰白或灰暗	晚期较差的白棉，有部分灰僵瓣
淡点污棉一级	乳白带浅黄、稍亮	白棉中混有雨锈棉、少量僵瓣棉，或白棉变黄
淡点污棉二级	乳白带阴黄，显淡黄点	白棉中混有部分早中期僵瓣棉或少量轻霜棉，或白棉变黄
淡点污棉三级	灰白带阴黄，有淡黄点	白棉中混有部分中晚期僵瓣棉或轻霜棉，或白棉变黄、霉变
淡黄染棉一级	阴黄，略亮	中晚期僵瓣棉、少量污染棉和部分霜黄棉，或淡点污棉变黄
淡黄染棉二级	灰黄、显阴黄	中晚期僵瓣棉、部分污染棉和霜黄棉，或淡点污棉变黄、霉变
淡黄染棉三级	污染棉和糟绒	色灰白带阴黄，有淡黄染，含有 4 级白棉中混有各种僵瓣棉和部分晚期次棉，或 4～5 级白棉颜色变异形成
黄染棉一级	色深黄，略亮	比较黄的晚期籽棉
黄染棉二级	色黄，不亮	较黄的各种晚期僵瓣棉、污染棉和烂桃棉

锯齿加工的细绒棉推行棉花颜色分级体系后，将全面实现对大包型成包皮棉的仪器化逐包检验，从而全面实现对棉花内在质量的科学、客观评定，对促进我国棉花资源的优化配置和充分利用，促进产业升级、技术进步起重要作用。

（2）品级（皮辊加工的细绒棉的分级规定）

品级是根据纤维的成熟程度、色泽特征及轧工质量而定的。棉花成熟程度是决定棉花质量高低和使用价值的一个重要因素。成熟好的棉花，纤维力强，弹性、光泽等比较好。色泽的好坏直接影响纱布的外观质量。轧工质量对棉花的质量和使用价值也有很大影响。皮辊棉实物标准是棉花定级的依据。棉花分为七个级，即一至七级，三级为标准级，七级以下为级外棉（表 5-14）。

表 5-14 棉花品级条件

级别	籽棉	皮辊棉		
		成熟程度	色泽特征	轧工质量
一级	早、中期优质白棉，棉瓣肥大，有少量一般白棉和带淡黄尖、黄线的棉瓣，杂质很少	成熟好	色洁白或乳白，丝光好，稍有淡黄染	黄根、杂质很少
二级	早、中期好白棉，棉瓣大，有少量轻雨锈棉和个别半僵棉瓣，杂质少	成熟正常	色洁白或乳白，有丝光，有少量淡黄染	黄根、杂质少

续表

级别	籽棉	皮辊棉		
		成熟程度	色泽特征	轧工质量
三级	早、中期一般白棉和晚期好白棉，棉瓣大小都有，有少量雨锈棉和个别的僵瓣棉，杂质稍多	成熟一般	色白或乳白，稍见阴黄，稍有丝光，淡黄染、黄染稍多	黄根、杂质稍多
四级	早、中期较差的白棉和晚期白棉，棉瓣小，有少量僵瓣或轻霜，淡灰棉，杂质很多	成熟稍差	色白略带灰、黄，有少量污染棉	黄根、杂质较多
五级	晚期较差的白棉和早、中期僵瓣棉，杂质多	成熟较差	色灰白带阴黄，污染棉较多，有糟绒	黄根、杂质多
六级	各种僵瓣棉和部分晚期次白棉，杂质很多	成熟差	色灰黄，略带灰白，各种污染棉，糟绒多	杂质很多
七级	各种僵瓣棉、污染棉和部分烂桃棉，杂质很多	成熟很差	色灰暗，各种污染棉，糟绒很多	杂质很多

2．轧工质量

根据皮棉外观形态粗糙程度及所含疵点种类，轧工质量分好（G）、中（M）、差（W）三等级（轧工质量的分档条件见表5-15）。

表5-15　轧工质量等级

轧工质量等级	疵点种类及程度	外观形态
好（G）	表面平滑，棉层蓬松、均匀，纤维纠结程度低	带纤维籽屑稍多，棉结少，不孕籽，破籽很少，索丝、软籽表皮、僵片极少
中（M）	表面平整，棉层较均匀，纤维纠结程度一般	带纤维籽屑较多，棉结较少，不孕籽，破籽少，索丝、软籽表皮、僵片很少
差（W）	表面不平整，棉层不均匀，纤维纠结程度较高	带纤维籽屑很多，棉结稍多，不孕籽，破籽较少，索丝、软籽表皮、僵片少

3．纤维长度

纤维长度是影响纺纱支数和成纱质量的主要因素，也是确定皮棉价格的依据。纤维长度以1mm为级距，分级如下：

25mm，包括25.9mm及以下；26mm，包括26.0～26.9mm；27mm，包括27.0～27.9mm；28mm，包括28.0～28.9mm；29mm，包括29.0～29.9mm；30mm，包括30.0～30.9mm；31mm，包括31.0mm及以上。28mm为长度标准级。

五级棉花长度大于27mm，按27mm计；六、七级棉花长度均按25mm计。

4. 马克隆值

棉纤维的马克隆值是纤维细度和成熟度的综合反映。成熟度不同，不仅会引起纤维性能的变化，而且对成纱工艺、质量及织物质量也会产生很大影响。棉纤维的马克隆值可作为评价棉纤维内在品质的一个综合指标。

马克隆值分为 A、B、C 三级，B 级为标准级。A 级取值范围为 3.7～4.2，品质最好；B 级分成 B1（3.5～3.6）和 B2（4.3～4.9）两个等级；C 级分成 C1（3.4 及以下）和 C2（5.0 及以上）两个等级，品质最差。

5. 含杂率

皮棉中的杂质包括非纤维杂物（如尘土、虫屎、断枝、铃壳、碎叶等）和纤维性杂质（如不孕子、破子上的棉纤维等）。皮棉含杂标准，皮辊棉为 3%，锯齿棉为 2.5%。实际含杂率不足或超过标准时，实行补扣。

6. 回潮率、断裂比强度、长度整齐度

1）棉花公定回潮率为 8.5%，棉花回潮率最高限度为 10.0%。

2）按断裂比强度分很强、强、中等、差、很差五个等级。

3）按长度整齐度分很高、高、中等、低、很低五个等级。由于品种、气候及轧花方法不同，棉花在外观上、品质上形成的类别也不同，国家对不同类别和类型的棉花规定了各种条件和实物标准。

实训 采收棉花

1. 目的要求

学生每人负责一块吐絮期棉田的收花工作。学生通过实地操作，掌握棉花采收技术。

2. 材料工具

材料：吐絮收花期棉田。

工具：布袋、镰刀等。

3. 实训步骤

流程：

收花任务划分 → 适时采摘 → 明确收花技术要求 → 防止雨淋 → 化控催熟

01 收花任务划分。教师给学生分配收花任务，每人负责一块吐絮期棉田的收花工作，操作时可单人一个收花袋。

02 适时采摘。棉花吐絮后，一般每隔 5～7d 采摘一次。棉花吐絮阶段，要适时精收细收，以提高棉纤维质量和品级。

03 明确收花技术要求。主要是采取“三净”“五分”收花法。“三净”是指收花时株净、壳净、地净，“五分”是指分摘、分晒、分存、分轧、分售。采摘棉花时，要把好花、僵瓣棉、落地棉分开采摘，分开晒，分开收存，不能混在一起，以便分级出售。

04 防止雨淋。成熟的棉絮遇雨后，棉壳、棉叶、包叶的色素都会污染棉纤维，使洁白的棉纤维出现阴黄、阴红，灰白的斑点。如果遇到连阴雨，还会造成霉烂变质，因此，要随时掌握天气变化情况，注意天气预报，抢在雨前采摘棉花。

05 化控催熟。棉花吐絮后期，用农药对基本成熟的青铃进行催熟，使其提前收花，既能减轻秋雨危害，增加二成以上品质棉，又能提前拔秆 5～7d，有利小春作物播种。

4．实训报告

任务结束，做好实训报告。

拓展　棉田“五选”留种

1．块选

选土壤肥沃，植株生长整齐、健壮的田块作留种用，留种数量以次年播种 666.7m^2 留子棉 15kg 为宜。

2．株选

在开花结铃盛期，在生长良好、纯度较高的棉田，选择具有本品种典型性状、结铃性强的棉株，做好标记，采摘后混合留种。

3．铃选

在当选棉株上，选取 1～7 果枝上 1～2 果节的棉铃作种，要求铃大吐絮畅。

4．瓣选

对株选、铃选的子棉结合晒花进行，要选取种子饱满、纤维长而整齐、衣分高的，最好每瓣有 9 粒以上种子。

5．粒选

在轧花后，用风车或筛子初选，然后进行手工粒选，拣除杂子、瘪子、虫蛀子、破子，选取饱满、典型、发育成熟的种子。

综 合 测 试

一、名词解释

1．棉花的一生

2．棉花衣分

3．棉花打顶

4．棉花吐絮

5．棉花“五分”收花

二、选择题

1．棉花苗期的生长中心是（　　）。

A．叶　　B．花蕾　　C．根　　D．茎

2．决定棉花产量的关键时期，也是田间管理的关键时期是（　　）。

A．苗期　　B．蕾期　　C．　花铃期　　D．　吐絮期

3．棉花一生中的需肥高峰在（　　）。

A．苗期　　B．蕾期　　C．花铃期　　D．吐絮期

4．棉花间苗时期是（　　）。

A．1～2 叶　　B．3 叶　　C．4 叶　　D．5 叶

5．棉花采收时间以棉铃开裂（　　）为宜。

A．3d　　B．5d　　C．7d　　D．10d

6．棉花蕾铃脱落高峰在（　　）。

A．蕾期　　B．初花期　　C．盛花期　　D．吐絮期

7．棉花定苗后进行中耕时的深度一般为（　　）。

A．3～5cm　　B．5～7cm　　C．7～9cm　　D．10～12cm

8．棉花发育最旺盛的时期是（　　）。

A．苗期　　B．蕾期　　C．花铃期　　D．吐絮期

三、简答题

1．棉花的生长发育有哪些特点？

2．棉花种子处理有哪些方法？

3．简述棉花苗期中耕技术要点。

4．简述棉花整枝技术要点。

5．叶枝与果枝的区别是什么？简述去叶枝的时间和技术。

四、综合分析题

1．对棉花蕾铃脱落进行调查及分析，明确防止棉花蕾铃脱落的途径。

2．棉花“三桃”的划分及其在产量构成上的意义。

3．棉花苗期、蕾期、花铃期的生长发育特点及主要田间管理工作。

4．为防治棉花苗期病害，在棉花齐苗后可用 50%多菌灵可湿性粉剂 1000g 兑水 1000kg 喷雾，每喷雾器可盛药液 15kg，每喷雾器应加入 50%多菌灵可湿性粉剂多少克？

【信息链接】

棉花种植成本核算见表 5-16。

表 5-16 棉花种植成本核算

序号	原料名称	单位金额/（元/亩）	备注
1	棉花种子	40 元	0.4kg/亩×100 元/kg
2	肥料	200	氮磷钾肥
3	杀虫剂	100	
4	除草剂	100	
5	地膜	60	5kg/亩×12 元/kg
6	收花袋等	20	
7	种植人工费	400	
8	收花人工费	500	此费用增长一倍
9	运输费	50	0.3 车/亩×120 元/车
10	土地租赁费	400	
11	亩产棉花总成本	1870	亩产子棉少于 155kg 即为赔本 子棉收购价格为 12 元/kg

由表 5-8 可知：我国棉花生产成本高，主要原因在于棉花种植规模小、劳动机械化程度低、人工管理强度大（成本高）。因此，为引导农民规模经营，提高机械化程度；国家有关部门应尽快研究制定补贴政策，对购置棉花耕作、播种、采摘和残膜回收等机械予以财政补贴。

【考证提示】

要获得种子繁育员、农艺工、植保员等中级资格证书，需具备以下知识和能力：

知识目标：

1．了解棉花的形态特征、生育过程及对外界条件的要求；

2．掌握棉花不同栽培类型的特点以及目前生产上推广的主要优质高产棉花品种特性；

3．掌握棉花各时期的生长发育特点及主攻目标；

4．掌握棉花产量构成因素及相互关系；

5．掌握棉花各时期主要病、虫、草害的发生特点及防治技术要求。

技能目标：

1．会进行棉花播前准备及播种；

2．会培育棉花壮苗进行育苗移栽；

3．能够根据棉花各生育阶段特点及长势、长相进行田间技术管理；

4．会识别棉花各生长阶段的病、虫、草害并能采取正确的防治方法；

5．会进行棉花成熟度的判定并掌握收花技术。

项目6 苎麻生产

项目导入 今年夏天特别热，老李年纪大了，特别怕热，穿什么都觉得不舒服。老李的老伴专门到街上给他买了一件衣服，并说保证他穿了舒服。老李穿了，确实感到凉爽舒适。他问老伴是什么原因，老伴说奥秘在衣服的成分上，里面含有80%的苎麻。

苎麻纯纺及其混纺产品，具有独特的风格和用途，是人们理想的高级夏季衣着用料；同时，也是风格别致的高级春秋服装面料。还可制成精美的手帕、台布、餐巾、窗帘、蚊帐、沙发面布和室内装饰用布等，为其他纤维所不及。

任务6.1 初识苎麻生产

知识目标

1. 了解苎麻生产的意义和分布情况；
2. 了解苎麻的形态特征；
3. 掌握苎麻的分类方法及苎麻生育期的划分。

能力目标

会识别苎麻的器官，能进行苎麻的分类。

知识1 苎麻生产的意义

苎麻原产中国，在欧美被称为“中国草”，在日本被称为“南京麻”。18世纪初期，中国苎麻就以“世界第一”的名牌独占国际市场。

苎麻是中国古代重要的纤维作物之一，原产于中国西南地区。在新石器时代，长江中下游一些地方就已有种植。考古出土年代最早的是浙江钱山漾新石器时代遗址出土的苎麻布和细麻绳，距今已有4700余年。

1．苎麻的用途

（1）纤维的用途

苎麻纤维长，柔韧色白，不皱不缩，拉力强，富弹性，耐水湿，耐热力大，富绝缘性，为优良纺织原料，用途较广。

1）在各种麻类纤维中，苎麻纤维最长、最细。纤维长度比最高级的棉花还要长二三倍到六七倍。

2）原麻脱胶精制后，纤维外观颜色洁白，有丝样光泽。

3）苎麻纤维构造中的空隙大，透气性好，传热快，吸水多而散湿快，所以穿麻织品具有凉爽感。

4）苎麻纤维强力大而延伸度小。它的强力比棉花大七八倍。

5）苎麻纤维不容易受霉菌腐蚀和虫蛀，而且轻盈，同体积的棉布与苎麻布相比较，苎麻布轻20%。

由于苎麻具有上述特点，所以苎麻纯纺及其混纺产品，具有独特的风格和用途，是人们理想的高级夏季衣着用料。同时，由于苎麻纤维十分坚韧，强力大而延伸度小，不易起霉和虫蛀，散热快和绝缘，所以适用于做渔网、航海用具、消防用带、防雨布和各种工业用缝线、卷尺、绽带、吊绳、钢索芯子、传动带、机翼布、轮胎衬布、电线包皮、降落伞绳等。就是鱼雷里面也少不了苎麻。苎麻纤维（梳麻工艺中落绵）或麻屑，可纺织床用毯子、地毯，制造高级纸张、人造丝原料、火药原料等。

（2）叶、根、骨、壳的用途

苎麻叶是蛋白质含量较高、营养丰富的饲料，茎、叶可提苎麻浸膏，止血效果较好。全草含丁二酸（琥珀酸）、原儿茶酸及酚类物质。

根供药用，为利尿解热药，治腹痛、下血等症；麻根含有“苎麻酸”的药用成分，有补阴、安胎、治产前产后心烦，以及治疗疮等作用。麻骨可作造纸原料，或制造可做家具和板壁等多种用途的纤维板。麻骨还可酿酒、制糖。麻壳可脱胶提取纤维，供纺织、造纸或修船填料之用。鲜麻皮上刮下的麻壳，可提取糠醛，而糠醛是化学工业的精炼溶液剂，又是树脂塑料。

2．苎麻的分布

全球苎麻产区主要分布在南纬9°至北纬38°之间。以我国产量最多，占全世界苎麻产量的90%以上，苎麻是中国特有的以纺织为主要用途的农作物，是我国国宝，在国际上称为“中国草”。

苎麻适宜种植在温带及亚热带地区，其生长的土壤土层深厚、疏松，有机质含量高，保水、保肥、排水性好，pH在5.5～6.5为宜。

我国主要产地分布在北纬 19°至 39°之间，南起海南省，北至陕西省，均有种植苎麻的历史，一般划分为长江流域麻区（包括湖南、四川、湖北、江西、安徽等省）、华南麻区（包括广西、广东、福建、云南、台湾等省、自治区）、黄河流域麻区（包括陕西、河南等省及山东省的南部）。其中长江流域麻区是我国的主要产麻区，其栽培面积及产量占全国总栽培面积的 90%以上（图 6-1）。

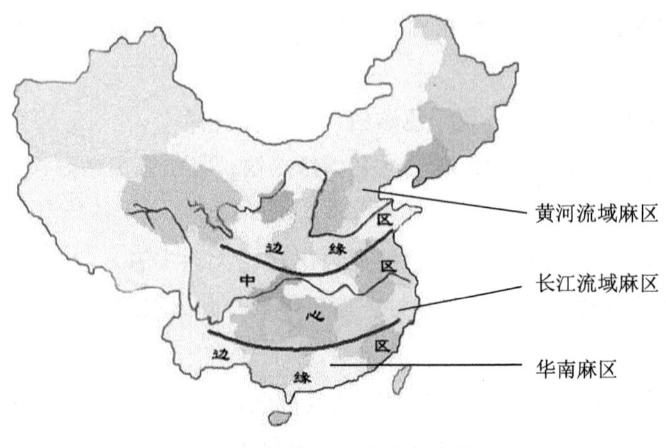

图 6-1　苎麻分布图

3．苎麻的类型

苎麻种类繁多，生产上主要按叶色和根系在土壤中的分布情况分类。

1）按叶色分：有白叶苎麻和绿叶苎麻等。

2）按根系在土壤中的分布情况分：深根型、中根型、浅根型三类。

知识 2　苎麻的形态特征

1．根

苎麻生产上可用种子、分根、扦插、压条、分株繁殖，也可用组织培养方法培育试管苗。

用种子繁殖的实生苗，由胚根发育成主根，主根逐渐膨大形成萝卜根。无性繁殖没有主根，由地下茎或地上茎根颈部分产生不定根，不定根上着生许多细根，具有许多根毛，构成苎麻的根系网。一部分不定根可成为纺锤形萝卜根，其中储藏大量淀粉等营养物质，供幼芽萌发、生长和越冬的需要。根表面平滑，没有节和芽，黄褐色（图 6-2）。根群大都分布在地表下 30～50cm 的耕作层中，细根长达 150～200cm。根据根的入土深度的差异，苎麻品种有深根型、浅根型和中间型之分。

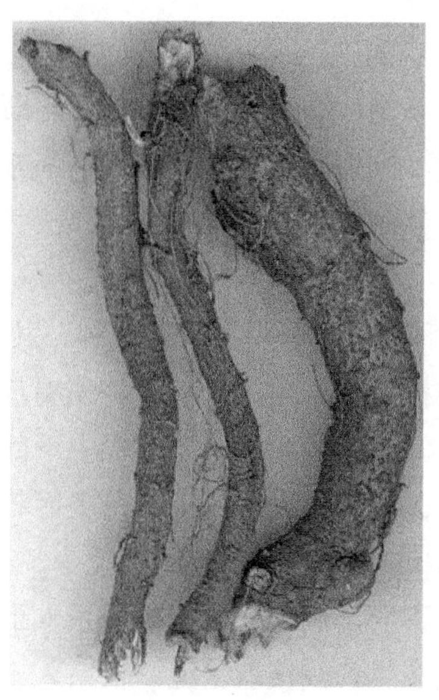

图 6-2　苎麻的根

2．茎

（1）地上茎

地上茎丛生，由地下茎的芽或地上茎基部腋芽发育而成，一般深根型品种苗形紧凑，浅根型品种较松散。每苗地上茎 10～20 株，茎高多在 1.5～2.0m，茎粗 9～18mm，其中发生较迟，成熟时株高不到 60cm 的叫无效分株，也称脚麻。茎表皮在生长前期为绿色或浅绿色，逐渐变为褐色，每根地上茎着生 30～60 片叶（图 6-3）。

成熟的地上茎，在横切面上由外向里，可分为表皮、皮层、初生韧皮纤维、次生韧皮纤维、形成层、木质部等部分。

苎麻纤维存在于初生韧皮部内，纤维细长，一般长 60～250mm，无天然扭曲。单纤维强度，相当于棉花纤维强度的 10 倍（图 6-4）。

图 6-3　苎麻的茎

图 6-4　苎麻皮层及纤维

（2）地下茎

苎麻具有发达的根状地下茎，幼嫩时白色，以后逐渐变成褐色。地下茎的顶端或分枝的顶芽和侧芽伸出地面，成为地上茎。部分地下茎与萝卜根相似，但地下茎上、下部粗细相等，上面有许多节，节上有退化的鳞片和腋芽，每个节能生根发芽，萝卜根则不能。

地下茎可用来繁殖，俗称种根。种根可分为三种，发生不久的、直径较少的吸枝，向四周生长较快，叫“跑马根”；跑马根长粗后，先端丛生许多芽，跑马根的分枝部分，像龙头，称“龙头根”（鸡公头）；在龙头根中下部粗壮的地下茎，像扁担一样横生在土中，叫“扁担根”。龙头根发芽快，出苗多而壮；跑马根发芽快，芽较细；扁担根芽少而粗（图 6-5）。

不同类型苎麻茎的形态不同。深根丛生型：根系入土深，萝卜根肥大，地下茎粗短，龙头根如拳状，地上茎丛生。浅根散生型：根系入土浅，萝卜根小而多，地下茎细长，龙头根如鸡爪状，地上茎散生。

图 6-5　苎麻的地下茎

3．叶

苎麻叶为单叶，互生；一般为卵圆形、近圆形或心形，叶尖细长，除基部以外的叶缘有粗锯齿，叶正面绿色，叶背密生白色茸毛，叶柄较长，2～11cm；托叶 2，分离，早落；叶片宽卵形或卵形，长 7～15cm，宽 6～12cm，先端渐尖或近尾状，基部宽楔形或截形，边缘密生齿牙，上面绿色、粗糙，并散生疏毛，下面密生交织的白色柔毛，基出脉 3 条（图 6-6）。苎麻不同品种的叶型不同，有近圆形、卵圆形、卵形、圆形、心脏形、椭圆形、尖椭圆形、心脏形之分（图 6-7）。叶片的不同形态特征是识别苎麻品种的形态指标。

图 6-6　苎麻叶的形态特征

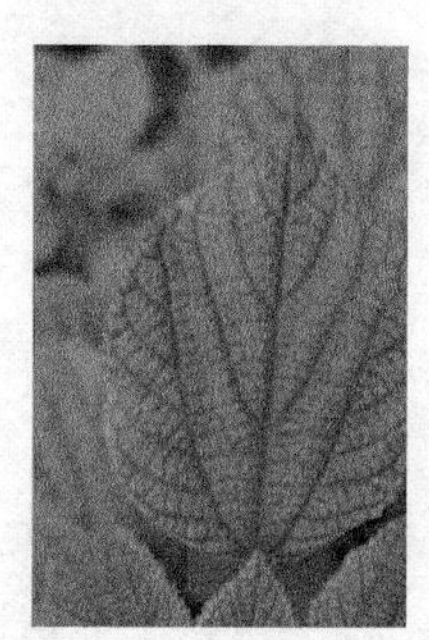
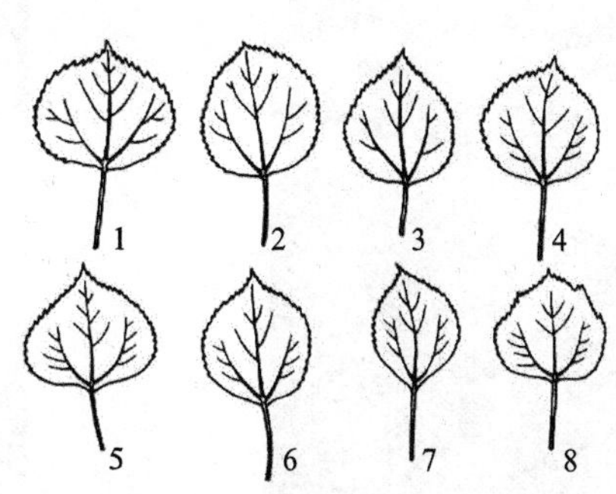

图 6-7　苎麻不同品种的叶形

1—近圆形；2—卵圆形；3—卵形；4—圆形；5—心脏形；
6—椭圆形；7—尖椭圆形；8—心脏形

4．苎麻的花

苎麻的花为复总状花序，雌雄同株异花，雌花序着生在茎的上部，雄花序着生在下部，两者花茎节上有花序混生的现象，雌花开放时有紫红、红、黄绿等色。苎麻为短日照植物，昼夜长短不仅影响开花的迟早，也影响雌雄的比率。花单性，雌雄通常同株；花序呈圆锥状，腋生，长 5～10cm，雄花序通常位于雌花序之下；雄花小，无花梗，黄白色，花被 4 片，雄蕊 4 根，有退化雌蕊；雌花淡绿色，簇球形，直径约 2mm，花被管状，宿存，花柱 1 枚（图 6-8）。瘦果小，椭圆形，密生短毛，为宿存花被包裹，内有种子 1 颗。花期 9 月，果期 10 月。

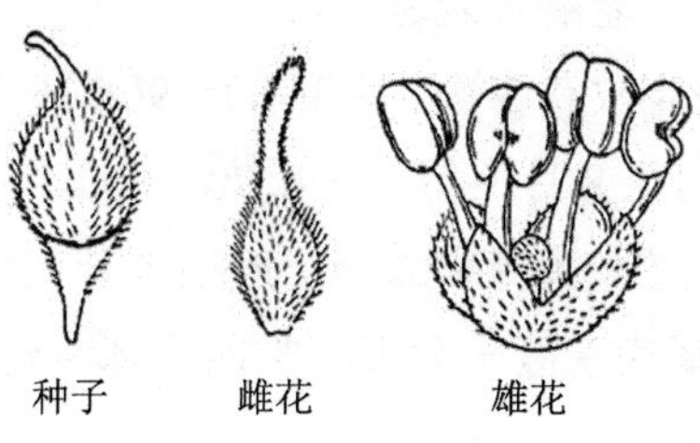

图 6-8　苎麻的花

5．果实和种子

1）果实：苎麻的果实为瘦果，子房上位，一室内含 1 粒种子。果实扁平或短纺锤形，成熟时深褐色，顶端残留花柱，花被膜质，表面覆有茸毛（图 6-9）。所以生产上在播种前须轻轻搓去种皮，加快吸水、萌发，增加发芽势。

2）种子：苎麻的种子呈扁椭圆形，深褐色或浅褐色。有油质胚乳，可以榨油，最新研究可提炼亚油酸。种子细小，千粒重 0.05～0.11g，1g 种子 1.5 万～3.4 万粒。种子发芽率很低，一般为 10%～30%，种子从开花到成熟需 60～75d。种子寿命可达 2～3 年。

A．未成熟果实

B．接近成熟的果实

图 6-9　苎麻的果实

知识 3　苎麻的生育期

（1）生育期长短

苎麻为宿根作物，宿根年限为 10～30 年，多至百年以上。麻龄的划分：幼龄（1～2 年）、壮龄（10～20 年）、老龄（衰退）。

苎麻在长江流域一般每年收获 3 次，头麻 80～90d，时间为 3 月至 6 月上旬；二麻 50～60d，时间为 6 月中下旬至 8 月上旬；三麻 70～80d，时间为 8 月上旬至 10 月中下旬。苎麻全年生育期 230d 左右。头麻和二麻一般很少开花结实，只有三麻才开花结实，到 12 月初左右种子成熟。华南麻区一般可年收四季麻，台湾省可年收五季麻。

（2）生育特性

苎麻为短日照植物，昼夜长短不仅影响苎麻开花的迟早，也影响雌雄的比率，日长8～9 小时能促进开花，但多生雌花，日长为 14 小时，则多为雄花。苎麻种子发芽的最适温度为 25～30℃。地上茎生长的适温为 15～32℃。早春气温低于 3℃则幼苗受寒害。苎麻纤维成分是纤维素，光照强度和每天日照时数对纤维产量有很大影响。日照不足，则光合作用减弱，茎秆软弱，麻皮薄，纤维细胞壁薄，工艺成熟延迟，产量降低。但阳光太强，高温干旱也会使麻株生长受到抑制，细胞木质化，降低品质和产量。

（3）一季麻生育期划分

苗期：出苗至封行（图 6-10）。头麻苗期一个月左右，二、三麻的苗期 10d 左右。上下两季麻生长期衔接很紧，上季麻工艺成熟时，下季麻的芽即已萌动出土。

图 6-10　苎麻苗期长势长相

旺长期（快速生长期）：封行至黑秆（图 6-11）。头麻的旺长期为 40d 左右，日平均生长量可达 2～4cm；二、三麻约 30d，日平均生长量达 4～5cm。这时期水肥的供应非常重要。

图 6-11　苎麻旺长期长势长相

纤维成熟期：也叫工艺成熟期，指从黑秆开始到收获（黑秆离梢部 33cm 左右）（图 6-12）。头麻、三麻的工艺成熟期 25～30d。二麻的时间为 15～20d。苎麻成熟后，应立即收获。这是提高纤维品质，夺取上、下季麻丰产的重要环节。

图 6-12　苎麻工艺成熟期长势长相

实训　调查当地生产上采用的苎麻品种类型及认识良种特性

1．目的要求

学生 3～4 人一组，走访当地农户、农业企业或专业合作社 3～5 家。调查当地生产上主要的苎麻品种及特性。认识苎麻地上部和地下部各器官的外部形态，掌握鉴别当地主要良种的特征。调查当地生产上主要的苎麻品种及特性。

2．材料工具

材料：当地良种 2～4 个完整植株。

工具：锄头、剪刀、米尺、解剖刀、镊子、放大镜、天平、铅笔、实验纸等。

3．实训步骤

流程：

当地苎麻种植类型及品种调查 → 各品种特性调查及良种特征识别 → 总结与交流

01 当地苎麻种植类型及品种调查。选择种有苎麻的农业企业、家庭农场或专业合作社 3～5 家，与技术负责人直接座谈，通过询问的方式了解调查单位种植的苎麻类型及品种，各品种的生育期、产量及栽培注意事项等并做好记录。

02 各品种特性调查及良种特征识别。在调查时，从当地调查对象（农业企业、家庭农场或专业合作社）取得当地良种 2～4 个完整植株，观察下列特征，并填表 6-1。

表 6-1 苎麻良种特征观察表

品种名称					
插植日期					
叶	叶色				
	叶型				
主茎	茎色				
	茎长				
	茎粗				
根	形状				
	长度				
	类型				

03 总结与交流。各组任务完成后，集中总结交流。明确当地主要栽培苎麻类型及种植情况。教师做出点评。

4．实训报告

结合已学知识，请对调查单位苎麻类型及品种的选择给予评价，并把结果写成实训报告。

任务 6.2 苎麻繁殖

知识目标

1．了解苎麻主推品种的特征、特性；

2．了解苎麻的产量构成因素；

3．掌握苎麻的繁殖方式。

技能目标

1．会根据实际情况选择苎麻的繁殖方式；

2．能进行苎麻种子繁殖和苎麻嫩梢扦插繁殖。

知识 1 苎麻的主要品种介绍

苎麻生产上采用优良品种是投资少、收效大，夺取苎麻高产优质的一项重要措施。

1．芦竹青

芦竹青是从湖南引入的，是一个中熟、高产、优质的品种。原麻细，青色，无锈脚，风斑少，纤维 2000 支左右；抗风性和耐渍性强。在土壤肥沃，有灌溉条件的地方种植，原麻产量较高。若肥水条件跟不上，产量显著下降。芦竹青为中间型品种，根系入土深度中等，发苗较快，植株生长整齐，上下粗细均匀，有效株多。刮麻时贯尖。麻骨绿白色。叶片卵圆形，深绿色；叶小而厚，叶面皱纹明显，叶缘锯齿浅；叶柄短，微红色，托叶，叶脉微红；幼叶棕红色，雌蕾淡红色。麻皮厚，鲜皮出麻率 14%～15%。

2．黑皮苗

黑皮苗是从广西引入的。它是高产优质良种，具有纤维细软，青绿色，纤维 2000 支左右，抗旱性强，抗风性弱，发苗慢，适应性强等特点。它在深厚的土壤里栽种，萝卜根入土深，地下茎发达，龙头根粗壮。跑马根少，成丛生长。在砂砾土及糠片土栽种，地下茎不发达，细而长，跑马根多，横向扩展大，入土较浅。茎生长期草青色，成熟期深褐色。苗期叶色紫红，生长期叶色深绿色，叶柄、叶脉、托叶紫红色，叶片皱纹多，雌花紫红色。

知识 2 苎麻产量构成

1．苎麻产量构成

苎麻纤维产量是由有效株数、茎高、茎粗、皮厚和出麻率等五个因素构成的。一般认为每亩每季产原麻 50kg 以上，其产量构成因素是：有效株数 22.5 万～30 万株，茎高 160～200cm，茎粗 0.8～1.0mm。品种不同，则产量构成因素也不同。分株力较弱的品种如“黄壳早”、“湘苎一号”等一季每亩产 50kg 以上原麻的，只需有效株数 21 万～24 万株，分株力强的品种如“鸡骨白”、“黄壳麻”一季每亩产 50kg 以上原麻的，需有效株数 36 万株以上；分株力中等的品种如“芦竹青”、“细叶绿”等一季每亩产 50kg 以上原麻，需有效株数 30 万株左右。

2．苎麻产量构成因素与环境条件的相互关系

苎麻产量构成因素与气候条件、栽培措施等关系较大。一般在气候温暖、潮湿、多雨、光照弱、漫射光多季节生长的头季麻和山窝苎麻，麻苗生长慢，分株期和生长期长，分株多而高大，麻皮薄，出麻率低；在高温多旱、雨水少、光照强的季节生长

二、三麻和平原地苎麻，出苗、生长快，分株期短，分株少，生长期短，麻株粗壮，麻皮厚，出麻率高。以冬培厚托土，春季迟中耕来控制头麻幼苗早出土，缩短苗期，减少过多分株和晚期霜害。后期提早10d收获四周边苗麻，使中央苗麻处于较好肥水条件，提高分株力和使麻株快速生长，从而获得高产。

总之，采取各种有效措施来改善苎麻的外界环境条件，协调高产苎麻产量结构是可能的。

知识3 苎麻的繁殖方式

苎麻是多年生作物，可采用种子繁殖，也可无性繁殖。种子繁殖的苎麻后代变异大，长势不均，生产上不宜应用。但苎麻种子小，具有不带病、运输方便、成本低、繁殖系数大等优点；对于研究较少，缺少种源的地方，比较适合。无性繁殖主要有分苗繁殖、细切种根繁殖和嫩梢扦插繁殖。其中，嫩梢扦插繁殖具有操作简便、繁殖系数大、能够控制部分土传病害等优点，成为我国苎麻主产区的主要繁殖方式。

实训1 苎麻种子繁殖

1．目的要求

学生分组操作，划分田块，准备材料。通过实际操作，使学生掌握苎麻种子繁殖的方法。

2．材料工具

材料：农用型塑料薄膜、竹拱篾片（200cm×3cm）、遮阴覆盖物（草帘、草袋）等物资。

工具：米尺。

3．实训步骤

流程：

育苗材料准备→育苗→揭膜后苗圃管理→麻苗移栽

01 育苗材料准备。应备齐农用型塑料薄膜、竹拱篾片（200cm×3cm）、遮阴覆盖物（草帘、草袋）等物资。

02 育苗。

1）时间：长江流域露地最佳播种期为早春，露地育苗在2月中下旬至3月初播种育苗，薄膜保温育苗可适当提早。也可于温度适宜的秋季播种育苗，越冬后移栽。

2）苗床选择：选择背风向阳、离水源较近、排灌方便、土壤疏松、肥力中等、杂草少的田地作苗床地。翻耕土地，晒土后施杀菌剂和杀虫剂进行土壤消毒。平整作厢，厢宽 1.2～1.4m，厢间距离 0.3～0.5m。厢面务必整细整平，拣尽杂草，做到上实下虚。根据种子发芽率适当增减播种量，一般每亩苗床播种 500g 左右。

3）播种：播种前晒种 1～2d，以利种子吸水，促进发芽。用木板将厢面刮平，均匀撒一薄层草木灰；将种子与草木灰按体积 1∶（5～10）的比例拌匀。采用手播法或细筛筛播法来回多次播种，播匀后撒上薄薄的一层细土（看不见种子即可），播种前或播种后用洒水壶充分浇湿厢面（图 6-13）。

A．种子

B．播种

图 6-13　苎麻播种

4）覆盖：播种后搭盖农用薄膜，薄膜内温度应控制在 25～28℃，温度过高可敞开两头通风。在日均气温 20℃左右时，一周可出苗。待苗长出 3～4 片真叶时就可揭膜炼苗。炼苗 2～3d 后，选阴天揭去薄膜，揭膜后要及时浇水保湿。保留竹弓，在高温烈日天或预计有大风雨前盖上遮阳网，防止损伤幼嫩麻苗。为减少成本，也可以选用稻草覆盖，以覆盖到看不见土为宜，待苗出来后，分批次揭完稻草。

露地育苗时，可选用稻草等物覆盖，以盖至不见土为宜，要经常浇水保持苗床湿润。出苗后分、分批揭去覆盖物。一般为齐苗后揭去覆盖物的 1/3，2 片真叶后再揭去 1/3，4 片真叶后揭去剩下的覆盖物。下雨天或灾害性天气注意防止幼苗损伤。

03 揭膜后苗圃管理。揭膜后，若发现苗床杂草要及早拔除。从 6 片真叶期开始，根据麻苗植株形态，除去群体中植株形态明显不同的麻苗。在去杂的同时进行间苗。间苗的方法是先除去弱小苗，如果密度仍大，再去掉一部分麻苗，密度标准以麻株间叶不搭叶为宜。间苗一般要分 2～3 次进行，每次间隔时间 7d 左右。每亩苗床最后留苗密度不少于 80000 株。

结合间苗、定苗进行施肥。在每次间苗后，用稀薄的人粪尿或 0.5%～1%的尿素水溶液（浓度随苗龄增长逐渐增大）喷洒。一次施肥量不能太多，以免伤害幼苗。

04 麻苗移栽。出苗后 50～60d，麻苗长到 8～10 片真叶时即可开始移栽。10～12 片真叶期是适宜的移栽期。秋季播种育苗的麻苗，经保温越冬后，于次年早春移栽。移栽宜选择阴天或晴天下午进行。取苗前，用水浇湿苗床；取苗时，先取大苗；取苗后的苗床应及时整理施肥，以促进小苗生长。尽可能减少根系损伤，适量带土移栽。对于叶片数较多、株高超过 40cm 的麻苗，应剪去部分叶片，以减少水分蒸腾。根据麻苗大小分级移栽到不同地块，栽后及时浇足量稳苗水。栽麻后如果连续晴天，3～5d 内每天应浇水一次，以确保麻苗成活，并及时查苗补缺。

小贴士

整地时可施用西维因、辛硫磷或其他农药杀灭地下害虫；苗床要将土整细，用木板稍微拍紧，如土颗粒较大又不易碎，可撒一层细土，以免种子掉入缝隙；浇水要均匀，避免将种子冲走；追肥适量，避免肥力过大烧苗；管理要精细，经常查看；控制薄膜内温度，不要一次性揭开薄膜，防止突然缺水死苗。炼苗时，白天揭、晚上盖，晴天揭、雨天盖。

4．实训报告

任务完成，总结关键操作步骤，并完成实训报告。

实训 2　苎麻嫩梢扦插繁殖

1．目的要求

学生分组操作，划分田块，准备材料。通过实际操作，使学生掌握苎麻嫩梢扦插繁殖方法。

2．材料工具

材料：苎麻繁殖母本、农用塑料薄膜、消毒药品（高锰酸钾、多菌灵、托布津）、竹拱篾片（200cm×3cm）、遮阴覆盖物（草帘、草袋）。

工具：剪刀等物资。

3．实训步骤

流程：

母本选取及打顶→苗圃准备→剪枝取苗→扦插→苗床管理→麻苗移栽

01 母本选取及打顶。

1）用育种家种源（为单株系统无性繁育系），经无性繁殖后确认不带病，植株生长均匀、整齐，外观形态一致的原始植株群体作为母本。母本麻园栽培密度一般为行距 0.7m，株距 0.3～0.4m。

2）母本麻园应加强水肥管理，施足基肥，及时追肥。当麻苗长到 50cm 以上时，就可取主茎进行扦插育苗。为了加快繁殖速度，可打去顶梢，促发分枝；剪取主茎梢后要追施氮肥，多发分枝。

02 苗圃准备。

1）材料准备。

应备齐农用塑料薄膜、消毒药品（高锰酸钾、多菌灵、托布津）、剪刀、竹拱篾片（200cm×3cm）、遮阴覆盖物（草帘、草袋）等物资。

2）苗床准备。

地势：4～6 月气温低，雨水多，苗床应选择地势高、平坦、背风向阳、排水条件较好的地方做苗床；7～9 月高温少雨，干旱严重，应选择水源较近，排灌方便的地方做苗床，高温季节还可选择在树荫下做苗床。但过于潮湿、荫蔽、透风透光条件较差的地块或树荫，无论什么季节都不能做苗床。

土壤：土质以壤土或沙壤土为好。对粘性太重的地块，可掺入部分泥沙或土杂肥改良土壤，或把苗床整好后，在扦插前厢面铺一层干肥土或泥沙后再插苗；泥沙太重的土地应增施土杂肥进行改造；前茬作物是苎麻的土地最好不要选作苗床，因为老麻园残留的根腐线虫病较严重，作苗床后培育的麻苗会带病传入大田生产，不但扩散了病源，而且对苎麻的生长发育有影响。

苗床：选晴天翻耕土地，晒土后施杀菌剂和杀虫剂进行土壤消毒。打碎土块，精细整地，平整作厢，厢宽 1.2～1.4m，长度不限，厢沟稍宽约 50cm，深 25cm 左右。厢面上横开浅插苗条沟，条沟距 15cm 左右，条沟内放适量细砂，以便插苗。

施肥：一般选择较肥的土地作苗床，因此整地前后一般不要泼施基肥，更不能施用尿素等化肥作基肥。

消毒：插苗前一般用 1∶40000 的高锰酸钾溶液（即 40kg 水中加 1g 高锰酸钾粉剂）淋透苗床。在高温季节育苗，可不用高锰酸钾处理或降低使用浓度。

03 剪枝取苗。选择晴天上午 9:00 以后开始取苗，但要避免高温取苗。用单面刀片割下茎梢和分枝，于阴凉处将茎梢或分枝的下部削去，削取长度为 8～15cm 的插枝。插枝保留茎尖的 3～5 片小叶，下部 1cm 左右处保证有一个节。尽量减少插枝伤口。将削好的插枝在消毒液（0.8‰的高锰酸钾或 500～1000 倍的托布津、多菌灵等杀菌剂）中浸 3 分钟后放在阴处备用。

剪取嫩梢时应注意：

1）可一次在田间剪苗，集中到阴凉处修剪消毒，一次取苗不要太多，一般一次取 300～500 株苗后处理一次。

2）晴天要带水剪苗，即把盛有凉水的容器带到田间，嫩梢剪下后放入水中保湿，以免失水过多，难以成活。

3）要边剪枝，边修剪，边药剂处理，边扦插（图 6-14）。

A．取嫩梢

B．扦插

图 6-14　苎麻扦插

04 扦插。主要步骤为：浇水→插苗→浇水→插竹拱→盖膜→遮阴。

将经消毒处理的插枝密集地扦在放有细砂的条沟上，扦入深度为 2～3cm；行距 10～12cm，株距 6～7cm 排列条插，每亩苗床扦插 8～10 万株为宜。插苗后及时用洒水壶浇上清水，湿透苗床为止。

插梢时应注意的主要事项有：

1）选时插苗。根据不同季节选择不同的时间插苗，4～5 月全天都可插苗，6～9 月要选择早晨或上午 10 时前，下午 6 时以后插苗。

2）做好“五边”，边浇水、边插苗、边插竹拱、边盖膜、边盖草帘遮阴。

3）苗床厢边留 3～4cm 宽，待插完一块苗床后，把苗床边缘 2～3cm 宽的土挖在土沟中，盖膜后再用苗床土把薄膜压紧盖实（图 6-15）。

A．育苗

B．移栽

图 6-15　苎麻育苗移栽

05 苗床管理。苗床管理的主要是光、温和水分的调节，具体管理方法如下：

1）湿度调控。膜内空气相对湿度调控，关键是在扦插时苗床要浇透水，扦插后再浇一次水立即盖膜保湿，压土密封后一般在 4～5d 内不要揭膜，这样膜内的相对湿度就能维持在 95%以上。如扦插后 2～3d 嫩梢叶片微卷，这是正常现象。只要经常观察不勾头，卷叶不严重就不必揭膜浇水，但要经常观察膜内湿度的变化。当出现以下情况之一时，就要揭膜浇水：空气相对湿度小于 90%。

下午 7 时以后从膜外观察膜内没有大量水珠挂在薄膜上；苗床表面出现小裂缝（开坼）或者发白。揭膜浇水宜在早晨或傍晚时进行。浇水量不宜太大，次数也不宜过密，否则，容易发病霉烂。每次揭膜浇水后仍然要盖好膜，直到炼苗为止。

2）光温调控。薄膜上面加盖草帘等覆盖物主要作用是调节温光，要酌情遮阴，多盖少盖均不好。一方面可以降低膜内温度，避免灼伤幼苗；另一方面要给苗床一定的光照时间，促进麻苗生根。遮阴的方法是在苗床薄膜上覆盖 1～2 层草帘，或其他可遮阴的覆盖物。每天下午 5 点半揭去遮阴覆盖物，第二天上午 7 点半左右再盖上。也可采取上午 11 时以前盖苗床东边，下午 5 时后盖苗床西边，上午 11 时至下午 5 时以前全盖上，这样可延长光照时间，促进麻苗生根。如无强光照射的阴雨天，可全天不遮阴。膜内温度要经常观察，特别要注意每天 11 时至 16 时的温度，当膜内温度上升到 40℃时，要立即在膜外淋水降温或加盖覆盖物，切勿揭膜通风降温。

3）揭膜炼苗。至麻苗长出 3～5cm 的白根后，先揭开两端薄膜炼苗，并逐步减少覆盖物。2～3d 后可全部揭去覆盖物，但应保持湿润。一般 4～5 月份育苗，12～15d 左右可以炼苗；6～9 月份育苗，10～12d 可以炼苗。炼苗要分段进行，时间上先短后长，揭膜先两端后两边；先揭膜通风后拆覆盖物。先早晚通风各 1～2 小时，后全天通风，保持薄膜与覆盖物 1～2d。然后拆除薄膜，白天盖覆盖物，夜间露苗，这样反复炼苗 1～2d 后即可全部拆除覆盖物。炼苗阶段如果苗床干燥，要及时浇水增湿。

4）清理病苗、死苗。每次揭膜浇水时都要清理病苗、死苗，一经发现要及时清理出苗床外。发病严重的苗床，可用 800～1000 倍瑞枯霉、甲基立枯磷消毒灭菌。

06 麻苗移栽。

1）麻苗出圃：苗龄 30～40d，基部长满根，新叶 2～3 片。出圃过早，麻苗幼嫩，移栽大田后难以成活；苗龄稍长，有利于大田移栽，但苗圃占用面积大，周转慢，利用率低。取苗时苗床要浇足水，稍干后再取苗。第一次苗出圃后苗床要深挖苗床并曝晒 2～3d，然后整地进行第二次育苗。

2）移栽：厢宽 3.8m 左右，厢沟约 40cm；行距约 60cm，株距约 50cm，每亩株数 2000 株左右。高温季节栽苗要切实加强移栽苗前后的管理，一则要保护好麻苗，防止高温失水，提高成活率；二则土壤要有足够的水分保持土壤湿润，方法：先灌水后栽苗。即在移栽前把土壤灌足（泼足）水，稍干后趁土壤湿润时把苗栽下去，然后再灌一次水或多次浇水，保持湿润，保证移栽苗成活率。

4．实训报告

学生实地操作后，对不同苎麻繁殖方式的优缺点进行比较。明确生产上应使用的方式，总结关键操作步骤，并完成实训报告。

拓展　苎麻其他无性繁殖方式

1．分苗繁殖

分苗繁殖是将老麻地的种根（地下茎）砍成若干块，直接种在大田的方法。栽种前须先砍去萝卜根和有病虫害侵染及老朽的地下茎。一般砍成 12～15cm，或 0.2～0.3cm 一段，进行分栽，每公顷老麻一般可移栽 90～120hm^2。

2．切芽繁殖

苎麻切芽繁殖是把麻苗上的跑马根切成 1g 左右的小段，龙头根、扁担根切成 5g 左右的小段，每段保留 2～5 个芽，以此进行繁殖的方法。

3．压条繁殖

压条繁殖就是把麻株压在土里，使它生根发芽后，挖起移栽或在原地继续生长，以弥补缺苗、稀行的方法。此法一般在新麻或称植的麻地进行。当头麻、二麻成熟时，在离粗壮株几寸（1 寸≈3.33cm）远的行间开沟，沟深 7～10cm，施足底肥，去掉麻株的中下部叶片，把麻秆慢慢地压在沟里，然后用细土压紧，留梢部 17～20cm 在土外，让压在土里的茎秆生根发芽。压条时，把压在土里部分轻轻割伤麻皮，并摘去顶尖，有利生根发芽。

任务 6.3　苎麻大田生产

知识目标

1．了解苎麻建园方法及新麻间作原则；

2．掌握苎麻栽种时间、种植密度及栽植方法。

能力目标

会对不同类型苎麻园进行田间管理。

知识 1 选地建园

选择背风向阳，土层深厚、疏松、肥沃，排灌便利和防风条件较好的地方，建立高产麻园。

平原湖区：根据地下水位高和风大的特点，建园时麻地应集中连作，并设立防风林带，建设好排灌系统。一般以 0.6～1hm^2 为准，不得小于 0.3hm^2，根据地形设置排灌主渠道，以主渠道为基线，按南北每隔 50m 左右，东西每隔 100～150m，设置一条支渠和运输道路，支渠宽 1～2m，深 0.8～1.6m，运输道路宽 3m 左右，两者相间配置。

丘陵山区：在大山山脉区建设新麻园，应选择起伏较小的翼山，坡度较缓的山麓、山窝及山腰平地；山区坡地建麻园，坡度应在 30° 以内，以 5° 左右最适宜，5～15° 最好筑成水平梯田。梯土长度 30～100m 不等，厢宽看坡度大小而定，以 34m 较为适宜，坡度小的宽度还可以大些。

知识 2 栽麻时间、种植密度及栽植方法

1. 栽麻时间

不论采用营养繁殖中的哪一种方法，一年四季都有可栽培。春栽一般在“惊蛰 ”节前后栽植为宜，夏栽一般在头麻收获后，“夏至”节左右栽麻，秋栽一般在二麻收获后栽植；冬栽一般在“立冬”到“小雪”。一般分苗繁殖以春栽或冬栽较多 ，夏、秋栽麻较少，因为夏、秋栽麻容易遭受伏旱、秋旱，成活率低。采用脚麻繁殖的，在头、二麻收获前栽植为宜。切芽繁殖的，以头麻收获前，“小满”节左右栽植为宜。

2. 栽麻密度

栽麻密度与产量有很大的关系。稀植的，满园慢；密植的，满园快。苎麻栽植的密度应根据品种类型和土壤肥力来决定。发苗快的品种或土壤肥沃的，可以适当稀些，分苗慢的品种或土壤肥力不高，可以栽得密些。根据各地试验结果和长期生产实践证明，从生型（深根型）品种，分苗繁殖的栽植密度每亩 1500～2000 苗为宜。散生型（浅根型）的品种以每亩 1000～1500 苗为宜。如采用切芽繁殖的，栽植密度可以适当大些。为了提高第一、二年经济收益，栽植密度适当加大，第三年后每隔一苗挖一苗，减少麻苗拥挤。切芽苗的栽植密度每亩 3000～4000 株，以宽行株单条植为宜。

3. 栽植方式、方法

（1）新麻栽植方式

新麻栽植方式有正方形、长方形、三角形或条栽几种。正方形栽麻，每苗麻的营

养面积均匀，但不便农事操作。长方形的优缺点恰恰和正方形相反，而三角形栽麻不但充分利用土地，改善通风透光条件，山坡地还可防止雨水冲刷，有利水土保持。因此，在丘陵山区坡地种麻，三角形栽麻是值得推广的一种方式。宽行单苗条栽，也是比较好的一种方式，行距加宽到 2.5 尺（1 尺≈0.33m）左右，苗距缩小到 1 尺以内，每穴放一条种根。由于行距加宽，有利于麻地通风透光，单苗生长良好，故产量也较高 。还可利用宽行，第一年冬种绿肥，解决麻地农家肥料不足的困难。

（2）栽植方法

栽麻有开穴或抽行两种方法。一般穴深或行沟深 2～3 寸（1 寸≈3.33cm，后同）到 4～5 寸。麻区群众说："春洞（穴）两、三寸，麻苗容易冲"，"冬洞（穴）四、五寸，保暖又保冻"。打穴有两种方法，即"船底穴"和"鸭扑穴"。打"船底穴"适合冬栽，一般在前茬作物的地里打一锄头宽，三、四寸深，像船底那样的穴，穴深底平。好处是保暖防冻，前作也不会受到损伤。打"鸭扑穴"适合春栽，穴要浅，两三寸左右，底要平。打"鸭扑穴"的好处是发芽快，不渍水。

开穴后，放种根或种苗。较粗的种根可将两根平放在穴；较小的种根，每穴放三根，种苗栽成一条线。放种时，芽子向上，根不露外，种根均匀散开，切忌挤压在一起。随后盖土，盖土层厚薄一致，用脚踏实，避免泥土下沉后渍水。宽行单苗条栽的，行距宽、苗距密，每隔七八寸到一尺放一块种根，比一般每穴放二三根种根的节省种根量一倍以上。

（3）新麻间作

新麻年初生长较慢，收益较低，裸露地面大，杂草也容易滋长。因此在新麻地间作可增加收入。新麻地间作必须掌握以下几个原则：第一，明确主次关系，以麻为主，间作作物为辅；第二，要选择矮秆、直立、需肥量少、成熟早的豆科作物如早大豆、绿豆等，决不能种植高秆作物或迟熟作物；第三，要增施肥料；第四，间作作物要早播；第五，及时收割间作作物，尽量减少对新麻生长的影响。冬季栽麻，宽行条栽，可利用宽行（2、4 尺以上）种蔬菜、绿肥。

实训　新麻田间管理技术

1．目的要求

学生分组操作，划分田块，明确任务。通过实际操作，使学生掌握新麻田间管理技术。

2．材料工具

材料：苎麻生产田、肥料、农药。

工具：锄头、刀、灌溉用具。

3．实训步骤

流程：

中耕除草、查苗补苗→肥水管理→破秆→挽苗（闭苗）→防止病虫害

01 中耕除草、查苗补苗。新麻田在收割前作后，要立即中耕除草，清沟排水，查苗补苗。若需补苗，要选择种根大的补栽，并清沟降低地下水位，促进麻苗扎根。冬栽或春栽（分苗繁殖），从幼苗出土到破秆要中耕除草2～4 次，中耕要求行间深（4～5 寸）、苗边浅（2～3 寸），不伤麻根。

02 肥水管理。麻田一般中耕后，每亩追施水粪30 担左右，或化肥10kg 左右，提小苗，赶大苗。分苗繁殖田前期要追肥2～3 次，追肥要穴施，每穴一瓢粪水，达到肥水深施引深根，以利根系向下伸展。在破秆后，还要中耕追肥1～2 次，争取当年收一季麻。

03 破秆，是新麻栽培的措施。冬季或春季栽植的苎麻，最初发生的地上茎秆，如果不适时刈割，麻苗的扩展会受到抑制。因此，在萝卜根相当发达的前提下进行破秆，可促进地下根、茎的发育。一般用快刀齐地砍去麻秆。新麻破秆时间，不能过早过迟。过早破秆，麻苗没有蓄积足够的养料，发芽少而弱，以后几年都会减产。因此，如果新麻生长不好，肥水条件和管理跟不上，不要急于破秆（以防冬季受霜冻），第二年再收麻。同时，新麻不一定要全部破秆，个别生长不好的麻苗可延迟破秆，进行“蓄苗”，当年不收麻，可使第二年全园生长整齐一致。新麻生长得好，则要及时破秆，不能过迟，否则麻株嫩、皮薄。一般破杆要齐地刈，之后施肥，使麻芽苗壮。砍杆前先扯皮，可以防止地上茎发芽，促进地下茎发芽，花工虽然多一些，但经济效果还是不错的。

04 挽苗（闭苗），是新麻栽植后的另一个措施。少数麻区采用这个方法。做法是把茎秆挨地，挽成一个结子，尽可能不折断麻，其目的是抑制地上部生长，改变养分输送的方向，促进地下部发育。冬栽或春栽的苎麻，如果管理精细、及时，可以在头麻收获时破秆，收一季三麻。

05 防止病虫害。苎麻的主要病害有白纹羽病、根腐线虫病、炭疽病、褐斑病、角斑病、花叶病等。主要虫害有苎麻夜蛾、苎麻黄蛱蝶、苎麻赤蛱蝶、苎麻天牛、金龟子、黄白蚂蚁等。应根据病虫发生情况，及时进行防治。

4．实训报告

学生任务完成后，总结关键操作步骤，并完成实训报告。

拓展　壮龄麻园的管理及老麻园的更新复壮

1．壮龄麻园的管理

在正常培育管理下，新栽麻 2～3 年后进入壮龄麻阶段。进入壮龄麻后期，随着麻龄的增长，麻苗不断壮大，以致满园，造成分株过密、土壤板结、肥力下降，最终导致败苗减产。因此，必须按照从壮龄麻起麻株生长特点和土壤环境条件的变化，进行培育管理，以达到持续高产稳产。

（1）狠抓时机，搞好冬培

苎麻冬培是保证苎麻高产、稳产和三季麻平衡增产的关键性措施。冬季深中耕，结合施肥、培土，创造了疏松、肥沃、温暖的环境，为三季麻的丰产奠定了基础。冬培包括深中耕、施冬肥及培土三个环节。

1）深中耕：一般在三麻收获后，11 月中下旬下雪前进行。深中耕的深度应根据具体情况灵活掌握，一般深根型品种深，浅根型品种浅；稀植的深，密植的浅；黏土要深，砂土要浅；行间要深，苗边要浅。

2）施冬肥：冬肥一般应多施有机肥，迟效性和半迟效性肥料混合使用。冬肥种类以堆肥、厩肥、饼肥、火土灰、湖草等为主，配合一定数量的速效氮肥和磷肥。一般每亩施土杂肥 5000kg 以上，或饼肥 40～50kg，并加施粪水 1000kg 和磷肥 20～25kg。冬肥用量一般占全年用肥量的一半以上。冬肥一般在霜后雪前进行，可穴施、沟施。

3）培土：培土可保暖防冻，结合冬季施肥进行。培土厚度 3cm 左右，选土要肥，土要打碎，盖土要平，厚薄要均匀。上述各环节的具体做法是：先中耕，再施肥，然后培土。

（2）季季追肥，平衡施肥

每生产 100kg 原麻，需吸收氮 10.1～15.6kg，磷 2.6～3.9kg，钾 13.6～19.4kg。三季麻追肥，头季麻应该是前轻后重，二麻、三麻是前重后轻。从萌发期、出土期（苗期）、上林期（旺长）三个时期看，前期施肥比后期重要。

一般头麻从幼苗出土到齐苗后一个月内追两次肥，第一次叫提苗肥，每亩人畜粪 500～700kg，第二次叫壮苗肥，苗高 1～2 尺，每亩施 5～10kg 尿素。

二麻生长期短，头麻收获后即重施追肥，一次施足，每亩施人畜粪 1000～1500kg，或施尿素 10kg 左右。三麻出苗后 1 个月即现蕾开花，施肥要足和早，每亩施人畜粪 1500～2000kg，并掺尿素 3～4kg。

施肥方法：化肥兑入人畜粪或水中浇施，或在麻苗边开沟穴施。视生长情况，采用“一二一”根外追肥效果很好，即用 0.5kg 硝酸钾、1kg 尿素、50kg 水喷施叶面。

（3）抗旱防渍

苎麻需水较多，干旱对苎麻产量影响极大，但又怕渍怕淹。土壤含水量达到田间持水量的 70%～80%即可满足苎麻正常生长发育。我国苎麻主产区一般头麻气温低、降雨多，能满足苎麻生长，但伏旱和秋旱易影响二、三麻生长，严重减产。提早收获头麻、及时中耕和旱前覆盖、适当补水等，都是较好的抗旱措施。当久旱不雨土壤含水量低于 18%、苎麻叶片萎蔫时，要引水灌溉，增产效果十分显著，一般大旱每隔 7～10d 灌水一次，小旱隔半月一次。当土壤含水超过田间持水量或土壤含水量大于 28%时，麻苗变红、腐烂，这也是导致苎麻败苗的主要原因之一。在地势低洼的滨湖地区，麻园更要搞好开沟排水。

（4）病虫害防治

苎麻病虫为害相对较轻，但不利的环境或麻苗宿根年代较长常导致败苗，这时常可见麻苗上感染根腐线虫病、白纹羽病等。根腐线虫病主要为害麻苗，使萝卜根变黑发烂，以隔离措施为主并配合用 80%二溴氯丙浣 100 倍浸苗 15 分钟，效果较佳。低尘渍水麻苗常可见白色棉絮状菌丝体，这就是苎麻白纹羽病，用 70%五氯硝基苯 5kg 兑水 100kg 淋苗有一定效果。

苎麻花叶病由病毒引起，常导致苎麻叶片失绿，植株矮小，严重减产，目前主要采取隔离措施防除，增施钾肥有一定效果。苎麻害虫主要有苎麻夜蛾、赤蛱蝶、黄蛱蝶、金龟子，主要是成虫叶面为害，可采用普通杀虫剂防治，效果显著。

2. 老麻园更新复壮

（1）麻园更新的意义

苎麻经过长期周而复始的生长和收获，特别是在栽培管理粗放条件下，麻苗容易自然老化，环境恶化加上病虫害侵袭等，导致苎麻败苗减产。当前我国苎麻产区均有不同程度败苗、缺苗现象存在，这是影响我国当前苎麻大面积高产的主要原因之一。因此，采取措施，更新低产老麻园，是提高苎麻产量不可忽视的一个方面。

（2）麻园更新的标准与做法

麻园更新的标准主要根据地下部麻苗与地上部麻株生长状况而定。地下部营养根大部分腐烂、支根不发达，地下茎孕芽、出苗少，地上部麻株矮小，生长参差不齐，叶色发黄，即使经过增施肥料也难以获得较好产量，应及时查清败苗原因，采取相应措施，进行更新。

如因地下部病虫害引起败苗，除了加强培育管理外，还应防治病虫害。

如因渍水而败苗，就要做好防渍排水工作，宽厢改窄厢，疏通排水沟，加厚冬季培土，平整和提高厢面。

若是由于老麻园地下茎过于拥挤，营养不良，则要采取边苗、盘苗、抽行等方法更新，使群体结构趋于合理。败苗麻的更新均应配合增施有机肥料、加强培管，使一二年内获得复壮。如败苗过于严重，就应挖苗重栽，全面更新。

（3）防风、防霜

1）防风。高产苎麻，必然茎高叶茂。但茎高、叶茂容易受风害，导致倒伏擦伤和折断麻茎，影响纤维产量和质量。据中国农业科学院麻类研究所调查，一般在中后期风害倒伏减产30%以上，纤维品质也大大降低。

防风方法主要是选择背风地带种植，营造防风林，麻园四周种植高秆作物等。此外，适当密植，加厚冬季培土厚度和正三角形栽麻等，都有良好的防风效果。但最重要的还是种植抗风性强的品种，如“湘苎二号”、湖南沅江“芦竹青”、广东乐昌“黄皮苎”等。

2）防霜。早春晚霜和初冬早霜，都是苎麻严重的灾害之一。早春晚霜，往往使头季麻早出土的麻苗遭受冻害，生长点枯死，产生很多无效分枝，影响产量。

防霜的方法如下。一是使麻苗迟出土，躲过晚霜为害。这是因为长江中、下游“惊蛰”前出土的麻苗一般都会遭受晚霜冻害，3月中、下旬出土的麻苗大多数成为有效株。其措施是：加厚冬培托土3cm以上，使麻苗晚出土4～6d。

二是推迟第一次中耕除草时间，于3月10日左右进行，因早中耕松土能提高地温，促使麻苗早发；再次是2月底3月初用山草1t/亩左右焚烧，可抑制早出苗，避过晚霜冻害。此外，增施磷、钾肥和在麻苗上撒施草木灰等，可提高抗霜能力。

任务反思：请对新苎麻园、壮龄麻园的管理措施进行比较。

任务6.4　苎麻收获和初加工

知识目标

1．了解苎麻的分级方法；

2．掌握苎麻的收获适期和收获原则。

能力目标

会进行苎麻初加工和储藏。

知识 1 适时收获

每季麻生长后期，茎色由下而上变成褐色，黑秆 1/2 到 2/3，中部叶片变黄，下部麻叶脱落，麻苗已萌发“催苗麻”时，即表明已达工艺成熟期，是苎麻的最佳收获时期，此时，麻皮和麻骨容易分离，应及时抢收。长江中下游地区的收获时间一般为头麻在 5 月底至 6 月上旬，二麻约在 7 月下旬至 8 月上旬，三麻约在 10 月中下旬。即农谚说：“头麻芒种边，二麻立秋前，三麻霜降边”。

知识 2 收获原则

苎麻收获应遵循麻收四快原则，即快剥麻、快砍杆、快中耕、快施肥，这是苎麻获得高产的一条成功经验。快剥麻是四快的关键；快砍杆、快中耕、快施肥是二三麻增产的基础。快剥麻：除提高剥麻技术和挖掘劳动潜力外，还需把麻地按麻株生长情况分类排队，即先收新麻，后收壮龄麻；先收倒伏麻，再收没有倒麻。

当前苎麻收获有人工和机械两种方法。小规模种植多用人工砍收，工作量大，速度慢。大规模种植的苎麻现在多用机械收获（图 6-16）。

图 6-16 苎麻机械收获

知识 3 苎麻的分级

晒干的麻纤维称原麻，把麻纤维基部理齐，抖净杂质，按品质、长度和色泽等，分别扎成 1kg 左右的小把，再分类打成 25kg 重的大捆，即可储存或交售，也可对原麻进行煮碱脱胶，加工成精干麻。

实训　苎麻剥制和储藏

1．目的要求

学生分组，负责指定苎麻秆的初加工。让学生通过实地操作掌握苎麻剥制和储藏方法。

2．材料工具

材料：苎麻秆。

工具：刮麻机、箩筐、刀、铅笔、标签等。

3．实训步骤

流程：

分配苎麻剥制任务 → 剥麻 → 晒（烘）干苎麻 → 安全储藏

01 分配苎麻剥制任务。学生分组，负责指定苎麻秆的剥制工作。

02 剥麻。剥麻有两种方法，一种是砍剥法，一种是扯剥法。

扯剥法的工效比砍剥法要高，其中新麻以砍剥为宜。砍剥法的特点是先用竹竿打落麻叶，再用快刀齐泥割下茎秆，扎捆浸水后剥皮。

苎麻主产区一般采用扯剥法。其要点是：一是开口好，麻皮不能粘有麻骨；二是剥麻要整齐成片，一般在离地 2/5 的地方开口；三是不留“蚱蜢腿”，不留尾梢骨；四是右手食指带上麻勒或缠胶布。

选流水或深水浸麻：　头麻流水浸 1.5～4 小时，静水浸 0.5～1 小时；
二麻流水 1～2 小时，静水浸 0.5～1 小时；
三麻流水 2～4 小时，静水浸 1～3 小时。

麻皮浸好后用刮麻器或刮麻机刮去麻壳。刮麻要求：麻壳脱光，浆汗刮净，每刮 40 片左右麻后，应将所刮麻按头部约 22cm、尾部约 33cm 长均匀放在刮麻器的刀口内，一手抓紧刀口，一手拉麻，反复刮至出尽绿水为止。

03 晒（烘）干苎麻。刮净浆的湿麻要立即晒干，即头白尾亮。如遇阴雨天，要用机械烘干，以防发霉变质。所以，苎麻宜在晴天收剥，当天晒干，这种麻含胶量轻，色泽好，纤维柔软。

04 安全储藏。由于苎麻吸湿、散湿性强，如果含水量过大，纤维易发霉腐烂，而低于含水量，又会影响纤维的拉力。其自然含水量一般以 13%为标准，最高不超过 14%。

苎麻适宜储存在阴凉、干燥、通风条件良好的库房，同时注意搞好通风设备和堆码设备，以免使麻受热受潮。曾储存酸碱盐、化肥和油脂等的仓库，均不宜存储苎麻。库房要配置好消防设备，严禁烟火。注意防治害虫。近年我国苎麻仓库中大面积发现苎麻窃蠹，采用磷化铝 10g/m^3 或熏灭净 40 g/m^3 进行密闭熏蒸，可有效防治。

4. 实训报告

学生完成任务后，要总结操作过程中的不足之处，提出改进方法，并写出试验报告。

综 合 测 试

一、名词解释

1. 破秆
2. 挽苗
3. 盘苗
4. 剃头
5. 抽行
6. 萝卜根
7. 跑马根

二、填空题

1. 全球苎麻产区主要分布在南纬________至北纬________之间。首先以我国产量最多，苎麻是中国特有的以纺织为主要用途的农作物，是我国国宝。我国的苎麻产量约占全世界苎麻产量的________以上，在国际上称为“中国草”。

2. 苎麻为短日照植物，昼夜长短不仅影响苎麻开花的迟早，也影响雌雄的比率，日长________能促进开花，但多生雌花，日长为________小时，则多为雄花。苎麻种子发芽的最适温度为 25～30℃。

3. 苎麻根群大都分布在地表下________的耕作层中，细根长达________cm。地上茎生长的适温为 15～32℃。早春气温低于 3℃则幼苗受寒害。

4. 成熟的地上茎，在横切面上由外向里，可分为________、________、________、次生韧皮纤维、形成层、木质部等部分。

5. 地下茎可用来繁殖，俗称种根。种根可分为三种：________、________、________。

6. 苎麻的宿根年限一般为________年，多达百年；麻龄可分为三个阶段：________、________、________；一季麻可分为三个时期：苗期、旺长期、纤维成熟期。

三、简答题

1. 苎麻的繁殖方法有哪些？
2. 简述苎麻工艺成熟期。
3. 简述苎麻收获原则。

四、综合分析题

1. 分析如何确定苎麻栽植的密度？
2. 综述苎麻大田生产技术。
3. 分析苎麻壮园管理技术？
4. 简述苎麻的剥制技术。

【考证提示】

要获得种子繁育员、农艺工、植保员等中级资格证书，需具备以下知识和能力：

知识目标：

1. 了解掌握苎麻的形态特征和生物学特征；
2. 掌握不同苎麻类型的特点以及目前生产上推广的主要优质高产苎麻品种特性；
3. 理解苎麻生育时期的划分；
4. 掌握苎麻产量的构成因素。

技能目标：

1. 掌握苎麻繁殖技术；
2. 能够根据不同苎麻园类型进行合理的田间管理；
3. 掌握苎麻的剥制技术及安全储藏技术。

项目7 甘薯生产

项目导入 甘薯，又称山芋、红薯、白薯、地瓜、红苕、番薯，是我国重要的粮食作物，种植面积居世界首位。近年来，随着我国农业生产的不断发展，人们食物构成的变化，食品和饲料加工工业的兴起，甘薯在粮食中的地位已经发生了变化，由原来的粗粮一跃成为工业原料和优良的饲料作物。另外，甘薯富含多种营养成分，俗称“土人参”，有健身和防病之功效。甘薯中的各种维生素和氨基酸对人体某些疾病有预防和治疗作用，有的甚至能预防癌症的发生，因而甘薯成为一种重要的中药材。随着科学技术的发展，甘薯的综合开发利用工作将进一步深入，充分显示了“甘薯浑身都是宝”。甘薯已逐步发展成为用途广泛、高产高效的经济作物。

任务7.1 初识甘薯生产

知识目标

1．了解甘薯生产在国民经济中的地位及甘薯生产概况；

2. 掌握不同甘薯类型的特点以及目前生产上推广的主要优质高产甘薯的品种特性；

3. 掌握甘薯生育期与生育时期的概念。

能力目标

1．会识别甘薯主推品种和甘薯器官，能进行甘薯的分类；

2．会根据当地气候条件、种植制度正确选用甘薯良种。

知识 1　甘薯生产在国民经济中的地位

（1）甘薯是我国主要的粮食作物之一

我国甘薯栽培面积和总产仅次于玉米、水稻和小麦，居第四位。甘薯产量高，增产潜力大。在优良生产条件下，每 $1/15hm^2$ 鲜薯产量可达 4000～5000kg 或更高；即使在易旱、瘠薄或生育期短的栽培条件下，一般仍能有 500～1000kg 的产量。因此，甘薯是一种高产、稳产作物。甘薯增产潜力较大，与其产品器官形成期长，经济系数高有关。甘薯产量主要积累期（块根膨大期），一般占全生育期 3/4 以上；以含碳水化合物为主，其形成过程较为简单，需要能量也较少。故甘薯的经济系数高达 70%～85%。

（2）甘薯具有较高的营养价值

甘薯块根中淀粉含量占鲜重的 15%～26%，高的可达 30%，可溶性糖占 100g 鲜薯重的 3%左右，脂肪占 0.2%，蛋白质约占 2%，还含有多种维生素，尤其是胡萝卜素和抗坏血酸含量丰富。红薯块根营养丰富，既含有大量淀粉、糖和多种维生素，又含有蛋白质、脂肪及钙、磷、铁等无机盐类。以 5kg 鲜薯折 1kg 粮食计算，其营养成分除脂肪外，比大米和白面都高（表 7-1）。

表 7-1　甘薯与其他粮食营养成分比较（每百克含量）

（中国医学科学院，1956）

成分 作物	糖/g	蛋白质/g	脂肪/g	粗纤维/g	无机盐/g	钙/mg	磷/mg	铁/mg	胡萝卜素/mg	抗坏血酸/mg
鲜薯	29	2.3	0.2	0.5	0.9	18	20	0.4	1.31	30
大米	79	7.5	0.5	0.2	0.4	10	100	1.0	0	0
高粱	78	8.2	2.2	0.3	0.4	170	230	5.0	0	0
玉米	73	9.0	4.3	1.5	1.3	22	310	3.4	0.15	0
面粉	74	11.0	1.4	0.3	0.6	—	—	—	0	0

甘薯茎蔓的嫩尖也含有丰富的蛋白质、胡萝卜素、维生素 C 等，可做蔬菜食用。医学研究表明、高寿命的人血液中 DHEA 含量高，而甘薯中含有 DHEA。近年，巴西、美国、日本都有甘薯具有防癌的作用报道相关。甘薯属“生理碱性”食物，食用甘薯可中和体内因常吃肉、蛋、米、面等酸性食品而产生的过多的酸，保持人体的酸碱平衡。甘薯所含的维生素可刺激肠壁，加快消化道蠕动并吸收水分，有助于排便，可防治便秘、糖尿病，预防痔疮和大肠癌等疾病。因此，常吃细粮的人配以甘薯，则可以弥补维生素之不足。据有关资料显示，成年人每天食用 100～150g 甘薯，即可满足人体对各种维生素的需求。

甘薯含有丰富的糖、蛋白质、纤维素和多种维生素，其中 β-胡萝卜素、维生素 E 和维生素 C 尤其多。特别是甘薯含有丰富的赖氨酸，而大米、面粉恰恰缺乏赖氨酸。故红薯与米面混吃正好可补充各种氨基酸，提高营养价值。就总体营养而言，甘薯可谓粮食和蔬菜中的佼佼者。欧美人赞它是“第二面包”，苏联科学家说它是未来的“宇航食品”，法国人称它是当之无愧的“高级保健食品”。

（3）甘薯是重要的饲料作物

甘薯茎叶含蛋白质 1.62%，脂肪 0.46%，碳水化合物 7.33%，灰分 1.65%，纤维 2.04%，其营养价值与一般豆科牧草相当，是良好的鲜饲料和青储饲料。薯块、茎叶或工业加工后的副产品，如淀粉、糖渣、酒糟等，通过简单的加工制成各种饲料，不但能提高饲料的营养价值，还可以延长饲料的供应期。据测算，一般每亩红薯的副产品可供养 1～2 头成猪。甘薯生产与养猪业及粮食生产的发展，历来具有相互促进的作用，因此，发展甘薯生产，对增加饲料，促进畜牧业发展，增加肥源，提高作物产量，都具有重要意义。

（4）甘薯是重要的食品、化工和医药工业原料

甘薯块可直接加工成食味甜美的薯片、薯条和烤薯，甘薯还能加工成多种副食品，如粉条、粉丝等。在工业上，甘薯是制造酒精和淀粉的主要原料，100kg 鲜薯可制造淀粉 15～20kg 或酒精 6～7kg。加工成淀粉后可制成葡萄糖、果酸糖、饴糖、淀粉糖、粉丝、粉皮、酒精、柠檬酸、乳酸、丁醇、丙酮、味精、氨基酸、维生素等产品，广泛应用于化工、医药、食品等工业。

近年来，由于食品加工业以及发酵工业的发展，食品、化工、医疗、造纸等十余个工业门类都利用甘薯作为原料。利用甘薯制成的产品达 400 多种。甘薯同化效率高，在巴西及菲律宾已被认为是能源作物。以甘薯为原料生产的酒精可作为石油的代用品，巴西已生产出以酒精为燃料的汽车，每吨薯干可生产酒精 90kg。我国酒精燃料已试验成功，即将酒精按 10%～15%的比例加入汽油中作为燃料，现有发动机不经过任何改装即可正常运行。

（5）甘薯适应性广，生产优势强

甘薯除对温度条件要求较高外，适应性和抗逆性很强，比较耐旱、耐瘠，恢复生长性能强，是新垦地的“先锋作物”。在土壤条件较差或遇干旱等自然灾害的情况下，也较其他作物稳产。因茎叶匍匐生长，又是新辟茶园、果园中的良好覆盖作物。同时甘薯耐荫蔽，适宜与高秆作物间作套种，能有效提高土地利用率。

（6）甘薯是较好的救灾作物

甘薯为无性繁殖作物，块根和茎叶均可作为繁殖器官，而块根又无明显的成熟期，只要条件适宜就可持续生长。因此，甘薯的栽种期和收获期不像其他作物那样严格，

能够充分利用生长季节和土地。在因旱、涝灾害其他作物不能播种时，改种甘薯仍可获得一定收成。

知识 2　甘薯生产概况

1．甘薯的起源

甘薯原产于美洲的秘鲁、厄瓜多尔、墨西哥一带。目前栽培最北的界限为北纬 46°（我国佳木斯），但主要栽培在北纬 40° 以南的热带、亚热带地区。以亚洲种植最多，占世界种植总面积的 90%。世界上共有 110 多个国家栽培甘薯，栽培面积约 900 万 hm^2，总产量为 14000 万 t。我国栽培甘薯始于 16 世纪末，最初是在福建、广东沿海一带种植，以后逐渐向长江、黄河流域及台湾等地传播。

2．我国甘薯生产的概况

我国是最大的甘薯生产国，种植面积和总产量分别约占世界的 70%和 85%，常年种植面积 600 万 hm^2 以上，年产量约 1.2 亿 t。我国除青藏高原外，全国各省（市）均有甘薯种植，以四川盆地，云贵高原，长江中、下游地区和东南沿海地区较为集中。种植面积较大的省市有四川、重庆、贵州、云南、甘肃、内蒙古自治区等，均在 65 万 hm^2 以上。黄淮平原原来种植面积较大，近几年下降较快。吉林省、山东省、上海市单产最高，平均每公顷达 7500kg 以上，其次是辽宁、江苏、浙江、黑龙江、广东、湖南等省，平均每公顷达 5000kg 以上。全国平均单产达到 3700kg/hm^2 以上。目前甘薯消费已转向以加工为主阶段，淀粉所占比例最大，优质鲜薯食用、菜用市场正在开发。

我国甘薯种植面积经历了发展、稳定、下降、又上升的过程。据我国农业统计资料分析，种植面积最大的年份为 1960 年，达 1048.4 万 hm^2；1970～1983 年稳定在 679.09 万～690.81 万 hm^2，1984 年下降到 642.59hm^2，1985～1996 年稳定在 606.03 万～627.77 万 hm^2，1997 年以后下降到 600 万 hm^2 以下，2000 年为 581.5 万 hm^2。2006 年只有约 550 万 hm^2，2007 年以后甘薯种植面积又开始逐年回升。近几年，常年种植面积 600 万 hm^2 以上。我国甘薯单产自 20 世纪 90 年代以来不断上升，鲜薯单产 1990 年为每公顷 16.6t，至 2012 年上升到每公顷约 20t，单产逐年提高，现已相当于世界平均单产的 140%。因此，全国甘薯种植面积虽然不断下降，甘薯总产量却不断上升。例如：1989～1994 年 6 年平均甘薯种植面积为 616.44 万 hm^2，年平均产量 1.0611 亿 t；1995～2000 年 6 年平均种植面积下降到 596.62hm^2，年平均产量上升到 1.1715 亿 t；与前 6 年相比，年平均种植面积下降了 3.22%，年平均产量却提高了 10.42%。

近年来，国内外科技工作者针对甘薯生产中存在的问题，在甘薯的产量生理、品质生理和栽培技术等方面进行了大量的研究工作，取得了许多研究成果。例如，甘薯的化控技术、施肥技术、脱毒苗生产技术以及品种、栽培环境与甘薯产量和品质形成的关系等。这些研究成果有力地促进了甘薯生产的发展。

知识3 甘薯的分类

甘薯属旋花科甘薯属甘薯种的蔓生草本植物，在热带为多年生，温带因冬季蔓叶枯死，成为一年生。甘薯的分类可从不同角度进行。

1. 按甘薯用途分类

一是淀粉加工型，主要是高淀粉含量的品种，在工业上作为制造酒精和淀粉的原材料；二是食用型，主要用于鲜食或烤食；三是兼用型，既可加工又可食用的类型；四是菜用型，主要是食用红薯的茎叶；五是提取色素用的，主要以紫薯为主；六是饮料型，主要用于饮料加工，这些甘薯含糖量较高；七是饲料加工型，这类甘薯茎蔓生长旺，茎叶成分营养价值与一般豆科牧草相当，是良好的鲜饲料和青储饲料。

2. 按栽插时期的不同分类

根据我国气候条件和耕作制度的差异，全国甘薯分春薯、夏薯、秋薯和越冬薯 4 种类型。南方气候温和，年无霜期长，夏薯、秋薯和越冬薯都有种植。

春薯种植区包括辽宁、吉林、河北、黑龙江中部等地。 位于北纬 41° 左右，无霜期较短，只能种一季春薯。春薯常与玉米、大豆、马铃薯等轮作。 本区 5 月下旬种植，9 月下旬至 10 月初收获，生长期 130～140d。

夏薯种植区栽培面积占全国的 60%以上，长江流域和山东、河北、河南、安徽等省为主产地。该区气候温和，年无霜期平均为 210～260d。长江流域夏薯于 4 月下旬到 5 月上旬栽插，10 月上旬收获。生长期 140～170d。黄河流域夏薯在麦类、豌豆、油菜等冬季作物收获后栽插，以二年三熟为主；在 6 月下旬至 7 月上旬种植，生长期 110～120d。近年来，夏薯面积增加，春薯面积减少。

秋薯种植区主要包括福建、江西、湖南三省的南部，广东和广西两省的北部，云南省中部和贵州省的南部及台湾嘉义以北的地区。该区属季风副热带的湿润气候，全年无霜期 290～350d。秋薯一般在 7 月上旬至 8 月上旬栽插，11 月下旬至 12 月上旬收获，甘薯生长期约在 120～150d。

冬薯种植区包括海南全省，广东、广西、云南和台湾的南部。属热带季风湿润气候，年平均气温 18～25℃，无霜期 325～365d。秋薯和冬薯都能种植。秋薯一般在 7 月上旬至 8 月中旬栽插，11 月中旬至 12 月上旬收获，生长期 120～150d。秋薯也可以越冬栽培，延迟到第二年春收获，成为冬薯。而冬薯一般在 11 月栽插，次年 4～5 月收获，生长期 170～200d。

海南地处热带，雨水充沛，光热充足，四季无霜，终年可种植甘薯，加上甘薯抗逆性强，适宜各种条件下生长，具有较大的增产潜力，且用途广泛、开发前景广阔，有良好的增值潜力和市场前景。

3．按甘薯块根特征分类

甘薯块根是储藏营养物质的主要器官，也是生产上的主要收获产品。按甘薯块根形态一般可分为纺锤形、球形、圆筒形和块状形等，如图 7-1 所示。块根的形状除与品种有关外，还受栽培条件影响。土质疏松、氮肥多、土温高或缺钾时，块根会变长；干旱，土质硬或钾肥丰富时，块根变短或成球形。

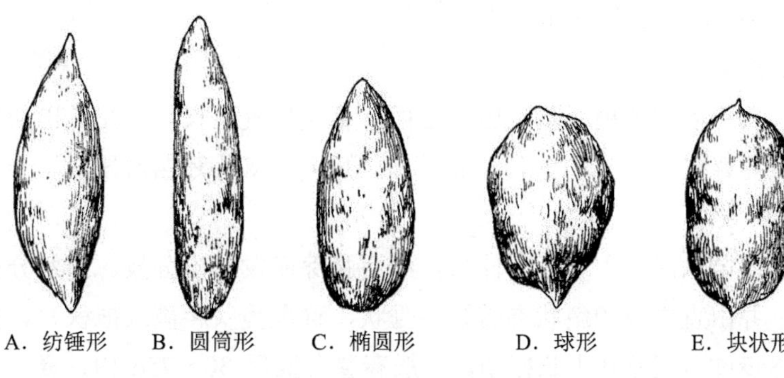

图 7-1　甘薯块根的形状

甘薯有的品种块根表面光滑，有的表面有纵沟和根眼（或称根痕）。薯皮光滑的品种比粗糙或有裂缝的品种好。

块根皮色也因品种而异。皮色一般有紫红、黄、淡黄、淡红、白等颜色。同一品种因不同土壤条件和栽培季节（春薯和夏薯）及不同生长阶段，皮色不尽相同。

块根肉色有白、黄白、橘黄、橘红、紫（个别品种带紫晕）等，如图 7-2 所示。黄肉和红肉品种胡萝卜素含量较多，营养价值较高。块根的皮色与肉色是鉴别品种的主要特征之一。

甘薯单株一般结薯 2～5 个，但受品种和栽培条件影响。春薯结薯大而少，夏薯结薯小而多；密植、直插时结薯少，稀植、水平插时结薯多。甘薯的结薯集中程度与品种有关，结薯集中的品种容易收刨，结薯分散的品种不易收刨。

图 7-2　甘薯块根的皮色与肉色

知识4 甘薯的生育期

甘薯的生育期是指从薯苗栽插成活到甘薯收获的天数，即大田生长期。在大田生产中，甘薯属无性繁殖作物，通常采用薯块育苗、剪苗栽插的繁殖方法。生产过程则可划分为育苗、大田生长和储藏三个阶段。大田生长阶段即生育期的长短取决于各地气候条件和作物布局，又因甘薯品种及栽插期不同而不同。

根据甘薯大田生长阶段生长发育的特征和栽培管理的特点，将甘薯生育期划分为还苗、分枝、盛长和衰退等四个阶段。

1．还苗阶段

栽插后，入土蔓节的根原基长出不定根，薯蔓恢复生长，开始长出新叶或腋芽，称还苗。一般春薯在插后7～12d，夏秋薯在插后4～7d为还苗阶段。

2．分枝阶段

甘薯栽插还苗以后，主蔓逐渐伸长，继而腋芽萌发长出分枝。开始分枝以后，主蔓迅速伸长，并由直立或倾斜状态转为下垂状，称甩蔓（爬蔓或拖秧）。蔓叶生长开始加速，并逐步过渡到蔓叶生长盛期。一般春薯在插后30～75d内，夏、秋薯在插后20～40d内为分枝（结薯）阶段。

3．盛长阶段

随着主蔓的迅速生长，分枝的大量发生，叶片迅速增加，叶面积随之扩大，茎叶生长遂达高峰。一般春薯约在插后60～100d内，夏、秋薯在插后40～90d内为蔓叶盛长阶段。

4．衰退阶段

从蔓叶生长达高峰并开始衰退起直至收获止，为蔓叶生长衰退阶段。

从封垄到茎叶生长高峰，春薯约在插后50～90d期间，夏、秋薯约在插在35～80d期间。当新蔓叶的生长与老蔓叶的死亡达平衡后，由于基部老叶大量变黄脱落，新生叶片逐渐减少和变小，蔓叶重量逐渐下降，叶面积日益缩小，蔓叶生长出现衰退现象，即进入衰退阶段。

实训 调查当地生产上采用的甘薯品种类型及良种特性

1．目的要求

学生3～4人一组，走访当地农户、农业企业或专业合作社3～5家。调查当地生产上主要的甘薯品种及特性。认识甘薯地上部和地下部各器官外部形态，掌握鉴别当地主要良种的方法。

2．材料工具

材料：当地良种 2～4 个完整植株。

工具：锄头、剪刀、米尺、解剖刀、镊子、放大镜、天平、铅笔、实验纸等。

3．实训步骤

流程：

当地甘薯种植类型及品种调查 → 各品种特征调查及良种特征识别 → 总结与交流

01 当地种植甘薯类型及品种调查。选择种有甘薯的农业企业、家庭农场或专业合作社 3～5 家，与技术负责人直接座谈，通过询问的方式了解调查单位种植的甘薯类型及品种，各品种的生育期、产量及栽培注意事项等并做好记录。

02 各品种特征调查及良种特征识别。在调查时，从当地调查对象（农业企业、家庭农场或专业合作社）取得当地良种 2～4 个完整植株，观察下列特征，并填表 7-2。

表 7-2　甘薯良种特征观察表

品种名称					
插植日期					
叶	叶色				
	顶叶色				
	叶基色				
	叶脉色				
	叶片形状				
	叶柄长				
	叶柄色				
主茎	茎色				
	茎长				
	茎粗				
	节间长				
	分枝数				
块根	形状				
	皮色				
	肉色				
	大小				

识别良种特征时应从以下内容入手。

1）根。细根的颜色、粗细、数量、入土深度、分布状况；粗根的颜色、粗细、数量、长度；块根的皮色、肉色、形状、入土深度、皮孔情况。

2）茎。茎的颜色、长短、粗细、平均节间长度，茎节发展状况，茎上茸毛稀密程度，分枝多少等。

3）叶。叶的组成，叶片的形状，叶片、叶脉、顶叶、叶基的颜色，叶柄长度和颜色。

4）花、果实和种子。有条件的可观察甘薯花的构造，果实及种子的形态、颜色等。

03 总结交流。

4．实训报告

详细记录调查过程，调查完毕后要及时整理成报告。结合已学知识，对调查单位甘薯类型及品种的选择给予评价，并写成实训报告。

拓展　甘薯的器官形态

1．甘薯的根

甘薯用种子繁殖时，实生苗先形成一条主根（胚根发育形成的种子根），以后再于其上生出侧根，然后由主根和一部分侧根发育成块根。用营养器官繁殖时，生出的均属不定根。由不定根进一步分化发育为须根、柴根和块根三种不同的根（图 7-3）。

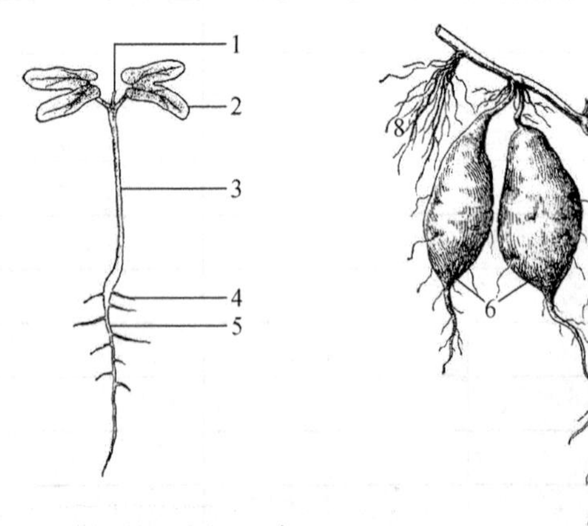

A．甘薯种子繁殖的直根系　　B．甘薯根的三种形态

图 7-3　甘薯的根

1—顶芽；2—子叶；3—幼茎；4—侧根；5—主根；6—块根；7—柴根；8—须根

（1）纤维根

纤维根又称细根、吸收根。根细长，根径小于 0.2cm，根毛多，上下大小一致。吸收力强，约在栽插后一个月内发生最多，主要分布在 50cm 土层内，越往下则越少。

（2）块根

块根是由幼根经一系列分化过程，并积累大量养分膨大而成，又叫储藏根。根径粗大，有明显膨大部分。块根的皮和肉有白、黄、红等各种颜色。薯肉呈黄或红色的，含维生素多，而白色的则含量较少。块根的形状、皮色和肉色是鉴别品种的重要特征。甘薯的块根具有根出芽的特性，能长出不定芽和不定根，所以，块根又是营养繁殖器官。

（3）牛蒡根

牛蒡根又叫粗根、柴根，是幼根发育成块根过程中，中途停止膨大而成的，根径0.3～1cm，上下大小一致，支根多，无经济价值。它的发生，是品种退化或栽培条件不良的表现。

2．甘薯的茎

甘薯的茎通常叫做蔓或藤。主蔓上长的分枝叫做侧蔓。蔓的长相即株型一般分为匍匐型和半直立型两种。

甘薯的茎多为圆柱形或微有棱角。大多数品种较短，呈半直立状而生。茎的长短因品种和生长条件而异，自0.5～7m不等。依茎的长短分三个类型，茎长在1.5m以下的为短蔓型，2.5m以上的为长蔓型，介于两者之间的为中蔓型。主茎能产生多次分枝。茎表披有茸毛，茸毛多少因品种而异。甘薯茎有绿、紫和紫褐色等，也有绿色带紫红条斑的。

甘薯的茎是输导养料和水分的器官。茎蔓粗的类型，内部输导组织比较发达，有利于同化作用所制造的养料向块根输送，对增产有利。茎的表面有茸毛，茎上有节。茎节有芽和根原基，利用茎蔓栽插，极易成活，所以茎蔓也是供大田繁殖的主要器官。茎的皮层部分分布有乳管，能分泌白色乳汁。采苗时如乳汁多，表明薯苗营养较丰富，生活力较强，可作为诊断薯苗质量的指标之一。甘薯顶芽含植物生长激素较多，顶端优势强，所以用蔓尖栽夏薯有利增产。

3．甘薯的叶

甘薯叶为单叶、互生、叶柄长。叶片的形状分心脏形、肾形、三角形和掌形等四种；另外，按叶缘可分为浅裂或深裂，单缺刻或复缺刻。凡叶裂口长度等于或超过主脉长度1/2的属于深裂，小于1/2的为浅裂（图7-4）。

图7-4　甘薯的叶

甘薯的叶形变异较大，不但品种不同叶形有差异，即使同一株叶形也有不一样的。叶片的颜色，特别是叶片反面叶脉和叶脉基部的颜色，变异较小，可作为鉴别品种的依据。一般叶脉呈绿、淡绿、绿带紫和紫色等。叶色常见的有浅绿、紫和红褐等色，这是识别品种的主要依据。

4．甘薯的花、果、种

（1）甘薯的花

甘薯在我国大部分地区不能自然开花，但在南方气候温暖地区，在日照短的季节，不少品种能自然开花结实。花单生或3～7朵簇生，成聚伞花序，腋生或着生于顶端，花冠合瓣，呈漏斗状，形似牵牛花，紫色或淡红色。雌蕊一枚，雄蕊五枚。雄蕊着生在花瓣的茎部，长短不一。柱头呈头状，白色或淡红色。花柱细长，白色。子房上位，有2～4室（图7-5）。

图7-5　甘薯的花

（2）果实与种子

果实为球状蒴果，直径5～7mm，成熟时呈褐色，内含种子1～4粒，种子呈不规则三角形、半圆形，种皮黑色或褐色，坚硬，角质，不透水（图7-6）。用种子繁殖时，播种前必须将种皮擦破或用浓硫酸浸种处理，才能顺利发芽。

图7-6　甘薯的果实与种子

任务7.2 甘薯育苗

知识目标

1. 理解甘薯壮苗的标准；
2. 掌握甘薯育苗的方式。

能力目标

1. 能建造甘薯种床；
2. 会处理种薯；
3. 会进行甘薯苗床期管理。

知识1 甘薯良种的选择

在生产上选用优良品种是投资少、收效大，夺取甘薯高产优质的一项经济有效的措施。近些年来，南方各省（市）通过系统选育、有性杂交和引种等多种途径培育选用了大批甘薯新品种（系），如目前推广面积较大的广薯 128、南薯 88、湘薯 12、闽抗 330、湛 64-285、州薯 13、徐薯 18、蓬尾等。不同甘薯品种的特征特性不同，各地可因地制宜地选用适合当地栽培的优良品种。

附：甘薯新品种介绍（摘自中国热带农业科学院品种资源研究所）

1）新农一号：该品种叶片较大，深度缺刻，顶叶紫红色，蔓长 1m，终生不翻蔓，结薯集中，薯块大而整齐，皮浅红色，肉黄白，淀粉含量高，含糖量可达 15%，面甜适口，属兼用型品种，春薯亩产可达 7000kg，夏薯亩产 3500kg。

2）新农四号：由北京 553、S52-7、日本黄金薯三元杂交而成。它继承了北京 553 的优质、S52-7 的高产、日本黄金薯的营养及薯型美观的特点。其叶形为五齿形，叶色深绿，蔓长 50～80cm（特短蔓），开粉色花；薯形为长纺锤形，皮色黄褐，肉色杏黄，结薯早、产量高，亩产可达万斤左右，耐旱耐肥，较耐瘠薄；可溶性糖和维生素糖含量高，熟食甜面，香味浓郁，是鲜食、蒸烤、加工薯脯的优良品种。

3）苏薯八号（黄皮）：特高产、特早熟、特抗病的红薯新品种，由红皮苏薯八号选育而成。特点：短蔓型，平均蔓长 70～80cm，结薯集中，表面光滑，皮色黄褐，肉色桔黄，春薯亩产 7500kg，夏薯亩产 3500kg 以上，含糖量 13.4%，出干率 23%，品质极好，生食、熟食均可。

4）脱毒北京 553：顶叶紫色，叶绿色，叶形浅复缺刻，株型匍匐，茎色绿带紫，茎粗壮，蔓长 2.53m，基部分枝多，薯形长纺锤形，皮色黄褐，肉色杏黄。萌芽性好，鲜薯产量 3000kg，切干率 25%，结薯早、膨大快，整齐集中，较抗黑斑和茎线虫病，耐旱耐肥，较耐瘠薄。熟食软甜，生食脆甜，蒸烤均可，是加工薯脯的主要品种。

5）日本黄金薯：从日本引进，叶五齿形，叶色深绿，蔓长 70cm 左右，桔黄皮，深红肉。特点：特抗重茬，抗病性高，维生素含量高，口感极好，亩产万斤左右，是当前的红薯珍品。

6）西农 43111.5m，分枝 57 个，茎长不定根少，不易徒长，不用翻蔓。薯块纺锤形，蔓皮光滑，橙黄色，肉深桔红色，食味香甜面沙，口感极佳。适应性强，春薯亩产 4000kg，夏薯亩产 2000kg 以上。

7）新引 1 号：该品种由新乐市新农薯业中心 2005 年最新引进，高产高干，口感好，亩产 3500～4000kg。薯形纺锤形，薯皮紫红色，薯肉浅黄色，切干率 33%，比徐薯 18 高 3 个百分点。叶心形带齿，叶色顶叶、茎均为绿色，分枝多、茎蔓长，长势壮，抗旱性好。结薯多而集中，春夏种植均可。熟食甜面，香味浓郁，该品种适应性好，不择土壤，适应性好。

8）脱毒徐薯 18：叶绿色，叶形心脏形至浅裂复缺刻，株型匍匐，茎色绿带紫，茎粗壮，蔓长 22.5m，基部分枝多，薯形长纺锤形，皮色紫红，肉白色。切干率 30%，结薯整齐集中，抗根腐病，耐旱耐肥，亩产 3000kg 左右。

9）特色品种——美国特短蔓黑薯：该薯纺锤形，薯皮紫红近黑色，肉紫黑鲜艳，比“川山紫”颜色更深，熟后成黑色，香甜面沙，食味极佳，营养成分比其他红薯高一倍，含硒量高，属抗癌食品，亩产 3000kg 左右。

知识 2　甘薯的育苗技术

在我国南方，除闽、粤、桂、滇等省的南部地区，一般甘薯品种可于自然条件下开花外，共他各省均不能开花结实。生产上通常是利用薯块、薯蔓进行营养繁殖。即使在能开花结实的地区，由于甘薯是异花授粉作物，利用种子所产生的植株，遗传性状发生分离，生长参差不齐，不符合生产上的要求，一般只在选育新品种时采用。

薯块繁殖不仅能保持品种原有的特性，且薯块储藏了丰富的营养物质，潜伏不定芽多，可培育出健壮的薯苗。

薯蔓繁殖节约薯块，能提早供苗，还可减轻黑斑病。华南各省的南部地区，薯蔓能在田间越冬，因而多采用薯蔓繁殖。一般是在冬薯田采苗栽插春薯或夏薯，也有从冬薯田采苗插于采苗圃，再从采苗圃采苗插春薯或夏薯。近年来，江苏、四川、湖南等省也大力试验推广温床或塑料薄膜覆盖畦栽，保护蔓尖越冬繁殖的方法。但薯蔓繁殖不宜长期采用，否则会导致品种混杂和种性退化，早开花，结薯少，牛蒡根增加，产量严重下降。为了克服这一缺点，薯蔓繁殖1～2年后应改用薯块育苗繁殖一次，以提纯复壮种性。同时用薯蔓繁殖，应选用健壮的蔓尖并建立采苗圃制度，保证种苗质量，避免因大量采苗而影响大田产量。

1．甘薯育苗的要求

根据各地经验，甘薯育苗强调“苗早、苗足、苗壮”。苗早则能及时早栽插；苗足可确保合理密植和种植计划；苗壮是达到全苗、壮苗、多结薯、结大薯的保证。壮苗积储养分丰富，根原基粗壮而多，容易发根成活，幼根粗壮，形成层活动强度大，容易形成块根。

一般认为壮苗的特征是：茎蔓粗，节间短，韧而不易折断（手屈成圈时不易折断），剪口白浆多而浓，蔓节无白根（指用种苗部分），叶色浓绿，叶片肥厚，全株无病斑。

2．薯块萌芽的特点

薯块的不定芽是从不定芽原基萌发出来的。据江苏农学院试验结果，一个块根（150～200g）进行高温催芽时，可萌芽 70～80 个。但常因育苗期间不能完全满足萌芽所需的条件，一般只有 30%～50%的芽原基长成幼芽。

不同品种的萌芽的快慢差异很大，通常情况下，萌芽快的品种出苗多，萌芽慢的品种出苗少。这是由品种特性和块根内部组织决定的。

薯块不同部位的不定芽原基数和质量有差别。据调查，在同一薯块上，头部（接藤头一端）萌芽早而多，约占萌芽总数的 65%；中部次之，占 26%；尾部最少，只占 8%，而且萌芽慢，甚至不能成苗，表现出明显的“顶端优势”。同一薯块，背面（靠近垄边的薯面）比腹面（靠近垄心的薯面）萌芽早而多。同一块薯各部萌芽产生差异的原因在于，各部分所处的土壤环境条件不同，头部及背部处在空气充足、温度日变幅大的土壤中，有利薯块形成层的活动和不定芽原基发育。

薯块大小不同，萌芽快慢不同，一般小薯比大薯萌芽快，出苗多。但健全的大薯块含养分多，出苗壮。

夏、秋薯比春薯萌芽快，出苗多。这是由于夏、秋薯比春薯生长时间短、皮层薄，生活力旺盛、呼吸作用强、抗性好的缘故。

储藏条件的好坏，直接影响到种薯的质量，关系到育苗的成效。种薯储藏期间受冻、染病，长期高温、缺氧都会大大降低种薯质量，轻者出苗少而慢，严重者常会造成烂床死苗。

3．薯块育苗方法

甘薯育苗方法有多种，按床土是否用人为方法增温，可分温床与冷床（不用人为方法提高床土温度）两类。而温床育苗中又因热源种类不同，分为酿热和火炕温床两种。在冷床育苗中，依覆盖塑料薄膜与否，分塑料薄膜覆盖育苗和露地育苗两种。但为了提早出苗，提高种苗繁殖系数，降低成本和提高种苗质量，各地创造和推广了许多育苗方法，现仅介绍南方地区常用的几种方法。

（1）酿热温床覆盖薄膜育苗

利用微生物分解牲畜粪、作物秸秆以及杂草等酿热物的纤维素发酵产生的热量，并结合覆盖薄膜吸收太阳辐射热能提高苗床温度的育苗方法。这种方法设备简单，管理方便，出苗较早、较多，成苗较壮，故各地普遍应用。

床址选择在背风向阳、地势较高、排水良好和管理方便的地方。苗床长度视地形及需要而定，一般为5～7m。床宽视薄膜宽度为准，一般为1.2～1.3m。床底挖成中间高、四周低和南深北浅的形式，使床温均匀，出苗整齐（图7-7）。

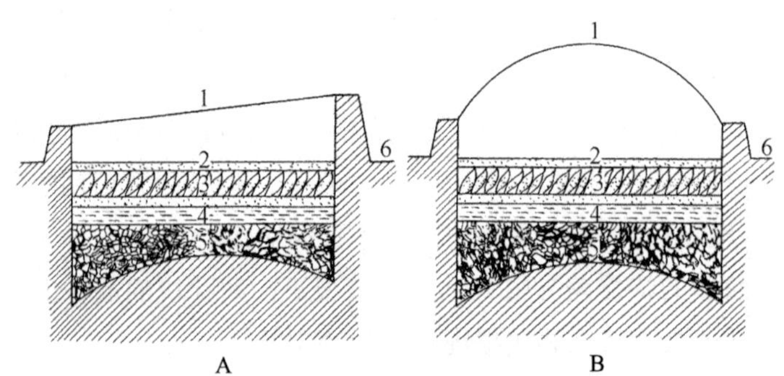

图7-7　酿热物塑料薄膜温床示意图

1—塑料薄膜；2—沙层；3—薯层；
4—床土；5—酿热物；6—地平面

酿热物有高热的驴、马粪和低热的牛粪、作物秸秆等，以高、低热酿物配合使用较好。菌类分解纤维中，需一定的氮素营养、水分、氧气和温度条件，因此要调节酿热物的水分和补充氮素，并在填放时注意松紧适度。填放前，酿热物要晒干捣碎，秸秆切成6～10cm小段，以利分解。畜粪和秸秆配合使用时，二者应分层填放。苗床酿热物填放厚度以25～30cm为宜，填放后用铁锹略为拍实，保持不松不紧状态。其上铺4～5cm细土，并覆盖薄膜增温。待床温升高至33～35℃，即可排放种薯。

（2）塑料薄膜覆盖育苗

苗床无酿热物，仅覆盖塑料薄膜，利用薄膜吸收和保存太阳热能提高床温。这种苗床省工省料，成本较低。床温受气候影响大，但比露地育苗出苗早且多。苗床规格与酿热温床相似，因无酿热物，故床底可挖浅些。

近年，江苏徐州甘薯研究中心在冷床单膜拱盖的基础上，床土表面再覆盖一层地膜，在幼苗顶土后即揭去地膜。采用这种双膜覆盖育苗的方法能进一步提高床温，缩小床内昼夜温差和保持苗床湿度，比单膜覆盖提早出苗 3～5d，产苗量明显增加。

（3）露地育苗

利用自然气温培育薯苗，方法简便，省工省料。但薯苗生长慢，育苗期长，成苗较迟，且用种量较大。苗床大多做成 1.0～1.3m 宽平畦，畦土混合适量土杂肥，待气温稳定达到育苗要求时，即可排种。

（4）催芽移栽育苗

利用火坑、土温室、高温窖等进行种薯高温催芽后，再移栽到室外育苗。此法发芽的温、湿度易调节，长芽快且匀，能达到苗早、苗多和苗壮的要求。同时种薯经高温处理兼有防治黑斑病效果。高温催芽时，种薯先在 35～37℃高温条件下处理 3d，以后降温至 30～32℃，保持 4～5d，并注意调节水分保湿。待芽长 1cm 时，移至室外进行盖膜或露地育苗。

实训　掌握薯块育苗方法

1．目的要求

学生 8～10 人一组，据当地气候和生产条件自由选择一种薯块育苗方式，教师帮助准备相应育苗材料。

让学生通过建造甘薯种床、处理种薯、进行甘薯苗床期管理，直至培育出壮苗，来掌握薯块育苗方法。

2．材料工具

材料：种薯（当地推广良种 1～2 个）、地块、肥料、酿热物、种薯消毒剂。

工具：锄头、天平、铅笔、实验纸等。

3．实训步骤

流程：

甘薯育苗方式选择 → 苗床准备 → 种薯选择与消毒 → 排种 → 苗床管理 → 采苗

01 甘薯育苗方式选择。教师把学生按要求分成几组（一般 8～10 人一组），每组据当地气候和生产条件自由选择一种薯块育苗方式，教师帮助准备相应育苗材料。

02 苗床准备。在实验基地，每组按要求准备好苗床：床址选择在背风向阳、地势较高、排水良好和管理方便的地方。

03 种薯选择与消毒。

1）用种量：用种量与育苗方法、栽植密度及品种萌芽特性等有关。采用加温育苗，一般春薯每公顷用种量1125kg，需苗床面积52.5～60m^2。华南地区加温育苗多结合采苗圃繁殖，每1/15公顷用种量仅需10～15kg。

2）种薯选择：薯块宜选用根痕多、芽原基多的品种，以重100～250g，质量好的夏、秋薯块作种薯。要选择具有本品种特征，皮色鲜明、大小适中、不带病菌的健薯。凡受过冷害、渍害及破伤薯块都应剔除。

3）种薯消毒方法：种薯消毒可杀死附着在薯块上的黑斑、茎腐等病菌孢子。消毒方法：一为温水浸种，用50～54℃温水浸种10分钟；二是用药剂浸种，用50%托布津可湿性粉剂400倍液，或25%多菌灵粉剂500倍液，或抗菌剂402稀释1500～2000倍液等，浸种10分钟。

04 排种。

1）排种时间：排种时间根据育苗方法和栽插时间而定。露地育苗要在土温稳定在15℃以上时才能排种。加温育苗可适当提早排种。加温苗床一般在栽插前1个月左右进行育苗，而冷床和露地育苗则在栽前1个半月左右进行。春薯加温育苗一般在2月下旬至3月上中旬排种。夏薯露地育苗一般在4月初排种。

2）排种密度：与育苗方法及培育壮苗有关。排种过密，薯苗细弱；排种过稀，虽成苗较壮，但苗床利用不经济。排种密度以每平方米23～32kg薯块为宜。

3）排种方法：加温育苗为充分利用苗床，排种较密，且多采用斜排方式。露地育苗排种较稀，采用斜排或平放。排种时，薯块头部及阳面朝上，尾部及阴面朝下。大薯排放深些，小薯排放浅些，做到上齐下不齐，使盖土深浅一致和出苗整齐。排种后用细土填满薯间间隙，再泼浇净水和用营养土或细土遮盖种薯。

05 苗床管理。

1）排种至齐苗阶段：苗床管理以催为主，床温保持在30～35℃，高温下催芽萌发快且可抑制黑斑病。在床温不高时，晴天应揭去膜上的草帘等覆盖物，使阳光直射提高床温，晚间再盖好覆盖物保温。保持床土相对湿度80%左右；如干燥，可在晴天中午适当浇水。

2）齐苗至剪苗前阶段：为幼苗生长阶段，苗床管理仍以催为主，催中有炼，即催苗生长和培育壮苗。这个阶段保持较适床温24～28℃，使薯苗稳健生长。随着薯苗生长耗水渐增，苗床浇水量应适当增加，保持床土相对湿度70%～80%。

3）炼苗与剪苗阶段：苗高25cm左右时，应转为炼苗，停止浇水，揭开薄膜等覆盖物，使薯苗充分见光，经3d锻炼后即可剪苗栽插。华南地区也有在苗高18cm左右时拔苗假植繁苗，以增加产苗量。剪、拔苗后，苗床管理又转为以催苗为主，促使小苗快长。然后应再升高床温和适当增加浇水量，并结合追速效氮肥。当苗高又达到采苗要求时，再转为降温炼苗过程。

06 采苗。采苗宜及时，以免影响苗的素质和下茬苗的数量。采苗的方法有剪、拔两种。宜剪苗，不用拔苗，原因是：①种薯表面没有伤口，可防止病菌入侵；②促使茎蔓基部腋芽、小分枝生长，增加苗量；③不会摇动种薯，损伤薯根。剪苗是要离床土 3cm 以上，剪取蔓头苗栽插，能防病增产。

注意事项：

在每个实施阶段要做好观察记录，把操作措施和实施情况按时间登记，每天要有专人管理苗床。

4．实训报告

结合已学知识，请对甘薯育苗过程出现的问题进行反思，总结出改进方法，并完成实训报告。

拓展　藤蔓育苗

1．蔓尖越冬育苗

在冬季气候寒冷，薯蔓不能在自然条件下越冬的甘薯产区，为了节约种薯和提早出苗，霜前从大田甘薯剪取蔓尖密植于温床保护过冬，次年春剪苗栽插温床或采苗圃扩大繁殖后，再剪苗供大田生产用，称蔓尖越冬育苗。其技术要点如下。

（1）床地的选择与做法

床地宜选背风向阳，管理方便的地方。床长 5～10m，宽 1～1.3m，四周筑 18～20cm 宽的土墙，北墙高 0.5～0.6m，南墙高 21～30cm，在南墙中央留一测量温度用的小洞。在四周土墙开一压膜小槽，确保压膜严紧。床土深翻 18～21cm，每床施用 100～150kg 优质腐熟的干堆肥，然后土肥拌匀、整平，即可插苗。在寒冷的地方也可以先在床底填入 30cm 厚的酿热物，再按上法施肥整平栽插。

（2）薯蔓的选择

选蔓要坚持“三去一选”，即去杂苗，去退化苗，去病苗，选节密、蔓粗、浆汁多、无病虫的蔓尖（顶端）作种苗。截取 18～21cm，留上部叶片，其余连叶柄全部剪掉。随采随栽，不栽隔夜苗。

（3）栽插期

四川、湖南等省一般以“霜降”至“立冬”为宜，过早薯苗易徒长，过迟薯苗易受霜害，栽插后也不易发根。通常是以薯苗不受霜害为确定栽插期的依据。

行距 10cm，株距 6cm，用小锄开沟，直插入土 2/3，覆土压紧。栽后根据土壤干湿情况，每床浇定根水 1～2 担，即盖塑料薄膜。

（4）苗床管理

栽插初期，要求“促根、控苗”。栽插后半个月内，要保持床温 17℃以上，促使早长根、多长根。长出两片新叶后，要揭膜通风，把床温降至 15℃左右进行炼苗，控制薯苗生长，使叶片肥厚，茎蔓坚实，不冒嫩尖，增强坑寒能力。

“大雪”至“立春”期间是决定薯苗越冬成败的关键时期，必须把好保温、透光和排湿“三关”。要千方百计保持床温，在 10℃时要加盖草帘，草帘上还需再加盖薄膜，于床墙四周培土，堵墙缝，严防冷空气入床内；苗床长期盖草帘，即使温度适宜，也会因缺阳光，使薯叶枯黄致死，因此必须经常保持膜内清洁，要每天中午揭去草帘，透光 4～6 小时，下午 3～4 点再盖回草帘保温。即使阴雨天也要每天透光 1～2 小时；苗床覆盖薄膜后，湿度很大，容易滋生霉菌，造成种苗腐烂。同时膜上凝集大量汽水，既不利保温，也不利透光。因此，必须做好排湿工作。选晴暖无风天气，于中午揭膜排湿或用竹竿对破成竹槽，在膜内面刮接汽水。此外，在苗床四周深挖排水沟，降低地下水位，也有利于降低床内湿度。

“立春”以后气温回升，越冬薯苗开始恢复生长，为了促进薯苗快长，要求把床温提高到 20℃以上。在气温 18℃以下时，白天揭去草帘，夜晚覆盖。气温稳定在 18℃以上后方可除去草帘，并根据实际情况，揭膜晾晒。同时要加强追肥和浇水，争取早出苗、多出苗。

“春分”左右剪苗栽插于采苗圃，扩大繁殖。对老苗圃要多追肥，促使多分枝。管理好老苗床，可剪苗两次，这样一床可变三床。

2．建立采苗圃

设立采苗圃是指剪取薯块培育出来的薯苗或越冬的薯蔓，栽插在精耕细作的苗圃中，以苗繁苗。

设立采苗圃，既可节约种薯，增大繁殖系数，及时而大量地供应种苗，又要提高种苗质量和防止黑斑病的传播。特别是栽培夏、秋和冬薯的地区，设立采苗圃，对于解决各茬甘薯种苗的供应和提高甘薯年总产，有着十分重要的意义。

苗圃地宜选择前作不是甘薯，土质较肥沃的田块。种植方式有小垄密植和平畦密植两种。小垄密植的结薯条件较好，结薯较多，剪苗后及时进行松土、施肥等管理，仍可获得一定的鲜薯产量。栽植密度随苗龄长短和种植方法不同而异，由每公顷 75000 株、90000 株至 150000 株不等。苗龄较长，采用小垄密植的，行距 60～80cm，每公顷栽苗 90000～150000 株（行距 60cm，栽单行，株距 15cm；行距 80cm，栽双行，株距 15cm，三角形植）；在气温较低的地区，为了要早出苗而采用塑料薄膜覆盖育苗的苗龄短，密度可大些，如江苏省普遍采用株行距各为 12cm，每穴栽 3 苗方法。

采苗圃的水、肥管理与苗质有密切关系。为了培育出节密而组织坚实的壮苗，施肥应以有机肥为主，配合适量的速效磷、钾肥。氮肥的施用和水分管理，要掌握前促后控的原则。每次采苗后必须追施速效氮肥，以促进腋芽生长，争取多出苗。

任务 7.3　甘薯大田耕整和甘薯栽插

知识目标

1. 甘薯大田耕整和施肥方法；
2. 甘薯的适时栽插、合理密植；
3. 甘薯产量构成因素。

能力目标

1. 会进行甘薯地的整地和施肥；
2. 认识甘薯壮苗；
3. 会进行甘薯的栽插。

知识 1　深耕改土作垄

1. 深耕改土

甘薯是块根作物，"土里生、土里长"，块根的膨大需要深厚疏松的土壤条件，要获高产，必须深耕改土。深耕土地，特别是进行隔年深耕，对甘薯增产极为有益。因为深耕后，不但加深了耕层，有利于消灭杂草、病虫，而且增强了保蓄水、肥的能力，提高了土温，改善了通气状况，促进了微生物的活动，加速土壤熟化和肥料分解，有利于块根的形成和膨大，从而使产量增加。耕翻深度以 25～30cm 为宜。深耕和整地方法需因地制宜。冬闲地多在冬季深翻晒白，有的结合做假垄，促使土壤风化，翌年再行翻耕、碎土后作垄。麦豆、花生茬地，因时间紧，前作收后立即耕翻晒白和整地作垄。稻茬田应在水稻收获前半个月排水落干，割稻后抓紧耕翻作垄。

南方各类低产田的土壤土层浅、有机质含量少、肥力低、蓄水保肥力差、土质黏重或砂性过大等原因，不利于甘薯生长和产量的提高。应根据不同类型低产田土壤进行改良：山地、坡地的红、黄壤，应整修等高梯田或平整土地，实行水平耕作，防止水土流失；黏重土壤掺砂，砂土则掺泥，并增施有机肥料；盐碱土主要通过种植田菁等绿肥掩青改良。

2．作垄栽种

甘薯有平作与垄作两种，除砂性重的土壤或徒坡山地需进行平作外，一般都采用垄作。垄作的优点：便于排灌，有利于防渍抗旱；能加厚土层，扩大根系和块根活动范围；增大土壤与外界的接触面，使垄土受光面积加大，土壤昼夜温差加大，土壤与大气间的气体交换加强。故垄作有利于甘薯根系吸收、同化物质积累运转，以及块根的形成与膨大。通常垄作甘薯蔓长，分枝多，叶面积较大，块根产量高于平作。

常用的垄作方法及规格如下。①大垄栽单行，垄距（带沟）1m 左右，垄高 33～40cm，每垄插苗一行，多在雨水多或易涝地应用。②大垄栽双行，规格与大垄栽单行相似，每垄交叉插苗两行，适用于栽插密度较大、产量较高的薯田；大垄双行栽培模式是适应机械栽培发展起来的新方法，也更适合雨水较多地区。大垄双行的垄距一般在 160cm，其顶部两行间距 60cm（图 7-8）。③小垄栽单行，垄距（带沟）73～86cm，垄高 20～26cm，每垄插苗一行。在土壤贫瘠、土层较浅的山地或坡耕地应用较广。南方地区甘薯栽培中尚有经平畦栽插后再培成垄的。因等同深栽，影响土壤温度与通气性，故不利于薯块膨大。

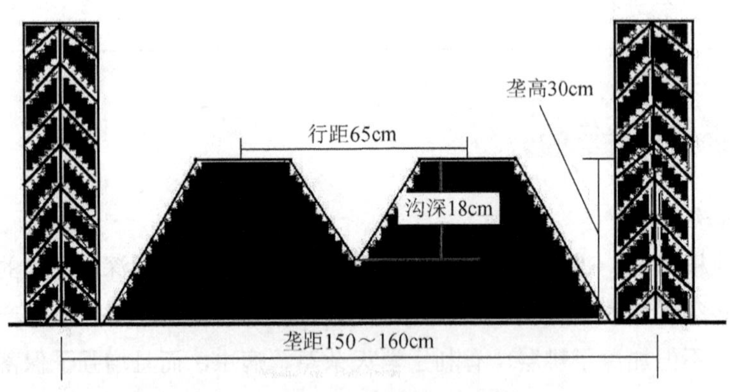

图 7-8　大垄双行栽培（新模式）

知识 2　施足基肥

甘薯生长期长，吸肥力强，生物产量和经济产量都比一般作物高，故需肥量大。各地高产栽培实践证明，增施肥料、施足基肥是甘薯高产的前提条件。据山东省农科院调查，在 $1hm^2$ 产量 37500kg 左右情况下，每生产 500kg 鲜薯约需施用氮素 2～2.5kg、磷素 1～1.5kg、钾素 3.5～4kg；$1hm^2$ 产量 37500～52500kg 时，一般需施土杂肥 75000～112500kg。

根据甘薯对肥料三要素的需要特点，在甘薯的施肥上必须掌握“氮、磷、钾配合，以钾、氮为主”的原则。氮、磷、钾比例为 1∶（0.3～0.4）∶（1.5～1.7），其中高产田块钾、磷肥施用量有增加趋势。

甘薯基、追肥比重因地区气候和栽培条件而异。长江流域春薯生长前期气温较低，肥料分解慢；夏薯生长期短，且时有伏旱，故当地多采用重施基肥（占总肥量的 70%～80%）和早期追苗肥的方法，促进早发棵，茎叶早封垄，以增强抗旱能力和防止后期早衰。华南地区一般生长期较长，且多雨，温度高，肥料分解快，故多采用适量施用基肥并结合多次追肥方法，其中基肥比重较小。

基肥以有机肥为主，多采用集中施肥的方法，如结合耕地作垄时进行条施，即将肥料施在垄心内，或作垄后于垄顶开沟施入（又称“包心肥”），使肥料流失少，吸收快，肥效高。基肥用量较少时，也可采用栽前穴施的集中施肥方法。一般每公顷人畜粪 7500～11250kg，或施土杂肥 11250～15000kg。

知识3　甘薯栽插

1．选苗与剪苗

选用壮苗栽插是保证甘薯全苗壮株的重要环节。壮苗茎较粗壮，老嫩适度，节间较短，叶片肥厚，浆汁多，无气生根和无病虫害。有些薯区有育长苗的，用顶段苗栽插的发根成活快，产量高；中段苗次之；基段苗发根差，产量低，生产中通常不用。

剪苗时要离床土 3cm 以上剪。高剪苗有利于防病（如黑斑病）、新芽萌发和苗床内小苗生长。剪口要平，随剪随栽，有利于活棵快长。南方地区在干旱条件下栽插前，有进行“饿苗”的习惯，即将薯苗放在荫蔽处 1～2d 栽插。经“饿苗”的薯苗，细胞质浓度提高，插后吸水多，发根快，较耐旱。但一般不需“饿苗”。

2．栽插期

甘薯块根膨大没有明显的终止期，在适宜块根膨大生长的范围内，生长期愈长，产量愈高，故甘薯提早栽插是获得丰产的重要环节之一。

确定甘薯栽插期的依据主要是温度、雨水和耕作制度等。

春薯须在表土 5cm 处的日平均土温上升到 16℃左右才宜栽插。具体栽插时期因地区而异，长江流域在 4 月中、下旬左右，华南地区一般在 3～4 月间。

夏、秋、冬薯的栽插期主要受前作物收获期限制，应在前作物收获后及时整地栽插。长江流域夏薯在6月份，秋薯宜在7月下旬到8月上旬栽插。华南地区夏薯5～6月间，秋薯7月中旬至8月上、中旬，冬薯为10月中旬至11月上、中旬栽插。

3．甘薯栽插方法

甘薯栽插方法较多，目前生产上常用的有以下三种。

（1）直插

薯苗较短，仅18～20cm，垂直插入土中2～3个节，其余节露在土外。因插苗较深，吸收下层水分、养分较多，较抗旱耐瘠，成活力也高。但入土节数少，加之结薯集中在上部节位，单株结薯数较少，影响产量提高。应适当增加栽插密度，以弥补单株结薯少对产量的影响。

（2）斜插

薯苗稍长（约23cm），斜插入土中3～4个节，露出土表约2～3个节。单株结薯数比直插多，且近土表节位结薯较大，下部节位结薯少而小。插苗较深，也较抗旱，且成活率较高。

（3）水平插

薯苗较长，平插入土中3～5个节，外露3个节。这种插法入土节数较多，入土节位又较浅（均处于良好的土壤环境），结薯早且多，薯块大小均匀，产量较高；但用苗量多，不耐旱，栽插也比较费工；适用于水肥条件好和生产水平高的薯地。

此外，还有钓钩插、船底形插、改良水平插等栽插方法，如图7-9所示。

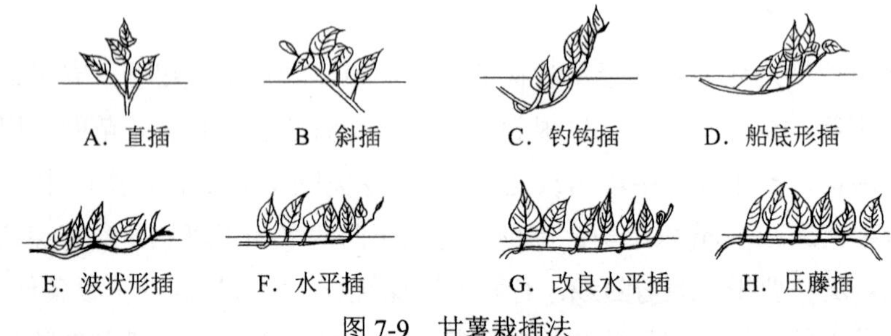

图7-9 甘薯栽插法

干旱季节栽插甘薯采用“埋叶”插法，能减少叶面蒸腾，有明显抗旱保苗效果。其方法是苗尖外露三片叶，其余叶片连同苗蔓埋入土中。

甘薯栽插深度以3～7cm为宜。上述深度的土壤温度较高，通气性较好，有利于薯苗发根、结薯与膨大。

4．栽插密度

甘薯单位面积产量（栽插密度）由株数、单株结薯数和单薯重量三个因子构成。在一定范围内，栽插密度与单株结薯数和单薯重量呈负相关，而与单位面积总薯数呈正相关。只有在栽插密度适宜的情况下，单位面积株数和单位面积薯数适当增加，而单薯重减轻较小，产量构成三因子较为协调时才能获得高产。

甘薯栽插密度应根据品种、土壤、水肥条件、栽插期及栽插方法等确定。短蔓品种、贫瘠地、水肥条件差、直斜插或生长期较短的夏、秋、冬薯，个体生长受到一定的限制，栽插密度宜大些；反之，栽插密度宜小些。综合各地经验，各季甘薯适宜插密度：春、夏薯每 1/15 公顷 3000～4000 株，冬薯 5000 株。

知识 4　甘薯产量构成因素

甘薯的主要收获物是块根，其产量由单位面积株数、单株块根数和块根重构成。单位面积株数是保证高产的关键，单株块根数对产量的影响大于薯块重。

1．单位面积株数

单位面积株数对产量影响较大。甘薯植株生长自动调节能力强，密植的灵活性较大。

2．块根数

块根是储藏同化物的器官，栽插后 10～25d，是决定块根形成的主要时期。甘薯的块根、梗根、纤维根都是由幼根发育而成的。当土壤肥厚、通透性好、水分适宜、温光条件好、薯苗健壮时，有利于甘薯块根的形成；当土壤干旱、通气不良时，甘薯根易形成梗根；当土壤过湿、氮素过多时，甘薯则易形成纤维根。

3．块根重

春薯栽后 40d 块根开始膨大，膨大有两个盛期和一个低谷。第一盛期出现在栽后 60～75d，即 6 月下旬至 7 月上、中旬。此时日照充足，昼夜温差大，茎叶生长迅速，同化产物增多，块根膨大速度快。第二盛期出现在栽后 126～140d，即 9 月上、中旬。此时日照较为充足，温差也大，环境条件有利于块根膨大。膨大过程中的低谷出现在栽后 76～125d，即 7 月中旬到 9 月上旬，此时雨水多、日照少、温差小，光合产物产生与积累都较少，块根膨大缓慢。栽后 140d 以后，随着气温下降，块根膨大速度逐渐减慢，并趋于停止。

夏薯栽插后 25～30d 开始结薯。栽后 45～100d，即 7 月下旬至 9 月下旬是块根膨大的盛期，但是，随后由于气温下降，块根膨大速度减慢。夏薯一般只有一个膨大盛期。

实训　甘薯不同栽插方式操作

1．目的要求

学生 2 人一组，负责三块甘薯种植地的栽插，要求分直插法、斜插法和平插法分别栽插，每种插植面积相同，按大田生产要求，统一栽培技术，并负责后期管理直至薯苗成活。

让学生通过实地操作掌握甘薯直插法、斜插法和平插法三种不同插植方法的技术要求，了解这三种主要插植方法的优缺点。

2．材料工具

材料：甘薯种植地、薯苗。

工具：米尺、剪刀、锄头、铅笔、标签等。

3．实训步骤

流程：

甘薯种植地准备→薯苗准备→薯苗栽插→后期管理与记载

01 甘薯种植地准备。试验地经犁耙达整地质量要求后作好畦或起垄。

02 薯苗准备。要求选用壮苗栽插，壮苗茎较粗壮，老嫩适度，节间较短，叶片肥厚，浆汁多，无气生根，无病虫害。用顶段苗栽插的发根成活快，产量高；中段苗次之；基段苗发根差，产量低，生产中通常不用。有条件的，薯苗可随剪随栽，有利于活棵快长。

03 薯苗栽插。采用直插、平插、斜插三种不同插植方式，每种插植面积相同，按大田生产要求，统一栽培技术。三种插植法的具体操作技术如下。

1）直插法。薯苗长 20cm，带 3～4 节。将薯苗垂直插入土中 2～3 节，深 15cm 左右，外露 4～5cm。

2）斜插法。薯苗长与直插法相同或略短。将薯苗斜插入 10cm 左右，外露 4～5cm。

3）平插法。薯苗长 23～30cm。将薯苗水平压入垄土内 5cm 左右，顶端露出 6～7cm。

04 后期管理与记载。

1）栽后及时浇定根水。每组要有专人负责后期管理直至薯苗成活。

2）栽后 15d 调查表 7-3 中各项，将结果填入其中。表中枯叶株是指叶片在 1 片以上的薯苗；小株是指苗高不足 4cm，叶片大部脱落的薯苗。

表 7-3　甘薯苗期生长情况调查表

插植方法	调查株数	正常株		枯叶数		小株		死亡株	
		株数	%	株数	%	株数	%	株数	%

3）收获时，将各种栽法的单株产量填入表 7-3。

4．实训报告

根据调查结果和产量对比各种栽法的优缺点，总结生产适用条件，并完成实训报告。

拓展　菜用甘薯栽插

菜用甘薯和常规甘薯栽插方法的比较见表 7-4。

表 7-4　菜用甘薯和常规甘薯栽插方法比较

类型＼项目	栽插季节	栽插方式	栽插深浅	栽插密度
菜用甘薯	当前生产多以春夏露地生产为主。（冬春季节可以利用温室、大棚等保护地设施进行种植。）长江中下游地区 5 月上、中旬可扦插，插后发根快，且生长适温期较长，有利于茎叶充分生长和产量的提高	斜插、直插居多	宜深插，入土 2～3 节	合理密植，蔬菜专用型甘薯一般扦插 20 万～24 万株/hm^2 为宜，薯菜两用型甘薯则扦插 6 万～8 万株/hm^2 为宜
常规甘薯	根据各地气候、耕作制度要求确定。 南方地区有春薯、夏薯、秋薯之分	直插、斜插、水平插较多 偶见船底形插、波形插、钓钩插、改良水平插、压藤法栽插	宜浅插，比菜用甘薯少入土一个节	甘薯栽插密度应根据品种、土壤肥水条件、栽插期及栽插方法等确定。高产栽培： 春、夏薯每亩 4.5 万～6.75 万株/hm^2，冬薯 7.5 万株/hm^2

任务 7.4　甘薯田间管理

知识目标

1. 了解甘薯的生长发育特点；
2. 了解甘薯的产量形成过程；
3. 掌握甘薯田间管理的主攻目标及田间管理技术。

能力目标

1. 能识别不同时期甘薯根的特征；
2. 会甘薯的肥水管理。

知识 1　甘薯生长发育特点

甘薯的田间管理分三个时期：生长前期、生长中期、生长后期。三个时期的生长发育特点是不同的，从而田间管理的主攻目标也不同。

1. 生长前期

从栽插到茎叶封垄为生长前期，又叫做发根分枝结薯期。在北方产薯区，春薯需经历 50～70d，夏薯需经历 40～50d；南方春薯需 40～50d，南方夏薯需经历 35d。

生长前期包括扎根还苗和分枝结薯两个生长阶段。扎根还苗是指薯苗栽插后，入土各节发根成活，地上苗开始长出新叶，幼苗能够独立生长，大部分秧苗从叶腋处长出腋芽的阶段。春薯栽后经 3～4d 开始扎根，栽后 8～10d 叶片发绿且心叶开始生长，为还苗期。栽后 30d 左右开始生长分枝，根系生长基本完成，发根量占全期根数的 70%～80%，这时已形成块根，栽后 35～45d 块根开始膨大。夏薯栽后 1～2d 开始扎根，栽后 5～6d 返青，栽后 20d 左右开始生长分枝并形成块根，栽后 30d 左右块根开始膨大。分枝结薯阶段，根系继续发展，腋芽和主蔓延长，叶数明显增多。主蔓生长最快，其延伸生长称“拖秧”，也叫爬蔓、甩蔓，茎叶开始覆盖地面封垄。当茎叶基本盖满全田时，称为封垄期（图 7-10）。甘薯封垄期的单株有效薯数基本稳定。

图 7-10　甘薯初封垄

1）生育特点：春薯扎根还苗期，气温较低，雨水较少，茎叶生长缓慢，生长中心为根系；在本阶段，根系已生长出总根量的 70%以上；为促进茎叶生长打好了基础。到分枝结薯阶段，茎叶生长加速，叶面积逐渐扩大，同化产物增多，外界条件如温度、光照、土壤透气性等均有利于块根膨大，进入生长前期膨大速度比较快的时期。夏薯栽后不久即进入高温多雨季节，根、茎、叶的生长及块根的形成和膨大速度都比较快。

2）主攻目标：在保证全苗的前提下，促进根系、茎叶和群体的均衡生长。春薯生长前期，田间管理的主攻方向是保全苗，促叶早发，早结薯。管理上以促为主，但肥水不能过猛，否则易导致茎叶中期徒长，影响薯块膨大，造成减产。夏甘薯的生长前期，茎叶生长较快，但由于生长期较短，也是以促为主，促控结合。

2．生长中期

从茎叶封垄到茎叶生长量达高峰为生长中期，也叫薯蔓并长期。春薯历时 45d，夏薯历时约 30d。华北地区，春甘薯的生长中期在栽后 70～110d，即 7 月中旬到 8 月下旬；夏薯在栽后 40～70d，即 8 月上旬到 9 月上旬。

1）生育特点：生长中期是处在高温、多雨、光照不足、温差小、土壤透气性差的条件下，同化产物多分配于地上部，茎叶生长迅速，块根膨大较慢，是以生长茎叶为主的时期；但是如能改善环境条件，仍能使块根膨大较快，达到薯蔓并进、协调生长。此期末，茎叶生长量达最大值（图 7-11）。

2）主攻目标：高产田以控为主，即控制茎叶徒长，促进块根膨大；一般田则促进茎叶生长，块根膨大。

图 7-11　薯蔓并长

3．生长后期

从茎叶开始衰退到收获期为生长后期，也叫薯块盛长期。春薯在 8 月下旬，夏薯在 9 月上旬以后分别进入生长后期。春薯约需 60d，夏薯历时约 50d。

1）生育特点：甘薯生长后期，叶色转淡，黄叶增多，茎叶重量逐渐减少，同化产物大量向块根转移，块根膨大加快。这是以块根生长为主并决定产量的时期。10 月份以后，气温继续下降，块根膨大转慢（图 7-12）。生长后期也称回秧期。

图 7-12　茎叶衰退、薯块盛长

2）主攻目标：以促为主，防止茎叶早衰，延长功能叶寿命，提高叶片的光合作用，促进块根膨大和淀粉积累，力争高产。

上述甘薯的三个生长时期划分是相对的，因品种特性、土壤肥力、栽培管理水平、栽植时期及各年气候变化等而有差异。另外，三个生长时期相互交错，无严格界限。在管理上应根据不同生长中心加以促进或抑制，以保证地上部和地下部协调生长，从而获得高产。

知识 2　甘薯田间管理技术

1．查苗补苗

甘薯栽插后 3～4d 即应查苗，如发现缺苗，必须补插，以保证全苗。补苗宜早，并要选用壮苗，最好在阴雨天或晴天午后进行，补苗后要浇水和及早追肥，争取早发根还苗，使生长均衡。

2．中耕除草

中耕能使土壤疏松透气，保持土壤水分，提高地温，有利于幼根的形成层活动，减轻中柱细胞的木质化程度，促进块根的形成和膨大。因此，当薯苗发根还苗后，应立即开始中耕除草。一般在栽插后 10～15d 进行第一次，以后每隔 15～20d 进行一次。中耕除草的次数应根据土壤板结程度及杂草等情况而定。一般在栽插后至蔓叶封垄前进行 2～3 次。

中耕深度要根据甘薯根系生长情况灵活掌握，原则上早期（块根形成初期）宜深，后期（结薯后）宜浅；垄面要浅，垄腰宜深，垄脚则要锄松实土，即所谓“上浅、腰深、脚破土”。第一次中耕宜深，离薯苗 6cm 以外的垄侧及垄沟可深达 6～9cm，但垄面则以破土皮为度，锄得太深，会锄伤“门薯”。以后中耕，因薯根已大量形成，布满全垄，中耕宜浅。茎蔓覆盖全垄后，中耕工作应停止，如有杂草则用手拔除。

3．追肥

在施足基肥的基础上，根据苗情适量追肥，也是必要的。甘薯追肥宜中施，大部分肥料要在蔓叶盛长前期施下，同时要掌握“两头轻，中间重”的原则，即分枝结薯期前及块根迅速膨大期宜轻施，块根“定型”后开始膨大时重施。

（1）苗肥

施用苗肥可促进甘薯发根还苗，使分枝快、结薯早、结薯多。一般在还苗后结合第一次中耕除草施用，每公顷用稀人粪尿 11250～15000kg 或尿素 5～10kg 浇于植株基部。一般认为在栽插后 20d 左右，只见顶芽伸长而不见分枝发生，是缺乏氮肥的表现，应及早追肥。

（2）薯块形成肥

结薯多少与蔓叶和分枝生长状况有密切关系。早期长出的分枝数与有效薯数成正相关，但蔓叶生长过旺会影响幼根分化成薯，使牛蒡根增多、结薯数减少。因此，在分枝结薯期是否要追肥，应据各地天气、土质和田间苗情等来确定。一般是在栽插后 30d 左右，每公顷用粪水 15000～22500kg 或尿素 5～6kg，以促进分枝结薯。

（3）块根膨大肥

甘薯进入蔓叶盛长期，地上部生长迅速，地下部块根也在不断膨大，需肥较多。及时供给足够的养分，既可促进蔓叶生长旺盛，及早达到生长高峰，又能增加光合产物，促进块根膨大。因此，重施块根膨大肥常可获得良好的增产效果。不过，应根据当地具体情况施用追肥 1～2 次。

第一次在蔓叶生长初期，栽插后 50～70d，薯块已逐渐膨大，垄面开始出现裂缝时施用。水肥裂缝浇施，干肥则“夹边”施。一般认为用有机肥“夹边”施较好，既可供应甘薯以养分，又可疏松垄内土壤和抑制“毛根”（薯块上长出的小侧根）的产生，对块根膨大有利。具体做法是：选择晴天，沿垄脚用锄头或牛犁开一条 10cm 左右的深沟，将肥料施于沟内然后覆土培成全垄，使肥料夹埋于垄的两侧，故称“夹边肥”。通常用腐熟土杂肥、厩肥每公顷 30000～37500kg，杂灰 1500～3000kg，有条件的可加入饼肥 225～300kg。

如施第二次膨大肥，一般在上次施后 20～30d 进行。每公顷用粪水 2250～3000kg，沿垄面裂缝浇施或用尿素 3～5kg。

甘薯生长后期根系吸收力减弱，可采用叶面喷施，即在收获前 30～50d，于晴天下午，用 2%过磷酸钙、1～2%硫酸钾、0.5%尿素、0.2%磷酸二氢钾、10%草木灰的溶液喷施。一般喷 2～3 次，每隔 15d 喷一次，1 公顷 3000kg。

（4）施肥注意事项

1）甘薯是忌氯作物，不能施用含有氯元素的肥料。碳酸氢铵不宜撒施、叶面施，可制成混肥颗粒深施。

2）草木灰不能和氮、磷肥料混施，应分别施用。施肥时加水，可尽快发挥其肥效。

4. 灌溉与排水

甘薯一生耗水量 500～800mm。薯苗栽插后，遇晴天应浇水护苗，连续浇水 2～3d，以促进薯苗发根成活。分枝结薯期遇干旱要灌浅水，有利分枝结薯。茎叶盛长阶段，南方正处多雨季节，要及时清沟排渍。生长后期薯块迅速膨大阶段，遇干旱灌水增产尤为显著。薯地灌水深度以垄高 1/3 为宜。收获前半个月应停止灌水。生长后期应防止垄土过湿，影响块根膨大，甚至造成烂薯发生。

5. 翻蔓和提蔓

我国多数薯区，过去常有翻蔓习惯，认为可防止蔓上生根结小薯徒消耗养分，有利于薯块膨大和提高产量。但大量试验和调查表明，甘薯生长期翻蔓会降低产量，其原因主要是翻蔓损伤茎叶，打乱叶片正常分布，削弱光合效能。因此，生产上除因便于田间管理，如中耕、施肥、打药除虫等必须翻外，一般不需翻蔓。

提蔓，即将薯蔓自地面提起，拉断蔓上不定根后仍放回原处。试验表明，提蔓与不提蔓的产量差异不大，且提蔓比较费工，通常不必进行。

6. 地膜覆盖栽培

我国一些春薯区，生长前期气温较低，采用地膜覆盖栽培能提高地温，扩大昼夜温差，减少水分蒸发以及减轻雨水冲刷，起到增温、保墒及疏松通气等作用，使甘薯从栽插起就处于较好的环境。据辽宁、安徽、北京等省市试验，甘薯地膜覆盖栽培比裸地栽培都有不同程度的增产。近年广东等省秋、冬薯试行地膜覆盖栽培，也取得良好效果。

地膜覆盖栽培的盖膜方法分机械与人工两种。前者利用地膜覆盖机将薄膜平整覆盖在垄面上；后者根据垄剪下薄膜后人工铺于垄面上。当地膜盖严垄面后，在栽苗处将薄膜剪开小口，将薯苗扒出膜外，并使之直立，尽量减少叶片贴附在薄膜上，以防灼伤。在甘薯拖秧后，遇到过高气温时，可在膜上覆些细土，以免灼伤叶片。

知识3 甘薯的产量形成

甘薯生产主要是收获甘薯的块根，甘薯的产量形成过程，其实就是甘薯块根的形成与膨大过程。

1．块根的形成与膨大

（1）幼根的结构

甘薯苗栽插后，正常情况下，3～5d即可从入土蔓节的根原基上延伸出幼根。它具有双子叶植物根的初生构造的一般特征，即具有表皮、皮层和中柱三部分。

（2）块根的形成和膨大过程

甘薯块根是由幼根在一定的环境条件下，经过初生形成层和次生形成层的强烈分化而形成（图7-13、图7-14）。根据形成层的发生和发展情况，可概括为下列两个主要时期。

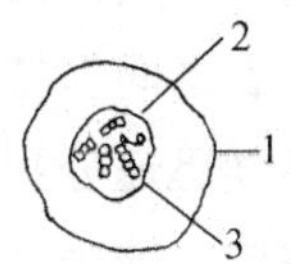

A．幼根的初生结构（发根后5d内）

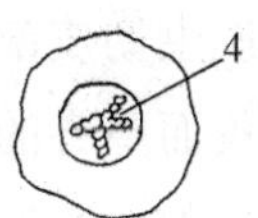

B．初生形成层开始发生（发根后约10d）

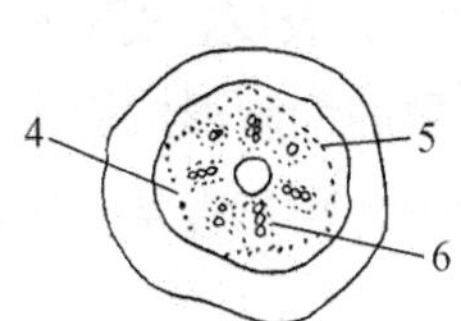

C．初生形成层发展成环（发根15～20d）

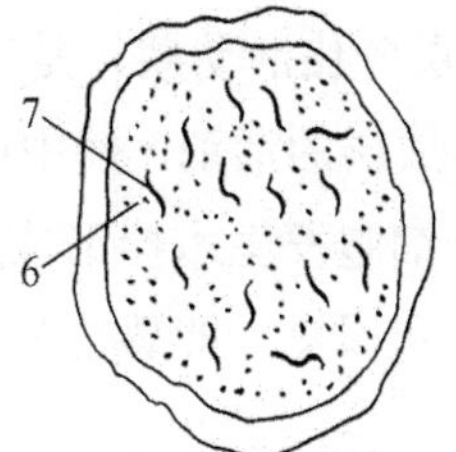

D．已形成的块根，各部位发生次形成层（发根后约30d以后）

图7-13 甘薯块根分化形成示意图

1—表皮；2—内皮层；3—初生木质部；4—初生形成层；5—次生木质部；6—次生形成层；7—周皮（薯皮）

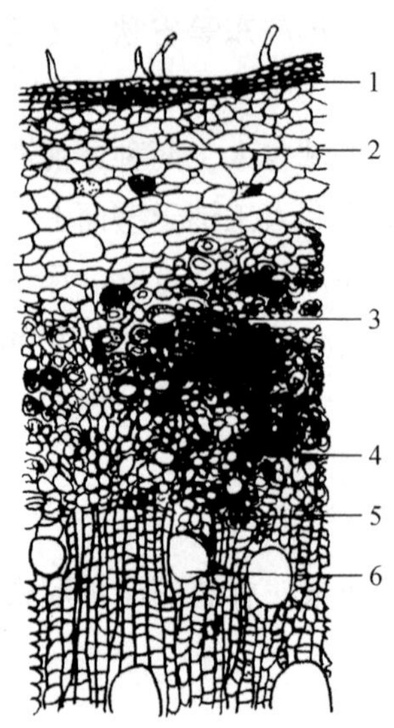

图 7-14 甘薯块根横切面（部分）
1—周皮；2—韧皮部；3—形成层；4—木质部；
5—木质部导管周边的副形成层；6—薄壁组织发生的副形成层

1）初生形成层活动时期。

栽插发根 10d 左右，首先在初生韧皮部内侧的部分薄壁细胞发生初生形成层细胞，形成略呈弧形的形成层。初生形成层发生后，特别是扩展成为形成层环以后，不断分裂新细胞，大部分新细胞向内分化为次生木质部，加在初生木质部的外方，少部分新细胞向外分化为次生韧皮部，加在初生韧皮部的内方，二者之间保持一环形成层细胞分裂出来的较密集而整齐的形成层环。初生形成层细胞继续迅速分裂，部分分化产生次生木质部和韧皮部，大部分分化成为储藏养料的薄壁细胞，使中柱细胞增加很快，根茎得以增粗，形成块根的雏形，中柱和皮层的薄壁细胞中开始积累淀粉。发根后 10～25d 的初生形成层分化活动期，是决定块根能否形成的关键时期。

由于初生形成层的活动，使中柱加粗，大约在栽插后 30d，表皮、皮层和内皮层都被破坏，中柱鞘细胞发生木栓形成层，再由木栓形成层分裂的细胞形成周皮。薯块实际上只剩下中柱和周皮（即薯皮）。有些品种的木栓组织中含有花青素，所以薯皮呈各种颜色。

2）次生形成层活动时期。

发根后 20～25d，在根中开始出现次生形成层（又称副形成层、额外形成层、第三次形成层）。甘薯的次生形成层甚为发达，发生范围广。首先是在初生木质部导管周围，继而在次生木质部导管周围，其后在中柱的薄壁细胞组织中均可产生次生形成层。由于次生形成层的强烈分化，形成大量的薄壁细胞，并在这些细胞中积累淀粉，于是块根便能迅速膨大。次生形成层最活跃的时期，也是块根膨大最迅速的时期。

从上述块根分化的过程可以看出，甘薯根形成层的活动（包括初生、次生形成层活动）强烈与否，是决定块根能否形成与膨大的重要内在因素。初生形成层活动主要决定块根能否形成，而次生形成层活动则决定已形成的小块根能否进一步膨大。只有两者共同作用，块根才能形成和迅速膨大。

栽插后 30～40d 内，土壤疏松，通气良好，温度、水分适宜，钾肥充足，形成层活动力强，中柱木质化程度小，幼根容易形成块根。相反，土壤板结，缺氧，过干，温度过高、过低，氮肥过多，钾肥不足，则幼根易形成纤维根和牛蒡根。

2．蔓叶生长与块根产量的关系

蔓叶（主要是叶片）是制造同化物质的器官，其生长的快慢，有效功能期的长短，光合效率的高低，以及同化物质能否快而多地向块根转运储藏等都与块根产量有极为密切的关系。

（1）蔓叶生长与块根膨大的关系

甘薯在主蔓分枝期其块根即已形成，随着蔓叶的生长，块根不断膨大。但在蔓叶盛长阶段，在生理上氮素代谢占优势，同化物质主要用于建造新的蔓叶，块根膨大比较缓慢，直至蔓叶盛长后期，碳素代谢占优势后，块根才迅速膨大。因此，薯块常需要在蔓叶生长达高峰期，并逐渐稳定或缓慢下降后才能迅速膨大。但蔓叶生长和块根的膨大，除有其本身的特点外，还受到环境的影响，如当外界环境主要是温度条件特别适宜块根膨大时，在蔓叶迅速生长的同时，块根也能迅速膨大。

（2）叶面积系数与产量的关系

各地高产栽培实践证明：蔓叶生长不良，叶面积系数小于 2.5 时，不能充分利用光能，制造同化物质少，块根产量低；但如茎叶徒长，叶面积系数大于 4.5 或 5 时，则叶片互相荫蔽，既降低光合效率，又会使叶片功能期缩短，促使更新频繁，大量同化物质被消耗在新蔓叶的形成上，因而向块根运转和积累减少，不利于块根的形成和膨大，产量也低。一般认为甘薯最适叶面积系数，为 3.2～4.5。这是因为甘薯是蔓生作物，叶片水平伸展，叶层也薄，受光不好的缘故。因此，通过培育和选用具有良好株型的品种，提高它的最适叶面积系数，以充分利用光能，是增产的重要途径。

叶面积动态是否正常，与块根产量的关系也很大。各地高产栽培经验认为：在栽插后 60～70d，叶面积系数上升达 3 以上，90d 前后达到 4～4.5，稳定一段时间，然后缓慢下降，直至收获期仍保持 3 左右，是高产栽培正常的叶面积动态指标。前期叶面积系数的迅速提高，是高产的关键。但不同地区、植期，由于生长过程中遇到的气候条件不同，具体要求也有差异。例如，广东的夏薯、早秋薯，生长前、中期正值高温多雨季节，甘薯蔓叶生长旺盛，在多肥高产栽培条件下，常因封垄过早，叶面积过大而不能高产，故在栽培措施上，前期应以“控”为主，以免蔓叶生长过旺。相反，晚秋薯、冬薯栽插后气温逐渐下降，雨量逐渐减少，蔓叶有效生长期短，为了争取较大的叶面积系数，必须以“促”为主。

（3）蔓叶块根比值与产量的关系

蔓叶、块根重量的比值，即 *T/R* 值下降越早、越快，说明同化物质向下转运至块根越早、越快，块根膨大越早，增长的速度越快。相反，*T/R* 值下降越迟、越慢，则说明同化物质停留在蔓叶上，是徒长的表现。但 *T/R* 值下降太早、太快、对高产栽培也不利，因为这往往是前期蔓叶生长不良的结果，是低产的表现。

通常把蔓叶、块根产量的比值等于 1（即 *T/R* 值＝1）时，称为蔓叶、块根生长的平衡点。在蔓叶生长繁茂的前提下，平衡点出现较早，是高产的标志。

实训　甘薯不同时期田间管理技术和甘薯根的识别

1．目的要求

教师指导学生分组，负责指定甘薯种植地的田间管理。在甘薯生长后期，到田间取 3～5 株甘薯，将根系比较完整地挖出，冲洗泥土，带回实验室仔细观察 3 种根的外形。

让学生通过实地操作掌握甘薯田间管理不同时期的主攻目标及管理技术。学会识别甘薯 3 种根的形态特征，了解其对甘薯生产的意义。

2．材料工具

材料：甘薯种植地、肥料、农药。

工具：锄头、剪刀、铅笔、标签、电子秤等。

3．实训步骤

流程：

制定甘薯种植地管理计划→甘薯生长前期管理→甘薯生长中期管理→甘薯生长后期管理→管理目标实现评价

01 制定甘薯种植地管理计划。学生分组，教师指定每一组负责相应甘薯种植地的田间管理，要求每组事先制定好管理计划，确定甘薯不同生长阶段的主攻目标及管理措施。

02 甘薯生长前期管理。

1）查苗、补苗：甘薯栽插后 3～4d 即应查苗，如发现缺苗，必须补插，以保证全苗。补苗选用壮苗，在下午或傍晚时补栽最好。

2）中耕除草、培土：一般在栽插后10～15d进行第一次，以后每隔15～20d进行一次。中耕除草的次数应根据土壤板结程度及杂草等情况而定。一般在栽插后至蔓叶封垄前进行2～3次。先深后浅，以免留“围根草”、“卡脖泥”。

3）追肥：早施壮株肥，肥地不追，弱苗偏追。一般在还苗后结合第一次中耕除草施用，每公顷用稀人粪尿11250～15000kg浇于植株基部或穴施尿素5～10kg。

4）浇水：浇好促秧水，薯苗栽插后，遇晴天应浇水护苗，连续浇水2～3d，以促进薯苗发根成活。

5）防治病虫害：地下害虫（蝼蛄、蛴螬、金针虫、地老虎）用50%辛硫磷乳油1000倍液灌根。

03 甘薯生长中期管理。

1）追肥：这是薯蔓生长阶段的施肥方法，施肥期一般在栽秧后90～100d。主要注意重施“裂缝肥”，施肥量占追肥的45%左右。裂缝肥以磷、钾肥为主，配施适量氮肥，以免茎叶徒长，降低块根产量和品质。

施用方法：当土壤开裂，薯块胀大时，如遇天旱，茎叶转黄较早，可施裂缝肥。①每亩用人畜粪尿750～1000kg，加水500kg，在下午5点左右灌缝；②每亩用磷酸二氢钾500g，先用少量温水溶解后，再兑入500kg清水灌缝；③每亩用尿素2.5kg和过磷酸钙10kg，用水溶解后，兑水500kg灌缝。施裂缝肥的操作要点：动作要慢，灌后要用表土封严裂缝口，以减少肥料挥发和水分蒸发。真正起到防旱、保秧、增产的作用。

2）排涝与防旱：这一时期甘薯地上茎叶迅速增长，养分向上不向下，这时应注意排水，即雨后及时迅速排除地面积水，控制地上部旺长。对于干旱年份，需浇水防旱，使薯块能在不湿不干的土壤里迅速膨大。

3）及时除草。夏栽甘薯田应抓紧中耕除草，串沟培垄，避免雨季形成草荒。春薯田已经封垄，可以及时拔出杂草。

4）提蔓断根。甘薯封垄后不要翻蔓，长势壮的地块可提蔓断气生根，翻蔓打乱叶层、损伤叶片会造成减产。

5）控制茎叶徒长：甘薯种在水肥地往往引起旺长，地上部过分生长，下层叶片见不到阳光黄化死亡，消耗大量营养，导致不结薯块或严重减产。为预防后期旺长，应及早采取化控，在封垄时可每公顷用15%多效唑1125g，加水750～900kg/hm^2，喷洒一次后，隔10～15d再喷洒一遍，控制茎叶后期旺长。在甘薯膨大期，喷施膨大素每公顷300ml，控上促下，可增加鲜薯产量。

6）防治食叶虫害：应注意及时防治甘薯天蛾。在甘薯天蛾幼虫三龄前及时喷洒2.5%敌百虫粉，每公顷22.5～30kg；或喷施90%晶体敌百虫1500倍液、或50%辛硫磷1000倍液、或32%杀灭毙乳油3200倍液，喷药宜在晴天下午4～5时后进行。害虫密度大、危害重的田块，可隔 3～5d 再喷 1 次。

04 甘薯生长后期管理。

1）追催薯肥：进入薯块盛长期后，要适当增加钾肥，如硫酸钾、草木灰等。因为钾肥不仅能延长叶龄，还能提高光合效能，促进光合物质的运转，使钾氮比提高，促进薯块迅速膨大。一般硫酸钾每公顷施用 150kg，草木灰每公顷施用 1500～2250kg。

2）喷叶面肥：甘薯生长后期根系吸收力减弱，而且追肥不便，这时采取根外追肥措施，可有效防止叶片早衰，增强后劲，达到很好的增产、增收效果。可采用叶面喷施，即在收获前 30～50d，于晴天下午用 2%过磷酸钙、1%～2%硫酸钾、0.5%尿素、0.2%磷酸二氢钾、10%草木灰的溶液，每公顷施用 3000kg。一般喷 2～3 次，每隔 15d 喷一次。

3）合理浇排：甘薯块根膨大期如降雨较多，应及时疏通田间排水沟，减轻渍害。若出现秋旱，应及时浇水。但在甘薯收获前半个月要停止浇水，防止薯块含水量过高，影响薯块的储藏。

4）治虫防病：甘薯生长后期注意防治甘薯天蛾、卷叶蛾等食叶害虫，可用 5%氯氰菊酯 1500 倍液喷雾防治；用 40%多菌灵 100 倍液灌根防治甘薯黑斑病。

05 管理目标实现评价。

1）据甘薯生长情况和产量结果，对照管理计划对各组工作情况进行自评和教师综合评价。写出评价报告。

2）各组在甘薯生长后期，到田间取 3～5 株甘薯，将根系比较完整地挖出，冲洗泥土，带回实验室仔细观察 3 种根的外形，了解其对甘薯生产的意义，并填写表 7-5。

表 7-5　甘薯根的特征观察

类型或品种				
扦插日期（月 / 日）				
调查日期（月 / 日）				
须根观察特征				
柴根观察特征				
块根	薯形			
	皮色			
	肉色			
	单株薯块数			
	单株薯重/g			

4. 实训报告

据管理目标实现情况与综合评价结果，总结甘薯田间管理经验及关键技术措施，并写成实训报告。

拓展 菜用甘薯田间管理

菜用甘薯田间管理见表 7-6。

表 7-6 菜用甘薯田间管理

类型＼项目	查苗、补苗	肥分管理	水分管理	中耕除草	病虫害防治
菜用甘薯	栽后一周内及时补苗	① 施肥以基肥为主，基肥应集中穴施，一般每亩施用腐熟有机肥 2000～3000kg、复合肥 50 kg。肥力低的山区脊薄地必须加大肥料的施用量。 ② 追肥：插后 20d 左右每亩追施尿素 15kg，以促进薯苗快速生长。以后每隔 15～30d 需追肥一次，追肥以腐熟的人畜粪水加复合肥或尿素为佳。 ③ 采摘后及时补肥。每次采摘茎尖 2d 后用速效肥对水浇施，促进分枝和新叶生长。 ④ 防早衰：为了保证品质，秋后要增施叶面肥，可选用磷酸二氢钾、尿素等进行叶面喷施	① 采取小水勤浇的措施频繁补水，有条件的可喷灌。保持土壤湿度 80%～90%。 ② 采摘 1～2d 后浇足水，促进快发，采摘当天不宜马上浇水施肥，以利植株伤口愈合及防止病菌从伤口侵染植株	① 栽插后 15d 至封行前，一般进行 1～2 次中耕培土。 ② 中耕深度：一般第一次宜深，以后随着植株地下部分生长势的加强，深度宜渐浅，以利于根部的健康发育	① 菜用甘薯茎叶脆嫩，易遭斜纹夜蛾、玉米蛾等食叶害虫危害，可用高效、低毒、低残留的生物杀虫剂如天霸、菜喜进行防治，保证产品无公害。 ② 菜用甘薯一般病害较少，可注意防治甘薯蔓割病、薯瘟病和病毒病等

任务 7.5 甘薯收获与储藏

知识目标

1．掌握甘薯的适时收获；

2．理解影响甘薯安全储藏的因素。

能力目标

会进行甘薯的采收与安全储藏。

知识 1 甘薯的收获

甘薯块根是无性营养体，本身无明显的成熟标准，一般认为当茎色变黄，叶片脱落多，薯皮毛根减少，切开块根，切口很快干燥而呈白色，便适宜收获。但实际收获期须根据当地气温、耕作制度、生产需要和病虫害等具体情况来确定。在冬季寒冷的温带地区，甘薯必须在重霜来临之前收获完毕，否则易受冻害而腐烂。淮河以北地区，宜在寒露至霜降之间收获；长江流域地区，在霜降至立冬之间收获。而在华南地区甘薯可以越冬生长，收获期全要取决于耕作制度，并考虑生产的需要和病虫害情况。这一地区早植秋薯多在立冬前后收获，但有些地方为了高产也有延迟收获的；晚植秋薯在无重霜年份可延至次年 1～2 月收获；冬薯收获期主要受早稻种植期的制约，一般多在“谷雨”前后收获。

收获时必须掌握先熟先收，窖藏和做种以及小象鼻虫为害严重的都应先收，鲜食的后收。先收春薯，便于抢时加工切晒，后收夏、秋薯。收获要选晴天进行。如果土壤潮湿，宜先割茎蔓后，曝晒 1～2d 后再挖薯。

收获多用锄挖，也有用牛犁破垄拾取的。近年一些薯区已逐步采用甘薯收获机收获，如江苏省淮阴农机厂试制的块根、蔓茎收获机，收获效率高、薯块破损率低，并可一机多用。从收获至入窖或装车，都应认真操作，做到细收、收净、轻挖、轻装、轻运、轻放，尽量减少薯块破伤，以免感染而腐烂。入窖的，要进行精选，剔除破伤及病虫为害的薯块，以提高耐储性。种用薯和食薯要分开。

知识 2 甘薯的储藏技术

甘薯收获后应及时储藏或进行切片、擦丝晒干及提制淀粉等加工处理，以利保管。甘薯块根体积大，皮薄，水分多，组织柔软，常因储藏不当而造成薯块的大量腐烂。因此，明了甘薯储藏期间的生理变化特点，改进储藏技术，对安全储藏有极为重要的意义。

1. 薯块在储藏期间的生理活动和化学变化

(1) 生理活动

呼吸作用是甘薯块根在储藏期间最重要的生理活动。在不同的环境条件下，可能出现有氧呼吸和无氧呼吸两种不同性质的呼吸作用。

当储藏环境通气不良，缺少氧气时，就会引起块根的无氧呼吸，缺氧呼吸产生的能量低，在消耗等量糖分情况下，无氧呼吸所产生的能量仅为有氧呼吸的 1/27。同时产生酒精（C_2H_5OH），对薯块组织有毒害作用。

储藏期间温度高低与呼吸强度有密切关系。在一定的温度范围内，呼吸强度随温度的升降成正相关的变化。温度高，特别是超过 18℃以上时，不仅呼吸强度剧烈，而且会引起块根的萌发，加速养分消耗，减轻薯重，对甘薯储藏不利；而温度过低（9℃以下），虽然块根呼吸强度减弱，养分消耗慢，但由于块根长期处于本身不能适应的低温条件下，会引起不同温度的冷害而腐烂。

（2）薯块内部各种成分的变化

甘薯块根所含各种成分，由于块根本身状况不同存在很大差异，但在储藏期中，各种成分的变化趋势基本一致。

1）水分含量的变化：甘薯块根含水量，一般达块根重量的 70%～80%。在储藏过程中，水分含量逐步减少。水分的损失常受储藏环境的温、湿度等影响而有所变化。窖温越高，水分损失越快、越多；湿度越大，则水分的损失越小。

2）淀粉和糖分含量的变化：新收获的甘薯块根以淀粉含量最高，糖次之，淀粉与糖分含量的总和占干物质含量的 60～70%。在储藏过程中经常有部分淀粉转化为糊精，其中糖分的一部分被块根呼吸作用所消耗，另一部分则以糖的形式积存下来。在正常的储藏温度下（不高于 15℃），随着淀粉的不断转化，块根的含糖量逐渐增加；温度低，糖化酶的活性小，淀粉分解慢，块根含糖量少，因此薯重减轻得少。

3）果胶质的变化：果胶质在块根中起着巩固细胞壁的作用。由于储藏期间果胶质被分解，引起块根中果胶含量减少，使细胞壁变软，为微生物的滋生创造了条件，容易引起块根的腐烂。

4）维生素 C 含量的变化：新收获的块根中维生素 C 含量较多，但长期储藏后会发生大量的损失。

2．鲜薯安全储藏对环境条件的要求

甘薯储藏初期，由于块根表面还存在着一些未经察觉的损伤，必须放在高温高湿条件下，予以良好的通风，促使伤口形成愈伤组织，才能安全储藏。愈伤组织形成的快慢与储藏初期温度、湿度、通气等有直接关系。在温度 35℃、湿度 93%时，温、湿度越高，通气越好，形成愈伤组织也越快，伤口愈合越快，病菌侵害的机会就越少，就越有利于安全储藏。在有条件的地方可以用人工控制温、湿度进行愈伤处理，否则应尽量利用甘薯储藏初期的呼吸热所形成的高温高湿条件，多加通风，进行愈伤处理，使伤口迅速愈合。

经过愈伤的块根，应在 10～15℃的温度、70%～80%以上的相对湿度和空气充足的条件下，才能安全储藏。

3．储藏技术

（1）窖型选择

储藏窖的形式较多，其基本要求是保温能力强，通风换气性能好，结构结实，不塌不漏，不上水以及便于管理和检查。各地都应选择和创造适于当地应用的窖型。

窖址要选在避风向阳、地势高燥、土质坚实、排水良好的地方。窖型大小可根据鲜薯储藏量决定。一般 $1m^3$ 薯块重约 500kg，品种间及薯块大小间稍有出入。窖内薯块不宜装堆过满，否则会因通风透气不良引起闷窖。各地经验：一般窖的储量以占全窖容量的 60%～70%为宜。

目前，南方薯区采用的窖型有高温大屋窖、山洞窖、地下浅棚窖、平温窖以及室内储藏窖等。

1）高温大屋窖：是屋式窖与高温愈合处理相结合的一种储藏方式。其优点是储藏量大，每窖可储 5000kg 以上，且温、湿度和空气容易调节，管理也方便。同时，因为高温大屋窖结合高温处理，能促进伤口较快愈合，又能促进薯块内甘薯酮及氯原酸抗病物质的产生，从而能防治黑斑病。高温处理还能促进薯块早发芽、多发芽。但这种窖型如控制不当，会因前期高温低湿，薯块呼吸旺盛，导致消耗养分多，失水重，易发生皱缩与糠心。

高温大屋窖有地上式、地下式和半地下式三种。其中地上式建造较易，应用较广。近年因生产规模及储藏量变化，高温大屋窖又向多户联用的小型高温窖发展（图 7-15、图 7-16）。

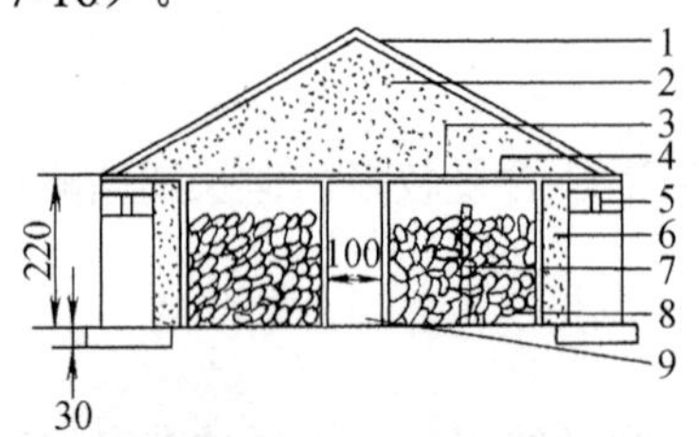

图 7-15　高温大屋窖横断面图（单位：cm）

1—屋顶；2—保温草；3—高粱秸棚子；4—棚秆；5—窗；6—保温草；7—通气笼；8—甘薯；9—走廊

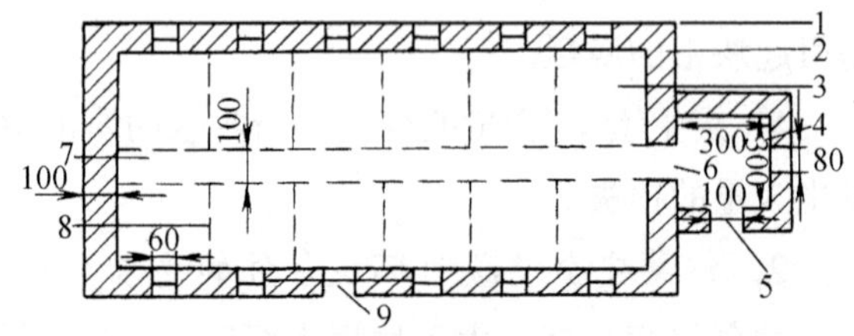

图 7-16　高温大屋窖平面图（单位：cm）

1—窗；2—墙；3—分仓；4—管理室；5—门；6—内门；7—走廊；8—高粱秸间隔；9—大门

2）山洞窖：山区或半山区常用的一种窖型，建造简便、省工省料，保温性能好。窖址选在避风向阳、地势高燥的山坡或梯地，挖成洞口小、洞内大的长方形或半圆形窖。窖的大小随储藏量而定。一般长、宽各 2m，高 0.7m 的半圆形窖，可储鲜薯 2000kg。湖南薯区在原山洞窖的基础上，加以改进（改良小土窖），即在洞内先挖一高 1.8m，宽 0.7m，长 1.4～2m 的走道，再在走道两侧挖 1m 长的支道，在支道末端挖堆储甘薯的储藏室。要在窖门上、下方及储藏室上方开通气孔通向窖外，以利通气。这种窖能调节窖内空气温、湿度，其性能优于一般无通气结构的山洞窖。

3）地下浅棚窖：一些平原地区仍在应用，建窖简便、省工，且较保温，但通气较差，管理不便。窖址选在地势较高、土质坚实、排水通畅的地方。挖成深 1m、宽 1.3m，长按储藏量决定（一般 4～5m）的地下浅窖，窖顶由梁檐及草构成。为便于雨水流畅，窖棚顶宜改平顶形为屋脊形（图 7-17）。

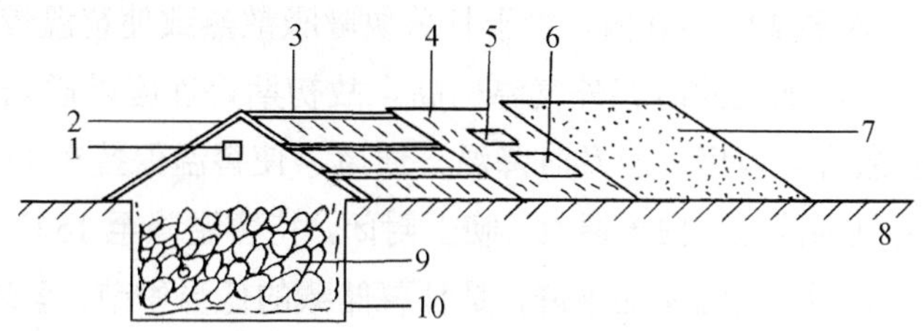

图 7-17　地下浅棚窖剖面结构

1—通气孔；2—支架；3—梁椽；4—盖草；5—测温孔；6—窖门
7—培土；8—地面；9—薯块；10—垫草

4）平温窖：房前屋后只要不进水的地方均可建窖。平温窖是向地下挖成坛形，大小随储量而定。一般窖高 2.6～3m，窖口直径约 1m，窖中部直径 2.6m，窖底直径约 2m，窖四周壁上每隔 33～50cm 挖一条深和宽均为 10～15cm 的纵沟。坛窖底每隔 33cm 挖一条深和宽均为 17cm 的横沟和纵沟，并使之相连。另外，在窖底左右两侧紧接底沟靠近屋壁处用砖各砌一条直径为 20～26cm 的通气沟直通地面，再在地面用砖砌成一支离地面高约 33cm，另一支高 1～1.4m 的高低囱，利用热气上升、冷气下沉原理通气排湿。

（2）旧窖消毒

选用旧窖储藏，应及时清扫维修，在甘薯入窖前还要进行彻底消毒。先刮去窖壁一薄层土，清理运出窖外，按每立方米 50g 硫磺，密闭熏蒸 1～2d，打开窖口通入新鲜空气，再装薯入窖。

（3）健薯入窖

做到“四轻”（轻刨、轻装、轻运、轻放）、“七无”（无病斑、无虫眼、无损伤、无冻害、无水浸、无深沟、无露头青）。装窖不能太满，一般占总容积的 80%。

（4）甘薯入窖前的药剂处理

药剂处理能杀死薯块表面及浅层伤口内的细菌，起到防病保鲜的作用，使甘薯储藏时的腐烂率大大降低。

1）取甘薯储藏保鲜剂 25 g，粉剂放入容器，加冷水 5kg 搅拌溶解，放入甘薯，浸泡 1～2 分钟，当薯皮全部湿透后，捞出晾干，入窖储藏。上述保鲜液可浸甘薯 300 kg

左右，对预防甘薯黑斑病、软腐病和干腐病有特效。

2）也可用 70%甲基托布津或 50%多菌灵 500～800 倍液进行消毒处理，将装入筐内或网袋内的薯块放入药液浸泡 10～15 分钟，淋水后即可入窖。

（5）储藏期的管理

甘薯储藏期的管理是根据薯块本身生理变化规律，调节好温、湿度及空气等环境因子，以防止闷窖、冷窖、湿窖及病虫害。储藏期间的管理可分三个阶段来进行。

1）入窖初期：入窖 20～30d 内，由于甘薯块呼吸散热致使窖温较高，且散发水分也多（“发汗期”），加之此时窖外气温也高。故初期管理应以通风、散热、散湿为主。大屋窖在高温愈合处理后，应及时降温、通风、使窖温保持在 11～14℃，最高不超过 16℃。以后随气温降低，白天通气，晚上封闭，待窖温降至 15℃以下，再行封窖。

2）中期：入冬以后，气温明显下降，是甘薯储藏的低温季节，薯块呼吸作用减弱，散发热量减少，窖温下降，易遭冷害。因此，管理的重点为保温防寒，使窖温保持在 10～13℃之间（不低于 9℃为宜）。管理中要严闭窖门，堵塞漏洞、裂缝。在严寒低温地区，还应在窖的四周培土，窖顶及薯堆上盖草保温。

3）后期：开春以后至 2、3 月间气温回升，雨水增多，寒暖多变。这一时期管理应以通风换气为主，保持适宜窖温。根据天气寒暖变化状况，既要注意通风散热，又要防寒保温，使窖温保持在 10～13℃，还要防止雨水渗漏或积水。

整个储藏期窖内相对湿度以保持在 80%～90%为宜。温度高、湿度大，不仅适宜病菌发生和蔓延，同时也促使薯块发芽。因此，储藏初期温度不宜过高。温度低、湿度大，又会加重薯块受冷害程度，同时湿度也会降低保温材料的防寒性能。

（6）甘薯烂窖原因及防止

薯块在储藏中腐烂是由多种因素引起的。

1）热害与冷害。温度达 16℃以上时，会引起薯块发芽和病菌迅速繁殖（如软腐病发生的最适宜温度为 15～23℃），温度低于 9℃则薯块易受冷害。甘薯储藏的适温为 11～14℃，最适温度为 12.5℃。收获过晚，入窖前在窖外遇到 0℃以下的低温易造成冻害。

薯块受冷害或冻害的表现是改变了细胞膜的透性，细胞内钾、钙、磷等离子大量流失，致使氧化酶和磷酸化酶的作用削弱，影响薯块的新陈代谢，抗病性与耐藏性降低；薯块受冷害的温度越低，发生腐烂越快。薯块腐烂时由于发酵生热而常被误认为热害。

2）病害。薯块在窖内发病的原因是薯块带病、破皮受伤或窖内病菌传染。黑斑病发生于储藏初期气温较高的时期（图 7-18），软腐病多发生在受冷害后的储藏后期（图 7-19）。

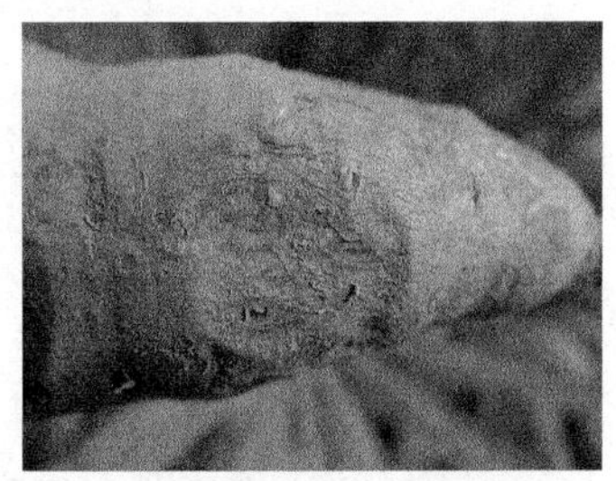

图 7-18 甘薯黑斑病

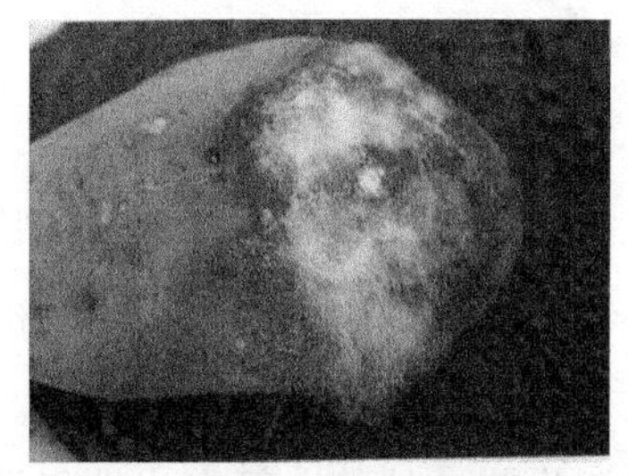

图 7-19 甘薯软腐病

3）湿害或干害。入窖初期薯块呼吸旺盛，薯堆温度升高，薯堆内水汽上升到堆表时，因温度较低发生凝结，形成水珠，俗称“发汗”。甘薯发汗后，病菌繁殖快，易引起薯块腐烂。另外，雨水入窖，窖内地下水上升，会形成窖内淹水，造成湿害。窖内相对湿度以 80%～90%为宜，低于 70%时薯块失水快，有机质分解，易产生糠心和干腐等现象。

4）缺氧。窖内堆放过满，封窖过早、过严，窖内通气不良，都会引起无氧呼吸，发生酒精中毒而烂窖。

在冬季温暖的地区，储藏过程中烂薯的主要原因是高温多湿，招致病害的蔓延，安全储藏的关键是保证通风干燥。储藏前先将有损伤的和病害的薯块剔出，小心将薯块放在通风处晾几天（不要日晒），再移置通风干燥处储藏。储藏地宜先撒上一层石灰粉或草木灰，上面铺一层干沙，然后堆放薯块，薯堆宽 1m 左右，长视储藏量而定，每堆至 30cm 高左右，再撒上层石灰粉（或草木灰），再放第二层，堆高为 60～100cm，最后一层盖以石灰粉或草木灰。堆与堆之间要留人行道，以便检查。在储藏期间要勤加检查，发现有腐烂和病虫害的薯块需及时清除，以防扩展。采用此法可以储藏 3～4 个月。

实训　甘薯采收

1．目的要求

学生分组，负责指定甘薯种植地的采收工作。让学生通过实地操作掌握甘薯采收的时期、采收方法和入窖前的处理方法。

2．材料工具

材料：成熟甘薯种植地。

工具：锄头、箩筐、刀、铅笔、标签等。

3．实训步骤

流程：

分配甘薯采收任务→明确采收时间、方法及要求→无伤采收→健薯入窖

01 分配甘薯采收任务。学生分组，负责指定甘薯种植地的采收工作。

02 明确采收时间、方法及要求。

1）适期收获：甘薯一般在当地气温稳定在 15℃，甘薯停止生长时开始收获，到12℃时入窖结束。从时令上看，到“霜降”时入完窖为好，中原地区最迟必须于 10 月底前入窖完毕。务必防止收获过晚，发生冷害腐烂造成损失。

2）收获方法及要求：收获时，应选择无风晴暖天气，上午收获，下午入窖。在田间晾晒 2～3 个小时，可促进薯块伤口愈合。当天收刨，当天入窖，以防薯块受冻。先收种用薯，后收食用薯。薯块应随时入窖，有的地区应及时切晒加工。

03 无伤采收。一般采取手工收获，面积大的采取机械收获。收获要仔细，尽量减少损伤，做到轻刨、轻装、轻运、轻放。否则易在储存期间感染病害，而导致腐烂。

04 健薯入窖。要做到“四轻”（轻刨、轻装、轻运、轻放）、“七无”（无病斑、无虫眼、无损伤、无冻害、无水浸、无深沟、无露头青）。装窖不能太满，一般占总容积的 80%。

> **小贴士：甘薯入窖前药剂处理的作用**
>
> 药剂处理能杀死薯块表面及浅层伤口内的细菌，起到防病保鲜的作用，使甘薯储藏时腐烂率大大降低。

取甘薯储藏保鲜剂 25 g，粉剂放入容器，加冷水 5kg 搅拌溶解，放入甘薯，浸泡 1～2 分钟，当薯皮全部湿透后，捞出晾干，入窖储藏。上述保鲜液可浸甘薯 300 kg 左右，预防甘薯黑斑病、软腐病和干腐病有特效。

也可用 70%甲基托布津或 50%多菌灵 500～800 倍液进行消毒处理，将装入筐内或网袋内的薯块放入药液浸泡 10～15 分钟，淋水后即可入窖。

4．实训报告

总结操作过程中的不足之处，提出改进方法，并写出实训报告。

拓展　菜用甘薯的采收与作用

菜用甘薯的采收与作用见表 7-7。

表 7-7　菜用甘薯的采收与作用

收获部位＼项目	采收时机	采收方法	采后处理	营养价值
薯叶、叶柄、嫩梢（做家常蔬菜食用）	① 栽插后 30～40d、植株封行时分批采摘，原则上分枝蔓长约 30cm 为采收适期。 ② 6～10 月高温多雨季节生长速度快，7～12d 即可采摘 1 次，可连续采收 8 至 12 次。 ③ 11 月中旬气温降低时停止采摘，修整植株越冬	① 采收时以镰刀割取先端嫩梢约 15cm，每蔓留 1～2 节，以促进植株分枝及新叶生长。 ② 采收时应避免损伤嫩叶，以免产品发黑，影响外观，同时宜松散排放，防止发热而灼伤嫩芽和嫩叶。 ③ 为使生育整齐以利采收及便与施用追肥，采摘完叶片的长蔓应及时修剪。方法为：离畦面 15～20cm 处修平，保留 20cm 以内的分枝，所留茎叶以可以覆盖畦面、略见表土为宜	① 甘薯茎叶菜组织柔嫩，含水分高，较易萎蔫脱水，必须及时收获，并尽量缩短和简化产品运输流通的时间和环节，及时上市。 ② 采收后若因数量多，一时无法运销市场，菜用甘薯应迅速以强风压差预冷至 10℃，再用塑胶袋包装于 10℃左右冷藏，可保鲜 5～7d	① 甘薯茎叶菜营养价值很高，含有丰富的蛋白质、维生素 A、维生素 B、维生素 C 以及钙、磷、铁等矿物质，是一种新型特色蔬菜。 ② 其纤维质地细柔，可促进胃肠蠕动，具有预防便秘，减少痔疮、大肠癌的发病率作用。 ③ 含热量低，有助于糖尿病患者的血糖控制，又能降低胆固醇、增加油脂的排出 ④ 蒸、煮、炒、汤均宜，是优良又好吃的健康蔬菜

综合测试

一、填空题

1. 甘薯的根有________、________和________三种类型。

2. 甘薯一般在当地气温稳定在________℃，甘薯停止生长时开始收获，到________℃时入窖结束。

3. 甘薯育苗的具体要求是：________、________、________。

4. 我国甘薯产区遍及南北，自然条件不同，育苗方式、苗床式样多种多样，基本可分为四类：________、________、________、________。

5. 甘薯常用的垄作方法及规格有________、________、________。

二、选择题

1．甘薯的苗床期一般经历（　　）。

A．15d　　B．25d　　C．1～2 个月　　D．3 个月

2．决定薯数的重要时期是（　　）。

A．苗床期　　B．发根缓苗期　　C．分枝结薯期　　D．薯蔓同长期

3．徒耗养分，无经济价值，大田生产时应控制生长的是（　　）。

A．须根　　B．块根　　C．梗根　　D．纤维根

4．对甘薯产量影响最大的因素是（　　）。

A．种植密度　　B．块根数量　　C．块根重　　D．种植时间

5．甘薯壮苗的适宜苗龄是（　　）。

A．30～35d　　B．25～30d　　C．20～25d　　D．15～20d

6．培育夏薯苗的重要方法是（　　）。

A．回龙火炕育苗　　B．酿热物温床育苗

C．冷床育苗　　D．采苗圃

三、判断题

1．春薯在 5～10cm 地温稳定在 18℃以上，气温稳定在 15℃以上时栽插为宜。（　　）

2．甘薯栽插最好选择阴天土壤不干不湿时进行，晴天气温高时宜于午后栽插。（　　）

3．深耕是甘薯取得高产的基础，耕翻深度以 30～40cm 为宜。（　　）

四、简答题

1．简述甘薯壮苗的标准。

2．甘薯追肥的原则是什么？

3．甘薯烂窖的原因有哪些？

4．简述甘薯水分管理的方法。

5．简述甘薯栽插的方法和特点。

6．甘薯查苗补苗的时机是什么？如何补苗？

五、综合分析题

1．为什么不提倡甘薯翻蔓？

2．什么条件适合块根的形成与膨大？

3．简述甘薯育苗苗床管理技术。

【信息链接】脱毒甘薯的生产

案例：甘薯在某市是重要的粮食作物、经济作物和优质饲料作物，种植面积较大。但近年来培育的甘薯良种随着种植年代的增加，出现了植株变小、分枝减少、 叶片皱缩、羽状斑纹、生长势衰退、块茎变小等种性退化的现象，致使甘薯产量一年不如一年，种植面积也不断下降。专家诊断得出：甘薯减产的主要原因是由于昆虫传毒，使甘薯携带了病毒，抑制了甘薯生长，导致甘薯产量降低，因此需要对本市甘薯脱毒。经脱毒处理后，某地甘薯生产不但恢复到以前水平，还极大提高了产量和品质。

1．什么是甘薯脱毒？增产效果如何？

甘薯脱毒就是将甘薯中所带的病毒脱去，恢复甘薯的生长本性。实验表明：脱去病毒的种薯，由于没有病毒对生理的干扰，植株生长发育正常，生长旺盛，在同样条件下，脱毒薯比未脱毒的种薯可增产 40%以上。

2．如何进行甘薯脱毒？

目前世界上普遍使用茎尖脱毒技术，即在无菌条件下切取甘薯茎尖分生组织，在特定的培养基上进行离体培养，生成小苗，通过检测从中选出无毒苗，脱毒率仅为百分之几或千分之几。

3．怎样繁殖甘薯脱毒种苗？

利用茎尖分生组织培养获得脱毒苗后，要获得大田生产利用的足够脱毒苗，必须进行脱毒苗快速繁殖。脱毒甘薯茎尖苗的大量繁殖，可以采用试管苗单叶节快繁或温网棚繁殖两种方式来完成。主要分为四个阶段。

1）试管苗单叶节快繁：经过茎尖培养和检测获得的脱毒苗，在无菌条件下切段接种在 MS 培养基上进行组织培养。在适宜的温度光照条件下 3～5d 生根，20d 左右长成小植株，供继续切断繁殖或供繁殖原原种用。

2）原原种薯：将三角瓶繁殖的无毒苗，栽入防虫温室或网棚中，采取严格的防毒措施和精细管理措施，生产原种种薯。

3）原种种薯：将原原种苗栽于原种繁种田，及时喷施农药，以防治蚜虫等害虫，采取精细的管理措施，生产原种种薯。

4）脱毒甘薯苗：将原种种薯在温室中培养长出的苗子即脱毒甘薯苗，可直接用于大田生产。

【考证提示】

要获得种子繁育员、农艺工、植保员等中级资格证书，需具备以下知识和能力：

知识目标：

1．了解掌握甘薯的形态特征和生物学特征；

2. 掌握不同甘薯类型的特点以及目前生产上推广的主要优质高产甘薯的品种特性；
3. 理解甘薯各个生育时期的划分以及对外界条件的要求；
4. 掌握甘薯产量的构成因素及产量形成过程。

技能目标：

1. 掌握甘薯的栽插与合理密植技术；
2. 掌握甘薯育苗技术；
3. 能够根据甘薯各生长阶段的生育特点进行合理的田间管理；
4. 掌握甘薯的收获技术及安全储藏技术。

项目8 茶叶生产

项目导入 小明的爷爷最喜欢喝茶，天天拿着一把小茶壶不离手。小明很好奇：茶水又苦又涩，爷爷为什么喜欢喝？爷爷告诉小明，茶叶中含有 500 多种化学成分，对人体健康十分有益。明代顾元庆所著的《茶谱》一书，将茶叶对人体的作用叙述得很全面，书中说：“人饮真茶，能止渴，消食除痰，少睡利尿，明目益思，除烦去腻，人固不可一日无茶。”

由于饮茶有益于人体健康，所以，茶叶被誉为“安全兴奋剂”、“消肥美容剂”、“净化口腔剂”、“预防原子辐射剂”，茶叶作为健康饮料，受到越来越多的人们喜爱。

任务 8.1 初识茶叶生产

知识目标

1. 了解茶叶生产的意义和分布情况；
2. 了解茶树的形态特征；
3. 掌握茶叶分类方法及茶树生育期的划分。

能力目标

会识别茶树器官，能进行茶树的分类。

知识1 茶叶生产的意义

中国是茶的故乡，是最早发现、利用茶叶的国家。现代茶叶饮料和咖啡、可可一起，已经成为全世界人民广泛饮用的三大无酒精饮料。茶叶生产不仅可以增加农民收入，而且可以美化环境，调节气候，促进生态良性循环和农业可持续发展。

1．茶叶在人们生活中的地位和作用

在日常生活中，茶叶之所以成为我国各族人民开门七件事之一，除了人们的习惯之外，主要是由于茶叶中含有许多有益人体健康的成分，对人体生理功能有一定的作用。

2．茶叶生产在国民经济发展中的重要作用

茶叶是我国重要的经济作物，已成为产茶地区的主要经济支柱之一。中国茶叶产量从 2000 年的 67.6 万 t 增长到 2005 年的 93.4 万 t，增长了 38.1%，茶叶产值从 2000 年的 90 亿元，增长到 2005 年的 155 亿元，增长了 72.2%。2010 年全国干毛茶总产量为 141.3 万 t，同比增加 6.2 万 t，增长 4.6%；总产值 558.5 亿元，同比增加 70.3 亿元，增长 14.4%；茶叶出口总量达到 30.87 万 t，同比基本持平，出口额增加 8546 万美元，增长 11.6%。

茶叶生产已成为产茶地区的经济支柱之一。“若要富，种茶树”已成为茶区的谚语。

3．茶树是绿化荒山的好树种

茶树可以美化环境，调节气候，促进生态的良性循环和农业可持续发展。茶树是多年生不落叶常绿植物，适应性强，能绿化荒山、保持水土。时任周恩来总理曾经高度赞扬茶叶，说：“茶叶是珍品，国内外都需要它，要多发展些。茶叶本身就是绿化，既美观又是经济作物，再好的也没有了”。

4．我国茶叶生产的优势

中国是茶的故乡，是最早发现、利用茶叶的国家，是制茶技术的发源地。世界上的茶叶生产技术，无论何种茶类都是由我国最先发明的，并直接或间接地传到国外，我国劳动人民在茶叶生产上积累了丰富的经验，并把茶叶这一健康饮料奉献给世界各国人民。茶叶从我国传入世界各国，经过长时间的发展，产生了丰富多彩的茶类。

知识 2　茶叶生产概况

从世界上看，现在能够出产茶叶的国家一共有 50 多个，主要集中在亚洲、非洲和拉丁美洲。

1．我国茶叶生产的特点

茶叶生产历史悠久、品种繁多，每种茶都有固定的产区和销区。据史记载，我国的云贵高原是茶树的发源地。云贵高原山清水秀，气候好；常年云雾缭绕，溪水潺潺；土地肥沃，为茶树生长提供得天独厚的环境条件，从而获得优良品质的茶叶。

2．我国茶区分布与产茶种类

我国茶区主要分布在长江中下游地区的江南、江北各个省份，以及我国西南、华南等地。其中，江南茶区包括闽北、湘、浙、赣、鄂南、皖南、苏南等地，是我国茶叶生产最集中的地区。这里年平均气温为 15～18℃，多丘陵低山，种植的茶树大多为灌木型中叶种和小叶种，以及少部分小乔木型中叶种和大叶种。主产绿茶、红茶；其次是乌龙茶、花茶、名特茶。

西南茶区是我国最古老的茶区，包括贵州、四川、云南和藏东南等地。栽培的茶树种类也多，有灌木型和小乔木型茶树，部分地区还有乔木型。主产红茶、绿茶和黑茶。

华南茶区是我国气温最高的茶区，包括闽南、台湾、广东、海南、广西等地。栽培的茶树种类最丰富，集中了我国的许多大叶种（乔木型和小乔木型）茶树。主产红茶、绿茶、花茶；其次为乌龙茶、黑茶（如普洱茶、六堡茶）、黄茶（如大叶青）等。

知识 3　茶树的分类

生产上，茶树主要根据外部形态进行分类。

1．按分枝性状不同分类

乔木型：主干高大，主轴明显，分枝离地面高，主干与侧枝容易区别。

半乔木型：植株中等高大，分枝离地面较近，主干明显，主轴不够明显。

灌木型：分枝靠近地面或从根茎部发出，主枝与侧枝不易区别。

2．按树冠形态分类

直立型：分枝角度小，枝条向上紧贴，近似直立。

披张型：分枝角度大，枝条向四周披张伸长。

半披张型：分枝角度介于上述两者之间，一般在 35°～45°。

3．按叶片大小分类

按叶片大小分为特大叶类、大叶类、中叶类和小叶类四种类型。

知识 4　茶树的形态特征

茶树属山茶目山茶科茶属茶种。

1．根

茶树的根是茶树生长在地下部的营养器官。按功能分主根、侧根、细根和根毛四部分。主根由种子的胚根发育而成，在土层深厚的条件下，成年茶树主根入土可 1m 以上。主根上长出侧根，输送养分、水分，组成输导系统。侧根上再长出细根，着生根毛。根毛吸收土壤的水分、养分，故又称吸收根。侧根和细根分布于土壤根作层，幅度是树幅的一倍以上。

茶树实生苗主根发达粗大，侧根纤细稀少，为直根系类型。无性繁殖苗则无明显的主根，由一条或数条不定根向土层深处伸展，其余侧根向水平方向发展，形成根系。根系分布的深度、广度对茶树生长发育有很大影响，分布深而广的，有利于吸收水分、养分，茶树生长繁茂。乔木或半乔木品种树势高大，根系分布较为深广；灌木型品种树势矮小，根系分布较为浅窄。丛植的根系向四周伸展，单行条植的根系向行间伸展。有机质多的酸性土，根系发育良好；中性土根系发育不良；碱性土则导致根系死亡。

2. 茎

茶树的茎又称为地上部分。按形态和作用分为主干、主轴、骨干枝和细枝。

主干和主轴由种子的上胚伸长而成，是茶树的主要茎干。以茎上的第一分枝为起点，分枝以下的部分称为主干，分枝以上的部分称为主轴。主干与主轴明显与否是区别茶树类型的重要依据之一。在自然生长情况下，茶树分枝方式有单轴分枝和合轴分枝两种。

（1）单轴分枝

单轴分枝即顶芽生长占优势，形成直立的主轴，侧枝不发达，多出现在幼苗期和幼年期。

（2）合轴分枝

成龄茶树经修剪、采摘以后，主轴渐次衰退，侧枝迅速发展，代替主轴。当侧枝生长一段时间或经修剪、采摘后，又产生新的分枝，以此类推，致使同一轴由多级分枝的短轴合成。在合轴分枝的过程中，侧枝发达，树冠扩展快。

茶树到成年阶段后期，由于不断采摘，树冠面上小枝越分越细，形成许多结节枝或细小枝条，称“鸡爪枝”。

茶树枝条由营养芽（顶芽、腋芽）发育而成。未木质化的嫩枝称为新梢，是制茶的主要原料。新梢的生长一年约有 3 次，即冬芽萌发后经历：第一次生长→休眠→第二次生长→休眠→第三次生长→冬眠。第一次生长在春季，叫春梢，第二次生长在夏季叫夏梢，第三次在秋季叫秋梢。正常新梢顶芽大，芽尖露出，着生茸毛，叶柔嫩，节间短，表皮呈青褐色。如生长期遇不良环境，新梢生长变得衰弱，节间短，叶片不开展，顶端出现“驻芽”，上面两片叶似对生，称“对夹叶”。

3. 芽

茶芽依其性质分为营养芽（叶芽）和花芽两种。发育成枝叶的芽称为叶芽，是茶叶采收的部分；发育成花的芽称为花芽。叶芽形态细长，着生于顶端的芽称顶芽，着生于叶腋间的称腋芽。顶芽比腋芽大，生长能力强，可抑制腋芽生长。去掉顶芽时，可以促进腋芽的生长。当顶芽生长到一定时候完全成熟或因水肥不足，外界条件不适而停止生长时，形成细小的芽，称为“驻芽”。

顶芽和腋芽有一定的着生部位，属固定芽；着生部位不一定的芽，称不定芽。当茶树衰老、枝叶枯死时，不定芽则不发芽。不定芽是树冠更新复壮的基础，生产上采用修剪技术促进不定芽萌发，以此来更新茶树。

茶芽由于生长时间不同可分为冬芽和夏芽。冬芽在秋冬形成，芽粗大，外包有 2～3 个鳞片，着生茸毛，并有一层蜡质，第二年春夏发芽形成春夏梢。夏芽在春、夏季形成，夏、秋季发育，芽较小，除发育成叶芽外，部分分化为花芽。

芽的颜色、大小、茸毛多少均随品种、树龄、环境条件的不同而有差异。

4．叶

叶片是茶树主要的营养器官。茶树叶片因其发育程度不同分为鳞片、鱼叶、真叶三种。

1）鳞片：是幼叶的变态，叶质坚硬。褐色，外具短硬茸毛或薄蜡质层，可以保护茶芽，芽膨大展开后即脱落。

2）鱼叶：外形似鱼鳞或鳍，一般有 1～2 片，为新梢长出的第一片发育不完全叶，色较浅，叶厚而硬脆，叶柄宽而扁平，侧脉隐而不显，叶缘全缘或前缘有渐锯齿。叶尖圆钝，性状介于鳞片和真叶之间。

3）真叶：因展叶先后和发育状况有新叶成片，老叶之分，发育完全的叶，形状有圆形、椭圆形、长椭圆形、披针形四种，以长椭圆形和椭圆形居多。叶大小分为特大叶类、大叶类、中叶类和小叶类四种类型。

叶片的形态大小和叶色是鉴定品种的重要依据，但在一定范围内受栽培条件的影响。

叶脉贯穿于叶肉之中，是叶片的输导和支撑系统。一般为 7～8 对，主脉、侧脉均明显，侧脉伸至叶缘 2/3 处向上弯曲呈弧形，与上方支脉相连，为茶树叶片的特征之一。

叶缘有锯齿，品展或波状。叶缘上的锯齿一般为 6～32 对，有粗细、深浅、尖钝之分。

5．花

花芽着生于叶腋间，在叶芽两侧。由于簇生于一个不能继续生长的短花轴上，花轴顶芽也不能分化为花芽，属假总状花序类型。花有单生或 3～5 朵腋生，花色以白色为多，也有少数淡蓝或浅黄色，花瓣大小不一。

茶花属两性花，由花托、花萼、花瓣、雄蕊、雌蕊组成，由花柄着生在枝条上。花托圆平；花萼绿色，圆形，到果实成熟也不脱落，称宿萼。花瓣 5 瓣 7 瓣不等，基部相连，与雄蕊外轮着生相密接。

6．果实

茶果为蒴果，表面光滑，一般为 3～5 室，于当年 10 月开花到次年 10 月成熟，时间一年左右。果皮呈黄褐色，有的带棕褐斑点。茶果结实率很低，一般在 10%以下。形状多接近于三角形。

种子多为褐色，含水量 40%～50%。脂肪含量为 30%左右，因品种不同而有差异。种子由种皮（内外种皮）、种胚（胚芽、胚轴、胚根、子叶）两大部分组成。

知识 5　茶树的生育期

茶树的一生分为种子期、幼苗期、幼年期、成年期、衰老期五个时期。

1）种子期：从受精卵形成到种子为止，时间约一年多。

2）幼苗期：从种子萌发到茶苗出土，第一次生长休止为止。种子播后吸水膨胀，储藏物质转化成幼胚生长发育所需要的物质。种壳膨胀后，胚根首先向下伸展，胚芽逐渐生长。胚茎伸长，使胚芽破土而出。茶苗出土后，鳞片首先开展，随后生出鱼叶。当真叶展出 3～5 片时，顶芽形成驻芽，即进入第一次休止。此阶段历时 4～5 月。

3）幼年期：从第一次生长休止到第一次开花。此时期历时 3～4 年，表现为地上部分主轴生长旺盛，侧枝很少。根系则由直根系发展为分枝根系，但主根仍很旺盛。幼年后期，开始出现花蕾，因营养生长旺盛，花蕾大多不能形成花果。这时期地上、地下部分所占空间小，营养面积大。为促进地上部分分枝，塑造理想树冠，需进行定型修剪。

4）成年期：从第一次开花结果到第一次更新改造。此时期树冠不断扩大，生理机能旺盛，产量最高，营养生长与生殖生长并茂。在正常培育和合理采摘情况下，可维持 15～20 年。如肥培管理好，可持续到 30～40 年，但后期树冠内部小，侧枝逐渐枯死，“鸡爪枝”逐渐增多，芽叶细小，品质下降。

5）衰老期：自茶树第一次自然更新到整个树体死亡。其时间长短因管理水平而异，长的可达几十年甚至百年。此时期营养生长和生殖生长都减退，总生产量少，突出的标志是以根颈部为中心自我更新。在茶树老枝条上，有很多潜伏芽，特别在根茎处。潜伏芽体积小，潜伏在皮层内，能休眠很多年，一旦树冠枝条衰败，骨干枝枯死，根茎处的潜伏芽开始生长活动，形成新枝条，代替老枝条，这种现象人们称为“自我更新”。

实训　调查当地生产上采用的茶树类型及良种特性

1. 目的要求

学生分组，走访当地种茶户或专业合作社。调查当地生产上主要的茶树类型及品种特性。

2．材料工具

材料：当地茶园。

工具：锄头、镊子、放大镜、铅笔、实验纸等。

3．实训步骤

流程：

当地茶树种植类型及品种调查 → 茶树外部形态特性观察、记载 → 总结与交流

01 当地茶树种植类型及品种调查。选择当地种茶户或茶叶专业合作社 3～5 家，与技术负责人直接座谈，通过询问的方式了解调查单位种植的茶树类型及品种，了解茶树的生育期、产量及栽培注意事项等并做好记录。

02 茶树外部形态特性观察、记载。

进入茶园，对茶树的叶的特征、分枝习性、树冠形态进行观察并填表 8-1。

表 8-1 茶树外部形态特性

品种名称	种植日期	叶的特征	分枝习性	树冠形态

说明：① 茶树按叶大小分为特大叶类、大叶类、中叶类和小叶类四种类型。

② 茶树按分枝性状不同分为乔木型、半乔木型、灌木型。

③ 茶树按树冠形态分为直立型、披张型、半披张型。

4．实训报告

结合已学知识，请对调查单位茶树类型及品种的选择给予评价，并完成实训报告。

拓展 茶树生长发育的特点及对环境的要求

1．茶树地上和地下部分年生长发育的特点

（1）新梢的生长发育

茶树枝梢是由营养芽发育伸展而成的。在一年内的生长发育有明显的节奏性，一年有三次生长和休眠。由于生长和休眠交替的活动特性，形成了轮次生长周期，即轮次。冬季，茶树树冠上的越冬芽呈休眠状态，次年春季日均温稳定在 10℃以上时开始萌动，以后鳞片、鱼叶、真叶依次展开。在自然生长下，于 5 月中旬停止生长形成驻芽，进入第一次休眠，这一时期生长的枝条为春梢；5 月下旬驻芽又开始萌发生长，7 月中旬进入第二次休眠，此间生长的枝条为夏梢；8 月上旬又开始生长，9 月下旬进入第三次休眠，这一时期生的枝条叫秋梢，秋季气温高，雨量充足时，秋梢生长可延长至 10 月下旬。在采摘条件下，能相对缩短休眠期，增加新梢轮次。新梢不断生长的同时，茎和叶逐渐增粗增大，长成成熟枝梢后进入冬眠。由越冬芽发育的新梢称头轮新

梢，采摘桩上的腋芽发育成的新梢为二轮梢，依此类推，一年可发 3～5 轮梢。

（2）根系活动

根系在一年内分别在 3～4、5～6、9～10 月出现三次生长高峰，根系生长与地上部的生长交替进行。即地上部停止生长时，地下部生长活跃；地上部生长旺盛，地下部生长缓慢或停止。根系无明显的休眠期，即使在最冷的元月，也仍在活动。根系的活跃时期，也是生长和吸收能力最强的时期。

（3）叶片的活动

叶片由芽生长点基部侧生的叶原基发育而成。其寿命为一年左右，每年的 5～7 月为落叶时期。自然生长的茶树，新梢一年可展叶 10～30 片，在年生育期中以 4、5、6 月展叶最多。春季气温较低，每展一片叶需 5～6d，夏季气温高，3～5d 展一片叶。一张叶片自初展到定型约需 20d。

（4）开花和结果

凡树龄超过 3～5 年的茶树，6 月份花芽开始分化，9 月初至 10 月上旬为初花期，10 月中旬至 11 月中旬为盛花期，11 月下旬至 12 月为终花期。每天开花时间是上午 4 时至下午 1 时，以上午 6～9 时最多。茶树开花顺序：主枝先开，侧枝后开，同一枝条中部先开，上部和下部后开。

茶树是异花授粉植物，从授粉到次年果实成熟约一年左右。因此，每年 6～12 月一方面当年茶花孕蕾开花，另一方面上一年的茶果膨大和成熟，同时进行花与果的两个发育过程，这是茶树与其他作物不同的显著特点之一。

2．茶树对外界环境的要求

茶树原产于我国热带雨林，在长期的生长发育过程中，形成了喜温暖、湿润，耐阴，忌碱，怕渍的特性。影响茶树生长、产量、品质的主要是气温、雨量、光照和土壤。

1）温度：一年中茶树生长期的长短，直接受温度支配。当日均气温稳定在 10℃以上时，茶芽开始萌动。茶树生长的最适宜温度为 20～30℃，年积温 4000℃以上。在肥水条件配合下，温度越高，生长越旺，产量越高。当气温低于 0℃和高于 35℃时，生长受到抑制。茶树对低温的适应有一定限度，中小叶种耐低温能力较强。

2）光照 ：光照强度适宜时，光合作用增强，利于物质积累，提高产量，保持嫩度，增进品质。但直射光强时，对茶树生长有抑制作用，导致产量下降、品质恶劣。

3）水分：茶树是叶用植物，生长期间不断采收嫩叶，又不断发出新芽，生长枝梢，对水分要求较多。水的主要来源是降雨。适宜茶树生长的年降雨量至少 1000mm，以 1500mm 左右为最适宜。茶树的生长和采收季节，月降雨量大于 100mm，空气相对湿度为 80%左右，有利于茶树发育，能促进新梢物质积累。若降雨不足，空气相对湿度低于 50%，则生长受到抑制。风、霜、雪、雾等有的在一定程度上对茶树生长有利，但严重时，也能使茶树受害。

4）土壤条件：土壤 pH 为 4.5～6 的土壤最适于茶树生长。当 pH 低于 4 或大于 6.5 时，生长不良。茶树的根入土深，土层在 1m 以上，质地疏松、有机质丰富、结构良好的土壤，适宜茶树生长。在水分过多、通气不好、有铁盘层的黏土或碱性土中，根系发育不良，严重时引起烂根，甚至死亡。

5）地形条件：地形对局部小气候、水土保持、茶园管理都有很大影响。地形地势不同，会使气候因子发生变化，并影响茶树发育、产量和品质。种茶一般选用土地连边集中的缓坡地或丘陵地。坡度超过 30° 或地面破碎的土壤不适于种茶。坡向对茶树生长也有影响，阳坡热量条件好，春季萌发早。贵州民间流传“高山出好茶”的谚语，不是说山越高，茶树生长越好，而是由于高山环境综合了各种因素，形成终年云雾缭绕，湿度大，使太阳直射光反射成漫射光，从而有利芳香物质的形成和积累，保持芽叶较长时间的柔嫩，促进茶叶品质提高。

任务 8.2　茶树的繁殖

知识目标

1．了解茶树优良品种的特征；

2．掌握茶树的繁殖方式。

能力目标

1．会根据实际情况选择茶树的繁殖方式；

2．能进行茶树的短穗扦插繁殖。

知识 1　选用良种

要提高茶叶的产量与品质，选用茶树良种是必不可少的条件。原因是良种具有以下优点：

1）提高茶园产量：有了良种，在相同生产条件下可获得较好的收成。例如，“黔湄 502”茶树良种比当地苔茶增产 30%以上。

2）提高茶叶品质：茶叶品质的好坏是由成茶叶所表现的色、香、味、形来鉴别的，它除受栽培管理和加工工艺影响外，主要是由品种本身内含物的种类和多少决定的。贵州都匀毛尖茶所以能香飘万里，主要是因为都匀毛尖种茸毛多，香气浓，持嫩性好，加工精细。

3）抗逆能力强：优良品种对环境的适应性和抗病虫害的能力均与自身的遗传因素有密切关系。例如，“黔湄 415”和“黔湄 419”两个品种对牡蛎介壳和茶饼病有较强的抵抗力。

4）提高采摘效率：发芽一致、芽叶均匀的茶芽良种可提高采摘效率，又能保证鲜叶品质，还能为剪采、机采创造有利条件。

优良的茶树品种具有以下特征：发芽密、芽叶重、茸毛多；发芽生长快，新梢生长期长，发芽整齐；叶片大，呈水平或下垂状着生，叶片隆起，富有光泽；叶质柔软；分枝适中，茶蓬宽大； 对寒冷、干旱和病虫害有一定抵抗能力。

小贴士：茶树品种介绍

湄潭苔茶：原产于湄潭县，灌木型，中叶类。分枝较密，叶色深绿，叶面隆起。芽叶肥壮，中生性，育芽力强，持嫩性好。生长快，耐寒抗病，产量高，适宜密植。

黔湄 412：系贵州省茶业科学研究所选育的无性繁殖品种，属半乔木型，大叶类。叶色绿、芽叶多，茸毛肥壮。树姿半开展，枝条稀疏，中生性，产量高，适制红茶，品质优于中叶群体种。

黔湄 415：系贵州省茶科所从杂种后代分离选育。属半乔木型、晚生性、大叶型品种，叶色黄绿，树姿较开展，适制红茶，抗寒性较强，对茶牡蛎介壳虫有较强的抵抗能力。

黔湄 419：系贵州省茶业科学研究所从杂种中单株选育。属半乔木型、晚生性、大叶型品种，叶色淡绿，树姿半张开，枝条较密，芽叶肥厚、重实，茸毛多，适制红茶。抗寒性较强，对茶牡蛎介壳虫、茶饼病、茶半附线螨有较强抵抗能力，主要在海拔 800m 以下地区推广。

黔湄 502：由贵州省茶业科学研究所通过人工杂交无性繁殖选育。属半乔木型，中生偏晚，大叶品种，芽叶浓绿，茸毛多，树姿开张，抗寒性较强，适制红、绿茶，以制红茶品质为优。

黔湄 601：由贵州省茶业科学研究所育成。属半乔木、中生性、大叶型品种，叶色深绿，树姿开张，长势旺，新梢壮，育芽强。但抗寒力较差，适制毛峰茶和红茶。

黔湄 701：由贵州省茶业科学研究所在杂交后代中分离选育。属半乔木、中生偏早的大叶型品种。叶色黄绿，树姿开展，但抗寒性较弱，适制红茶。

黔湄 809：由贵州省茶叶科学研究所从黔湄 412、黔湄 415、黔湄 419 等无性系品种自然杂交后代单株选育。1999 年通过贵州省审定。属小乔木，中偏早大叶型品种，树姿半开展，叶椭圆型，叶色翠绿，幼嫩叶色终年淡绿，叶面隆起，芽叶密被茸毛，抗寒性较强，制红、绿茶品质均好于兼制品种，以制绿茶或名优绿茶品质最佳。

福鼎大白茶：原产福建省福鼎县。属小乔木、中叶类。树姿半开展，分枝密，叶形椭圆，水平着生，叶色鲜绿，叶质柔软，叶面微隆起，芽叶肥壮，茸毛特多，持嫩性好。抗病性强，产量较高，适于密植。制红、绿茶品质优良。

云南大叶茶：原产云南省勐库、凤庆等地。植株乔木型，树势高大，主干明显，分枝部位高，顶端优势特强。叶片大而柔嫩，呈水平状或下垂状着生。芽梢肥壮，茸毛多，育芽力强，发芽早，生长迅速，产量高。该种内含物丰富，制红茶滋味浓强鲜爽，品质优异。但适应性较差，抗寒力弱，仅能在年均温 16℃以上，绝对最低温-3℃以上的地区种植。

知识 2　茶树的繁殖方式

茶树良种繁殖的方法有两种，一是无性繁殖（又称营养繁殖），二是有性繁殖（又称种子繁殖）。

1．有性繁殖

有性繁殖通过将成熟的种子播于苗床，育出新的植株。有性繁殖技术简单易行，植株适应性强，但后代易产生变异，品种优良性状难以保持，故生产上多采用无性繁殖方式。

有性繁殖播种方法：用茶籽育苗可采取穴播和单粒条播两种方法。单粒条播行距 20～23cm，株距 3cm。穴播行距 20～23cm，穴距 10cm，每穴播 4～5 粒种。播后盖土，盖土厚度 3～7cm。

2．无性繁殖

无性繁殖利用茶树的营养器官繁殖生长成新的个体。此法由于选用植株器官和方法的不同，又分为短穗扦插、压条繁殖和分根繁殖三种，其中短穗扦插繁殖最有利于保持良种特性，茶树生长整齐划一，能适应茶园机械化管理。因而在当代茶叶生产中，短穗扦插已成为茶树育苗繁殖的主要技术。

实训　茶树短穗扦插繁殖和茶苗移栽

1．目的要求

学生分组操作，划分田块，准备材料。通过实际操作，使学生掌握茶树短穗扦插繁殖和茶苗移栽的方法。

2．材料工具

材料：插穗母树、肥料、农药等物资。

工具：农用塑料薄膜、剪刀、遮阴覆盖物（草帘、草袋）。

3．实训步骤

流程：

选好苗圃地，精细整地→扦穗母树的培育与剪穗→扦插→苗床管理→茶苗移栽

01 选好苗圃地，精细整地。短穗扦插育苗应该选择土质肥沃、呈酸性、排水良好、地势平坦向阳、交通方便、水源充足的地块作苗床。整地前清除草根、树根、石块，然后全面深耕，精细整地，施足基肥，使苗床土块细碎、平整。苗床开厢，一般宽 1.2m，长视地形而定；厢沟宽 0.5m，深 0.1m，以便管理。苗床整好后，按 7～10cm 等距划出扦插行，以备扦插。

02 扦穗母树的培育与剪穗。对插穗母树要加强肥培管理，多施肥料，防治病虫害。从良种母本茶树中，选取中下部呈棕红色的当年新梢，剪取顶部带有一片真叶和一个腋芽，长 3cm 左右的短茎，称为插穗。作插穗的枝条要求腋芽饱满、健全，叶片完整、开始变红的枝梢。若枝条上下两端节间短，可将两节剪成一个插穗，剪去下部的叶片和腋芽，保留上端叶片和腋芽。至于不带叶片，或插穗上、下端过长和过短的插穗，都应抛弃，换作他用。

03 扦插。首先要确定扦插时间和方法。茶树短穗扦插时间自 3 月下旬至 11 月上旬均可进行。春插可以当年出圃移栽。夏插温高，发根快，成活率高，可供第二年定植用。扦插前，先用水喷湿苗床，待床土不沾手时进行扦插。插时将插穗与土壤成 60° 角斜插入土，并用两手将泥土压实，再浇清水，使土与插穗结合紧密。插穗行距 7～10cm，株距以叶不重叠为原则，每亩插 10 万～15 万短穗。

04 苗床管理，包括遮阴、灌溉、追肥、除草、防治病虫和炼苗。

1）遮阴：目的是避免阳光直射、防晒防风、保持湿润，促进早发根。遮阴一般采用活平顶矮棚和单面斜棚。

2）灌溉：在发根前除阴雨天外，每天早晚各浇一次水。春、秋季每天浇一次水。

关键是苗床表土要经常保持湿润。当发根抽枝后，可酌情逐渐减少浇水次数，还可用稀薄的肥水洒施促苗。水源好的地方可采用沟灌，灌水深度为苗床高度的 1/2～3/4，灌 3～4h 后及时排干。

3）追肥：在短穗发根后，按“少量多次，淡肥勤施，逐渐加浓”的原则，结合浇水进行。追肥前，注意拔除杂草。对夏插、秋插苗圃，由于根入土不深，易受冻害，要注意畦边培土和畦面铺草防寒。

4）病虫害防治：高山茶区主要防茶饼病和赤腥病。防治方法：①加强茶园管理，勤除杂草，增施磷肥和钾肥，改善茶丛的通风透光环境，增强茶树抗病能力；②及时采摘带病叶片；③在春茶开采前或各季茶采后用 1∶1∶100 的波尔多液喷洒茶蓬和新梢，或用甲基托布津、多菌灵等杀菌剂 500～1000 倍液每隔 10d 喷一次，连续喷 2～3 次，效果明显。

茶树虫害主要有茶毛虫、茶小绿叶蝉、茶梢蛾、茶蚜等。防治方法：①结合茶园管理，清除茶园及附近杂草，减少虫源和虫密度；②及时采摘有卵的嫩梢；③针对不同害虫选用高效低毒农药防治。

5）揭网炼苗：是茶苗出圃的最后阶段。当苗长至 25～30cm，选择下午阳光不太强时，揭网炼苗。初次揭网，采取半揭后再全揭的方法进行炼苗，逐步增强茶苗的适应能力和抗逆性，培育壮苗和提高移植后的成活率。

05 茶苗移栽。首先要确定移栽的时间及方法。

1）移栽适期：当种子繁殖苗高 33cm 以上，扦插繁殖苗高 27cm 以上，生长健壮时即可移栽。此时移栽有利于根系恢复成活。移栽的最佳时间是 10 月中旬至 11 月中旬，其次为 2 月下旬至 3 月上旬。寒冻不重的地区以秋栽为好；寒冻大的地区由于气温太低，根系恢复不好，以春栽为宜。

2）移栽技术：起苗前 2～3d 苗床浇水一次，使土壤湿润，以利起苗。起苗宜在阴天或雨后进行，多带土，少伤根，起苗后及时移栽，避免日晒和挤压伤根。移栽时按确定的行窝距挖好栽茶窝或栽茶行，施足底肥并与土拌匀，每窝栽 2 株，株与株之间相隔一定距离。栽得深度以根颈为宜，栽时要一手扶苗，一手不断向窝内填土，边填边压，使根与土结合。土填满后，浇定根水再培土，然后剪去枝叶的 1/3～2/5，以利成活。

4．实训报告

总结茶树短穗扦插繁殖育苗的关键环节，并与种子繁殖方式比较优缺点，完成实训报告。

任务8.3 茶 园 管 理

知识目标

1．掌握茶园合理密植的规格；

2．掌握不同类型茶园的生育特点及管理目标。

能力目标

1．会进行茶苗的实时移栽；

2．能根据不同类型茶园的生长特点进行管理。

知识1 种植密度与种植规格

合理的种植密度和种植规格，对快速成园、高产稳产有重要的作用。根据各地的经验和研究成果，在中等肥力条件下，双行条植或三行条植茶园，每亩留苗：大叶品种5500～6000株，中小叶种8000～10000株，具有投产快，土地利用率高，维持较长高产高效年限和方便管理的优点，其种植规格如下。

双行条植：大行距1.3～1.7m，小行距0.3～0.4m，窝距27～33cm，每亩窝数2700～3000窝，每窝留苗2～3株。

三行条植：大行距1.5～1.7m，小行距0.3～0.4m，窝距27～33cm，每亩3500～4000窝，每窝留苗2～3株。

知识2 不同类型茶园的生育特点及管理目标

1．幼龄茶园

1）生育特点：茶树从移栽后到正式投产这一时期称为幼龄期。一般为3～5年，时间的长度与栽培水平、自然条件有密切联系。也有的茶园因管理不善，导致7～8年不能投产。幼龄茶树不管是地上部分还是地下部分，生长势均较弱，受环境因素影响较大，尤其是抵御自然灾害能力不强。

2）管理目标：主要是使茶树生长苗壮，树势旺盛，早投产，产量高，鲜叶品质好。茶园管理应根据茶树不同时期的生育特点，采取相应的技术。播种后 1～2 年以护苗、保苗为中心，促进苗全苗壮，早投产，3～5 年茶树以增肥改土为中心，培养宽大树冠，夺高产。

2．成龄茶园

1）生育特点：一般为树龄 4～5 年以后的投产茶园。时间从第一次开花结果到第一次更新改造，这个时期树冠不断扩大，生理机能旺盛，产量最高，营养生长与生殖生长并茂可维持 15～20 年，如水肥管理好，可持续到 30～40 年。此时，因采摘频繁之故，营养损耗多，如施肥不及时、不足量，易造成缺肥现象。

2）管理目标：加强肥水管理，适度修剪，合理采摘，注重病虫害防治，以保持茶树的强生长势和较大茶蓬覆盖度。进入高产期后，以施肥为重点，保持土壤肥力，防治病虫，为茶树持续高产创造良好生产条件。

3．低产茶园

（1）生育特点

树势衰败，生长势差，育芽力弱，采摘面小，产量极低。低产茶园由于环境条件、茶树品种、树龄、管理、采摘的不同，树冠形态差异很大，分为以下四种类型：

1）衰老型：树势衰弱，树冠呈稀疏光枝独干，侧枝大多枯死，芽叶疏少，没有绿叶层，对夹叶多，枝干呈枯灰色。苔藓地衣遍布，有的在部分老枝下部或根颈部抽发新枝，形成明显“两层楼”，产量连年下降。

2）半衰老型：这类茶树虽树龄不大，但树势比较弱，“鸡爪枝”多。蓬面缩小，对夹叶大量出现，有苔藓地衣为害，产量难以维持。

3）未老先衰型：茶树树龄小，但长势差，树冠矮小，无明显主干，枝条参差不齐，采摘面十分零乱。

4）病虫危害严重型：由于茶树遭受病虫危害，育芽能力弱，甚至叶片脱落，枝干枯死，产量极低。

（2）管理目标

改造低产茶园，能提高单产和品质，是一项投资省、见效快、经济效益大的有效技术措施。

实训　茶园的管理

1．目的要求

学生分组操作，划分田块，责任到人。通过实际操作，使学生掌握不同树龄茶园的管理方法。

2．材料工具

材料：幼龄茶园、成龄茶园、低产茶园、肥料、覆盖草、农药等。

工具：锄头、灌溉设备、物资。

3．实训步骤

流程：

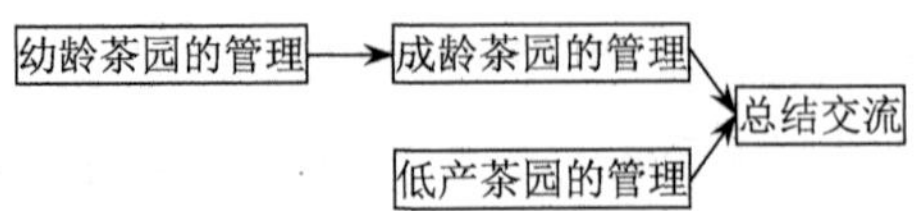

（1）幼龄茶园的管理

1）补苗：茶苗种植后，一般不能全部成活，如发现死苗宜在第二年春季、秋季选择壮苗补齐茶苗。第三年、第四年一般不再补苗，如有缺苗可进行移植。

2）除草和养草：1～2 年生茶园须人工锄草，禁用化学农药，年除草 4 次。除草时尽可能先在苗际 30cm 范围内用手拔草，防止松动茶苗，三年生以上茶园可采用适宜的除草剂除草，喷药时需防止药剂喷到茶苗叶片上，影响生长。夏季高温季节应适当养草遮阴保水，不宜除草过净。

3）灌溉和排涝：幼龄茶园有“三忌”。一是 “忌旱害”，在夏季持续高温，茶园水分不足时，需要及时灌溉保苗，同时采取茶行间作、铺草等措施保持茶园水分；二是 “忌涝害”，在梅雨季节或持续多天下雨导致茶园积水时，需要及时疏渠排涝，防治茶苗烂根和老苗；三是“忌寒害”，在冬季霜雪来临之前，采取熏烟、蓬面盖草、行间铺草、灌水和选用抗寒品种等方式减轻寒害。

4）施肥：1～2 年生茶园的茶树小、根系分布范围窄，所施的肥料应以速效肥为主，如沤熟的人畜粪尿（沼气液最佳）、速效化肥（尿素、磷铵等），同时，要注意氮、磷、钾的平衡施用，比例为 1∶0.25～0.5∶0.25～0.5。

施肥次数、用量、方法：每年施肥 4 次以上，均开宽 20～30cm、深 25～30cm，化肥每次亩用量 8～12kg，距树干 15～25cm 开小沟（深 20～30cm）撒施，最后回填泥土。

施肥时间：①元月底～2 月上旬（开采前 15～20d）；②4 月下旬（即春茶结束时）；③7 月中下旬（即秋茶开采前 10～15d）；④9 月下旬～11 月中旬，这次施肥以有机肥为主，商品有机肥亩用量为 75～100kg，挖深 25～30cm、宽 20～30cm 大壕沟，把表面的杂草及修剪下来的枝叶垫在最底层，再在面上放肥料。基肥提早施好，以使茶树利用秋末冬初的余温充分吸收、囤积养分，为培育健壮春芽、使来年春茶早萌发做好准备。

5）铺草遮阴：茶苗种好后，在茶行间铺秸秆等覆盖物，以保水、保温、保肥，减少杂草生长，提高茶苗成活率。有条件的地方可用遮阳网、树枝或作物秸秆进行插枝遮阴，遮阴度 50%～60%，一般每亩需秸秆 3000kg。

6）防寒保苗：高山茶园，常遭低温和冷风袭击，造成叶片失水，形成“干冻”。早春季节，遇到寒流也易引起水分冻结，使萌发的芽受害，甚至造成死亡。因此，除茶园铺草外，秋耕要结合培土壅脚，或在行间种植绿肥，保持和提高土壤温度。

7）间作：1～2 年生茶苗可在行间适当进行间作，种植萝卜、白菜、黄豆、花生等矮秆作物，忌种玉米、油菜等高秆作物。3～4 年生茶园可在行间种植紫云英、苜蓿等绿肥。5 年生以上茶园无需间作。

8）定型修剪：茶树种植后，在幼龄阶段，通过合理定型修剪，加强培育，培养壮、宽、密、茂的树型结构，就能为今后的高稳产、优质打下良好的基础。幼龄阶段修剪共分三次。

① 第一次定型修剪：当一年生茶苗 75%～80%长到 30cm 以上时，即可进行第一次定型修剪。如果高度不够标准，可推迟到第二年春茶生长停止时进行。这次定型修剪的高度，对于今后分枝的多少和生长强弱有密切关系。修剪较低，分枝较少，但由于养分集中使用，形成的骨干枝比较粗壮；修剪较高，分枝较多，但由于养分分散使用，骨干枝比较细弱。一般而言，第一次定剪高度以离地面 12～15cm 为宜。半乔木型品种如政和、云南大叶茶分枝部位较高，应剪高一些；灌木型品种，分枝部位低，应剪低一些。高寒山区，土壤瘠薄，茶苗生长较差的，应剪低一些。

② 第二次定型修剪：一般在上次修剪一年后进行。修剪的高度可在上次剪口上提高 15～20cm（即离地面 30～40cm）。如果茶苗生长旺盛，只要苗高已达到修剪标准，即可提前进行。用篱剪按修剪高度剪平，然后用整枝剪修去过长的茬头，同样要注意留外侧的腋芽，以利分枝向外伸展。

③ 第三次定型修剪：在第二次定型修剪一年后进行。如果茶苗生长旺盛，同样可提前。修剪高度在上次剪口上提高 10～15cm（即离地 45～50cm），用篱剪将蓬面剪平即可。

每次定型修剪都是为了培养健壮的骨干枝。修剪后发出的新梢是形成骨干枝的基础，千万不可采摘，否则就难以养成良好的骨架，造成难以弥补的损失。经过三次定型修剪，树冠迅速扩展，已具有坚强的骨架，即可适当地留叶采摘。第四年和第五年每年生长绳带时，在上年剪口以上提高 5～10cm 进行整枝修剪，使树冠略带弧形，以进一步扩大采摘面。五足龄后，新茶园正式投产，可按成年茶树修剪方法修剪。

（2）成龄茶园的管理

1）中耕除草。

中耕除草的目的是消灭杂草，改良土壤，为茶树创造良好的生长条件，使茶树根深叶茂，稳产高产。中耕因深度不同分深中耕和浅中耕两种。

① 深中耕：深中耕的作用在于改良土壤，加深耕层，消灭宿根性杂草和越冬虫通，提高土壤保水保肥能力。深耕视土壤、地形、树龄而定。坡度大的茶园少耕，平地、缓坡地茶园可适当多耕，沙土、杂草少的茶园少耕，黏重土、杂草多的茶园多耕，种植前已全面深耕的幼龄茶园和密植封行茶园应免耕，种植前未深耕的要补耕或隔行深耕，深度为0.3～0.5m，同时除尽多年生茅草、蕨类等杂草。深耕时间以秋末冬初（即9～10月）为宜。因这时气温高，受伤根系愈合快 ，新根长出快，对次年萌芽有好处，伏天深耕，虽对杂草和土壤熟化有好处，但根伤后影响肥水吸收输送，往往导致秋茶减产，特别是在旱象严重的情况下，对生长不利。

② 浅中耕：浅中耕次数和时间要看天、看地、看树而定。以除草为目的，在雨后初晴进行，以提高肥效为目的，配合施肥进行。当茶园覆盖率达80%以后，应予免耕。

2）施肥。

成龄茶园因采摘之故，营养损耗多，因此，施肥要及时、足量（采摘茶园缺肥是个普遍问题）。要重视追肥、基肥。追肥以氮素肥为主，基肥以复合肥或饼肥为主。条件允许的话，应施大量农家肥（或河塘泥），以改造茶园土壤、提高地力。

① 施肥规律：茶树是叶用植物，芽叶生长需要最多的是氮肥，其次是磷肥和钾肥。成龄茶园氮、磷、钾的施肥比为3∶2∶1（作红茶原料）或3∶1∶1（作绿茶原料）。春茶长势旺，产量高，催芽肥十分重要。春夏秋茶三次追肥比例一般按 4∶3∶3 或 2∶1∶1分配。只采春夏茶的可按7∶3分配。

注意肥料的酸碱度，茶树是喜酸的植物，土壤偏碱性的茶园用酸性肥料，酸性强的土壤选用中性或偏碱性肥料，过酸的土壤施用磷肥或骨粉，不宜施过磷酸钙，因磷酸易被土壤固定。

② 茶园施肥方法。

a．基肥：多用有机肥，于秋末冬初结合深耕施，以利恢复树势，增强抗寒力，促进春茶增产。基肥要深施，成龄茶园在茶丛边缘垂直向下位置开施肥沟，深 20～30cm，每年更换位置；幼龄茶园按窝施，施肥距根颈 10～15cm，深度 15～25cm，施肥后盖土。

b．追肥：一年3次，以速效肥为主，在春茶、夏茶、秋茶生长季节施，促进当季茶增产。春肥多在3月中下旬施，占全年追肥用量的45%～50%，夏肥在5月中旬施，占全年施肥量 25%～30%，秋肥不超过 8 月上旬施，占全年 20%左右。施肥量应根据树龄、长势、采叶量和制茶种类而定。据各地经验，每0.5kg纯氮可以生产10～12.5kg鲜叶，就是说，每生产 50kg 鲜叶，就需补充氮素 2.5～3kg，磷酸 1～1.5kg，钾素 1.5～2kg。而茶树对氮肥的吸收率为50%、磷为20%、氯化钾为45%。实际用量要相应增加。

追肥的施肥部位同基肥，深度 10～15cm，施后随即盖土。

c．根外施肥：又叫叶面施肥，因叶片吸肥力快而具有肥料利用率高的优点。具体方法是先将可溶性肥料溶于水，再用喷雾器将肥料溶液喷在叶面上。叶面施肥浓度一般为 1%左右，浓度大，易烧伤叶面，造成肥害。每亩喷兑制溶液 50～100kg。喷时配合生长调节剂或微量元素，效果更好。

③ 茶树整型修剪。

修剪能控制和刺激茶树生长，增加分枝密度，扩大采摘面，提高单产和品质。良好的树冠具有骨干枝着生部位低而粗壮，分枝逐层增长，上部枝多、密度大的特点。这种树冠唯有通过修剪才能形成。

整型修剪：指经过定型修剪后对采摘茶园的修剪。包括浅修、深修和丛内整枝。目的是使树冠采摘面保持强壮的发芽基础，促进营养生长，保持采摘面整齐一致。

浅修剪主要是剪去高出树冠的徒长枝，促进侧芽萌发，增加发芽密度，创造平整树冠。一般一年一次，浅修剪时间多在秋季进行。

深修剪：目的在于消除“鸡爪枝”层，使水分、养分运输通畅，增强育芽能力。恢复树势，提高品质。修剪深度视“鸡爪枝”层和绿叶层厚度而定，一般将从顶端往下 17cm 左右处剪下。经系统修剪的茶树，每隔 4～5 年深修剪一次，修剪时间，无冻害地区多在晚秋进行，以利春茶早发、多发 ，有冻害地区，可推迟到早春进行。

丛内整枝：即在浅修、深修的同时，剪去茶丛内的横枝、细弱枝、病虫枝，保留骨干枝。否则，会导致减产。

④ 茶园灌溉。茶树的生长和由于不断采摘芽叶，对水分的要求较多。当土壤水分保持在 75%左右时，生长最旺；低于 50%以下，生长停滞或衰退，出现大量对夹叶，影响产量和品质。但地下水位过高时，根的吸收能力下降，腐生性微生物活跃，引起烂根，地上部生长也不良。伏旱和秋旱是影响夏秋茶产量的重要原因之一，因此，在夏季干旱期间进行灌溉，增产效果十分显著。成龄茶园主要是加强茶园蓄水和保水，铺草覆盖或地膜覆盖，深耕改土，加厚土层，修建梯园，调整地形，改变水流动向，增加园内蓄水，植树造林等。

⑤ 防治病虫。茶园栽培，治虫最为关键：结合田间管理，摘除虫卵枝叶，改变虫蛹栖息部位，以达到灭虫的目的；采摘、修剪也是治虫手段。对当地优势害虫种群，优选微生物农药、植物源农药以及矿物源农药，关键是治早、治小。

（3）低产茶园的管理

低产茶园是指树势衰退、单位面积产量低的茶园。改造低产茶园，能提高单产、品质，是一项投资省、见效快、经济效益大的有效技术措施。根据各地的经验，改造低产茶园的技术主要是改造树冠、改造园地、改良后管理三个方面。

1）改造树冠、复壮茶树。

改造树冠有重修剪、台刈和局部台刈三种方法。无论采用何种方法，都要确定修剪对象、修剪时间和修剪方法。

① 重修剪：重修剪易于恢复树势，产量回升快。其对象是树龄较大，但树势不过分衰弱，由于采摘不合理，未形成一定蓬面的茶树；枝条零乱，高低不一，分枝疏少，树幅小的茶树；树冠分枝弱，对夹叶发生早，“鸡爪枝”多，产量连年下降的茶树；遭病虫危害、枝干有苔藓地衣的茶树。重修剪的时间：在春茶前后，夏茶后和秋茶后均可进行。以春茶前、后两个时期较为理想，可使当年不减产或少减产，第二年能大幅度增产。重修剪的高度：视茶树衰老程度和长势强弱而定，以除尽结节和弯曲、细弱、枯死枝条为宜，一般剪去树冠高度的1/3～1/2（即将离根颈部30～50cm处剪去），修剪方法宜用篱剪或整枝剪进行，做到剪口光滑无破裂，尽量剪去茶丛的纤弱枝、病虫枝，保留健壮侧枝。切忌用柴刀或钩刀乱砍。

② 台刈：台刈是修剪程度最深的一种方法，也是改造衰老茶园最彻底的措施。台刈后，树势生长旺，后期产量增长幅度大，但对当年和次年产量有较大影响，故除严重衰老的茶树外，一般不采用。台刈的对象是树龄大、枝干枯老、主干灰白、树势高大、分枝稀少、蓬脚空虚，大量簇生“鸡爪枝”和苔藓地衣的茶树；树势不太衰老，但树冠低矮，地面密集丛生大量细弱枝的茶树；多年强采失管，生长特别矮小的茶树；骨干枝病虫危害严重，大量枝条干枯死亡的茶树。台刈时间：在春茶前后或夏季后均可。春茶前台刈，由于根部储藏物资多，春芽未萌发，树势恢复快，对今后长期增产有利，但当年没有收入。春茶后台刈，可以减少春茶的损失，利于夏季气候条件，多长新枝，为第二年提前开采好打基础。一般在5～6月份完成。台刈高度：灌木型茶树离地5～10cm处刈去。乔木型则提高到离地面20cm处刈去。台刈方法：用台刈铗或锋利柴刀，按照确定的高度刈去上部全部树冠。台刈时要求切口光滑、倾斜，勿撕破枝干，以利伤口愈合。

③ 局部台刈：局部台刈又叫留壮去衰或抽刈。即只剪去茶丛中粗老衰败的枝条，留下生长强壮的枝条。其对象是未经过重修剪或台刈的衰老茶树，由于枝干失去萌发能力从根颈处抽发出大量新枝与原来的老枝条形成“两层楼”的茶丛。抽刈时间在春、夏、秋季均可。

④ 剪采养结合：剪采养结合的方法主要用于因管理不善或采摘不合理造成“未老先衰的茶树及未经定型修剪、树形零乱、未形成树冠的茶树。剪采养的方法：春茶前用篱剪或整枝剪剪去茶树最大采摘面以上的高枝或徒长枝，然后再用整枝剪清除茶丛

内的纤弱枝、拖地枝和病虫枝，并注意培养树冠。

2）改造园地。

改造园地就是改善茶园土壤条件、环境条件和茶树不合理的群体结构，使茶树有一个合理的群体结构和良好的生态环境。主要技术如下。

① 移植补缺，增加密度：对缺窝断行采用移植补缺、移苗补缺、补种和压条等方法，补齐缺窝断行，增加密度。移植补缺：即利用临近茶园的植株补栽在缺窝断行处。补植时，因地制宜将小块合并为大块，变零星为成片，改丛植为条植，将陡坡茶园改为等高条植茶园等，移栽时间以地上部分停止生长而地下部分活动旺盛的早春或秋季为好。移栽时尽量多带土，保留细根，并在窝内施入有机肥、饼肥、堆肥或细土。移栽后要加土填实，使根与土紧密结合，然后浇透水盖土，以保持土壤湿润，提高成活率。茶苗补缺：即用苗圃育出的茶苗或茶园中幼苗移栽于缺窝断行空地中。其补栽方法、时间与移植补缺相同。

② 茶籽补缺：于播种季节在缺窝断行中播种茶籽。播种后作出标记，防止践踏挖毁，出苗后注意防旱施肥，以促进生长。压条补缺又叫弯枝补缺，适用于缺株不重的茶园，其方法是在气候温暖、雨水充沛的季节，将缺株两旁的茶树 1～2 年生的健壮枝条向缺株方向压入土中，并用“竹马”骑在树枝上，使它固定，防止弹起，经过 6～12 个月的生长，将压条从母枝上剪下，使压条成为单独的植株，以缩小株距，使茶树成行。

③ 改土保土：改土保土，提高地力与改造树冠是相辅相成的两项技术，是保证茶树养分和水分供应的重要措施。特别是老茶园和高山坡陡的茶园，由于覆盖差，水土流失严重，土层浅薄，茶根裸露，容易导致茶树死亡。改土方法有深耕改土、增肥改土和治水保土。深耕改土：深耕能使土壤疏松，增加空隙度，有利于通气，增加微生物活动，促进养分分解，也有利于切断根部的部分粗老根，促进根系向下伸展和良好发育。深耕时间：一般以 9～11 月为好。深耕深度以超过 30cm 为宜。深耕位置是沿树冠垂直向下的行间或茶丛周围。深耕结合抽槽换土，把表土填入沟底，将底土置于行间或表面，使之熟化。增肥改土：即在深耕时结合施绿肥、土杂肥、溉肥、油饼和无机肥，以增加有机质，改良土壤结构，为根系发育创良好条件。

治水保土。治水保土是确保低产茶园改造成效的重要措施。坡度大、水土流失严重的茶园应按等高线改成窄幅梯地，坡度不大的茶园应改成宽幅梯地。修梯方法与新开梯式茶园相同。行距大的茶园可利用行间种植绿肥或利用高秆茅草覆盖，坡地茶园四周与林地、荒地相连接的地方应挖隔离沟，坡面长的应开横排水沟、挖积沙塘，以降低山水下冲，减少流水，拦截泥沙，做到肥土回园。

④ 改植换种，以新代老：改植换种必须依照的改造措施，适用于通过加强施肥培土管理仍无多大收益的茶园和过于分散、失去改造价值的茶园。改植换种必须依照新辟茶园的要求，选用良种，做好规划，高标准建园。改植换种对茶农收入影响较大，一些茶区采用“以老带新，以新代老”的方法，先在原有的茶行内按一定标准设置茶行，栽种茶苗或播种茶籽。新的茶树成园之前，一方面采摘老茶树萌发的芽叶，另一方面对幼茶进行管理。在新茶园形成过程中，逐步淘汰衰老茶树，最后新茶树全部代替老茶树。但这种方法对行距、丛距小的茶园来说，深耕、种植不易操作，对幼龄茶也有一定影响。

3）改造后管理。

低产茶园经过改造以后，管理工作必须跟上，这是改造能否成功的关键。因此，要抓好增施肥料、修剪整枝、合理采摘和防治病虫等管理技术。

① 增施肥料。更新改造后的茶园，打破了旧的平衡，新生枝叶和根系生长旺盛，只有及时供给充足的营养，才能促进萌芽，加快新梢生育，尽快形成新的绿叶层，进而提供量多质好的鲜叶。在肥料的种类和施用方法上，强调以有机肥为主，加施无机肥，注意三要素的配合。台刈后的茶树，除施足底肥外，每年追施速效氮肥 2～3 次。同时做好幼龄茶树的中耕除草工作，防止杂草压苗。

② 修剪疏枝。改造后的茶树，分枝不规则，树桩萌发新枝细小，使茶蓬浓密，影响骨干枝的形成和生长。因此，台刈后的茶树要进行定型修剪，培养骨干枝，促进分枝。春茶后台刈的新梢当年生长 50cm 以上，第一次定型修剪于当年秋季或第二年春季进行，离地面 40cm 左右处剪去上部枝叶。第二次于第一次后一年进行，离地 50～60cm 处定型剪。春茶后重修的茶树，当年秋实行打顶采摘或轻修剪，去病虫弱枝，留稀去密，使之通气透光，集中养分，促进生长。

③ 合理采摘。改造后的茶树，在满足水肥条件下，生长比较旺盛，枝梢长，芽叶壮，要坚持“以养为主，采养结合”的原则，决不能搞“头年砍，二年养，三年采成光杆杆”的做法。台刈更新的茶树，要多留少采，打顶轻采。随着树冠扩大，采摘逐渐增加。当年树高不足 40cm 者，只养不采，超过 40cm 可适当打顶；第二年留 2～3 叶采；第三年留 1～2 叶采。采摘时做到采高留低、“采中心枝，不采边枝”，以增加树冠内的短壮分枝和芽叶密度，扩大蓬面，为丰收打下基础。

④ 防治病虫害。茶树更新改造后，肥培管理及时，枝叶繁茂，芽枝肥嫩，也为病虫害提供了良好的食料和寄生场所，常常引起茶树多种病虫的发生蔓延。对此，要按照“预防为主，综合防治”的方针，及时进行防治。茶树的主要病虫害有茶饼病、圆赤星病、苔藓和地衣，主要虫害有茶毛虫、小绿叶蝉、茶梢蛾、大衰蛾等。

拓展　新茶园的建设

1. 茶园建设的标准

建立新茶园必须坚持高标准，按照茶园园林化、品种优良化、种植规格化、坡地梯度化、灌溉水利化的要求，追求建园质量，做到开辟一亩、成园一亩、高产高效一亩，做到“头年种、二年摘、三年亩产超一百”。

2. 新茶园建设规划注意事项

（1）选地

新建茶园要从长远和全局出发，合理布局，统筹安排。选择气候适宜、土层深厚、结构良好、连片集中的酸性肥沃土壤建立茶园。在茶园内部还要全面规划，合理布局园地、茶园道路、排灌水渠、防护林带和茶行。做到充分利用光能、经济利用土地，便于管理，为茶树生长创造良好的环境条件。

（2）道路规划

道路的设置应根据茶园面积大小，使用运输工具类型和地形、地势确定。设置道路的目的是便于管理、运输和实行机械作业等。一般 1000 亩以上大茶园，设置干道、支道和步道；1000 亩以下茶园，只设支道和步道。道路的设置要便于运输，少占耕地，尽量利用瘠薄地。道路占地面积一般不超过总面积的 5%。

干道：用以连接各生产区、加工厂和场部。路宽能供两部汽车或拖拉机对开即可，并尽量与茶行平行。

支道：用以连接生产地块与干道。路宽能通行一辆汽车或拖拉机。

步道：从支道通向每一块地的道路，供茶农进出采茶、运送肥料和防治病虫，路宽 1～1.3m。步道根据地形而设，最好使每块茶园面积一致，以便耕作、管理、采摘，计算投资和效益。

（3）排水渠规划

茶园排灌系统包括隔离沟、纵排水沟、横排水沟和灌溉系统。

隔离沟：设在山地茶园上方与林地、农田交接处，用以保护茶园不受上面流水侵袭、冲刷，防止树根、草根冲入茶园。一般沟深 0.5m，两端与纵沟相通。

纵排水沟：沿顺坡向开渠，主要是接横沟的溢水，一般设在水流汇集的低凹处。为降低水流速度，减少水土冲刷，纵排水沟最好开成阶梯形，或每隔一定距离挖一个沉沙塘，也可以隔一定距离用草皮、石灰砌成拦水埂。

横排水沟：按坡地等高线开设，一般与茶行平行。用于拦蓄茶园内雨水，降低茶园水位。梯式茶园每梯开一条，设在梯面内侧，沟的大小视梯面宽窄而定。非梯式茶园，每 5～10 行开一条横沟，沟面宽 0.7m 左右，沟深 0.2m。横沟内每隔一定距离挖一小坑，以便蓄水积沙。横排水沟与隔离沟都要与纵排水沟相连，做到沟沟相通，小雨不出园，大雨保泥土。

茶园灌溉系统由水源、干渠、支渠组成。山地茶园尽量利用地势较高的山洼修小水库或水池蓄水作自流灌溉或施肥、防虫用水之需。

凡是规划的道路和排灌系统的位置，都要用木桩或石灰做出标记，以便施工。

（4）茶行规划

茶行布置要有利于水土保持，以充分利用土地、光照，便于管理采摘。

1）平地茶园采用东西向布置茶行；

2）缓坡茶园采用顺坡直行或沿等高线布置；

3）坡地茶园宜建宽幅水平梯地，以减少雨水冲刷；

4）各类茶园均沿等高线布置茶行，茶行视梯面宽窄而定。

3．平地、缓坡和梯式茶园的开垦

开垦茶园之前，要先清理地面，将树兜、乱石和荆棘草根清除干净，填凹补平，但不能取走表土。

（1）平地茶园和缓坡茶园的开垦

凡新荒地分初垦和复垦两次完成。初垦深度要求在 0.5m 以上，复垦在 0.3m 左右，并整细耙平，除尽茅草、竹鞭等宿根性杂草。

深耕可以改良土壤，提高土壤保水保肥能力，加速土壤熟化。大型茶园全面深耕用拖拉机进行，也可用人工进行带状深耕。为避免黏土、重土壤带状深耕造成槽中积水，可在种植行培土 10～17cm，滤水透气。凡未进行带状深耕的，在幼龄期间对茶树两侧进行补耕，以利于根系伸展。

（2）梯式茶园开垦

凡坡度在 15°～20° 的茶园，应规划建设斜坡梯层茶园。开梯之前，首先测定等高线。测定等高线的方法有两种：地形得用目测，比较复杂的地形用直角等腰两角规测。直角等腰两角规测法是在坡地选一最陡的点为基点，将两角规的一角定在基点上，另一角上下移动，当垂线刚好在中间的零点时，表示两点在同一水平线上。用木桩或石灰在该处做上标记，然后再将两角规的一角移动测新点，如此向前测定第一条等高线。在原基点上，按梯面宽度垂直向下，定出下一梯地的基点，再按上述方法测出第二条等高线，依此类推测出各条等高线。

第二步是按测好的等高线自上而下地逐层修筑梯埂（或自下而上回填表土），先用挖锄沿等高线挖平基脚，在基脚上修筑石坎或草坎。梯壁基座的大小依建筑材料和梯层高度而定。用石头草皮砌的，宽 0.5～0.7m；用新土筑的略宽些。梯壁要构筑牢固，梯坎要等高，梯面内低外高两头平。梯层宽高依地势和坡度大小而定，梯壁坡度一般为 0°～60°，用石坎作梯壁可以稍陡一些。

用草皮筑梯，先挖好长 40cm、宽 27cm、厚 17cm 的长方形草皮，然后将起好的草皮倒置在基脚上，砌好一层，填一层土并压实，接着将草皮上面削平，再放第二层。上下草皮接头处应错开成“品”字形，块与块之间紧密连接。一边接草皮，一边填土，填平梯面。在筑第二层梯面时，先将表土挖起，铺在已经做成的第一梯面上，再按同样的方法筑第二层、第三层。

梯面修好后，除土埂内保留 0.3～0.5m 不挖外，其余进行全面深挖或在种植行内带状深挖 0.5m。

在开垦园地的同时，应结合深耕施足底肥，每亩施腐熟有机肥 1500～2500kg，过磷酸钙 25～50kg，与土壤混合拌匀，盖上细土，才能移栽茶苗或播种茶籽。

任务 8.4　茶叶的采摘、初加工与保存

1. 了解茶叶的分类和初加工的相关知识；
2. 掌握茶叶的采摘标准和采摘技术；
3. 掌握茶叶的保存方法。

能力目标

会进行茶叶的合理采摘。

知识 1　茶叶采摘

栽培茶树是为了采收幼嫩芽叶作为加工原料，而茶树新叶又是进行光合作用、制造营养物质的器官，因此采摘鲜叶既要考虑产量和品质，又要兼顾茶树的健壮生长和发育。幼龄茶园应“以养为主，以采为辅”，促进茶树形成高产的树冠；成龄茶园则“以采为主，采养结合”，强调合理采摘，以确保持续高产、稳产。

合理采摘是根据茶树不同的生育阶段及不同茶类要求，采取不同的采摘技术，做到按标准采、分批采、留叶采。

1．采摘标准

茶叶的采摘标准与产量、品质有密切关系。根据分析，一芽二、三叶内含物质多，品质优良，经济价值大。生产大宗茶是当新梢生长到一芽三、四叶时，采下生产特殊的名茶，如“都匀毛尖”“湄江翠片”“遵义毛峰”、“羊艾毛峰”等依工艺要求采一芽一叶或一芽二叶。

2．采摘技术与留养方法

采摘时，要坚持分批采、留叶采。

分批采：根据新梢生长发育速度和叶片展出情况，先达标准的先采，后达标准的后采，切忌采“齐头水”或“一把”。分批次数：一般茶园全年采15～20批次（即春茶4～6批、夏茶6～8批、秋茶5～6批），高产茶园25批以上。

留叶采：幼龄茶园一般在新梢上留二叶采。采摘时，注意采高留低，采大留小，采中留边，为丰产打下基础。成龄茶园均以“春茶留鱼叶，夏茶留一叶，秋茶留鱼叶”的采摘方法，争取实现全年丰收。

知识2　茶的分类

目前，中国茶类的划分尚无统一的方法，为便于识别和统一认识，茶叶分类一般以茶叶加工方法为依据，结合品质特征和外形差异，并参考习惯上的分类方法，将茶叶分为基本茶类和再加工茶类两大部分。

1．基本茶类

基本茶类分为绿茶、红茶、乌龙茶、白茶、黄茶、黑茶六大茶类。六大基本茶类的工艺流程和品质特征见表8-2。

表8-2　基本茶类的工艺流程和品质特征

茶类	工艺流程	主要品质特征
绿茶	杀青→揉捻→干燥	清汤绿叶
红茶	萎凋→揉捻→发酵→干燥	红汤红叶
乌龙茶	萎凋→做青→炒青→揉捻→干燥	绿叶红镶边
黄茶	杀青→揉捻→闷黄→干燥	黄汤黄叶
黑茶	杀青→揉捻→渥堆→干燥	橙黄汤色，醇和滋味
白茶	萎凋→干燥	汤色晶亮，滋味鲜爽带甜

2．再加工茶类

以基本茶类作原料经过再加工形成的产品，称为再加工茶类。主要包括花茶、紧压茶、果味茶、药用保健茶和含茶饮料等几类。

知识 3　茶叶的保存方法

如果茶叶无法在几天之内用完，那么茶叶的储存方式就显得特别重要。茶叶是疏松多孔的干燥物质，保存不当，很容易发生不良变化，如变质、变味和陈化等。造成茶叶变质、变味、陈化的主要因素有温度、水分、氧化和光线。这些因素经个别或相互作用而影响茶叶的品质。因此，不让茶叶受温度、水分、氧气、光线的伤害，是保存好茶叶的首要工作。

1．茶叶包装方式

茶叶包装一般分真空包装、无菌包装、充气包装、除氧包装和普通包装 5 种。这些包装好的茶叶，如果没有拆封，只要存放在阴凉干燥的地方，可保存 6～12 个月，不会发生不良变化而变质、变味。

2．影响茶叶变质、变味、陈化的主要原因

1）温度。温度越高，茶叶品质变化越快。平均每升高 10℃，茶叶的色泽褐变速度增加 3～5 倍。如果把茶叶储存在 0℃以下的地方，较能抑制茶叶的陈化和品质的损失。

2）水分。茶叶的水分含量在 3%左右时，茶叶成分与水分子呈单层分子关系。因此，可以较有效地把脂质与空气中的氧分子隔离开来，阻止脂质的氧化变质。当茶叶的水分含量超 5%时，水分就会转变成溶剂，引起激烈的化学变化，加速茶叶的变质。

3）氧气。茶中多酚类化合物的氧化、维生素 C 的氧化以及茶黄素、茶红素的氧化聚合都和氧气有关，这些氧化作用会产生陈味物质，严重破坏茶叶的品质。

4）光线。光线的照射加速了各种化学反应的进行，对储存茶叶产生极为不利的影响，光能促进植物色素或脂质的氧化，特别是叶绿素易受光的照射而褪色，其中紫外线的作用最为显著。

3．保存茶叶的方法

若想常有新鲜的好茶喝，茶叶在储存期间必须保持其固有的颜色、香味、形状。

1）必须让茶叶处于充分干燥的状态，绝对不能与带有异味的物品接触，并避免与空气接触和受光线照射。

2）注意茶叶不要受到挤压、撞击，以保持茶叶的原形、本色和真味。因此，在买茶叶时要特别留意茶叶包装的品质，并在购买后，选择适当的地方存放。

4．家庭保存已经拆封的茶叶的方法

1）最好能准备一台专门储存茶叶的小型冰箱，设定温度在-5℃以下，将拆封的封口紧闭好，将其放入冰箱内。将茶叶储存在一般冰箱的冷冻库也可以，但不能再储存其他的东西。

2）可用清理干净的热水瓶，将剩余的茶叶倒入瓶内，塞紧塞子存放。

3）可用干燥箱储存茶叶。

4）可用陶罐存放茶叶。罐内底部垫双层棉纸，罐口放置两层棉布后压上盖子。

5）茶叶最好少量购买或小包存放，减少打开包装的次数，要尽量装满不留空隙，可减少储存空间内的空气，以利于保持茶叶的品质。

原则上，茶叶买回来之后，最好尽快喝完。绿茶以在一个月之内，趁新鲜喝完最好。其余如半发酵茶或全发酵的茶，也要在半年内喝完。茶叶如果放太久了，有潮味，可以放在烤箱中稍微烤一烤，茶叶又会产生新生的风味。

实训　茶叶采摘与初制

1．目的要求

学生分组，负责指定茶园的采摘，茶叶采完，集中到茶厂初加工。让学生通过实地操作掌握茶叶采摘与初制方法。

2．材料工具

材料：茶树。

工具：毛巾、箩筐、剪刀、铅笔、标签等。

3．实训步骤

流程：

分配采茶任务→采茶→茶叶初制→安全储藏

01 分配采茶任务。学生分组，负责指定茶园的采摘，茶叶采完，集中到茶厂初加工。

02 采茶。首先要明确采摘时间及方法。

1）采摘时间：当符合采摘标准的新梢达到该轮的20%即可开采。各地区因气温不同，茶种不同，有各自具体的采茶时间。

2）采摘方法：茶叶采摘有手工采、剪采、机采三种方法。

① 手工采：这是传统的采摘方法。此法由于手指对新梢着力的不同，又分掐采（折采）、提手采和双手采。

② 剪采：其方法是端平剪子，使刀口与茶蓬平行，从下到上，自右至左，轻快下剪，干净利落地剪下芽叶。

③ 机采：目前使用的采茶机型有往复式切割机，水平旋转勾刀机和拉割式滚切机三种。

3）采摘时的注意事项：首先是采净对夹叶；其次要提高下树率，每批采下的芽叶占标准芽叶的 80%；第三严禁强抓乱采，做到轻采轻放，勤采快运，减少机械损伤和堆积发热变质。

03 茶叶初制（绿茶初制）。绿茶是一种不发酵茶。初制一般经过杀青、揉捻、干燥三个过程。要求高温杀青，适度揉捻，及时干燥。由于干燥方法不同，又分炒青、烘青和晒青三种。结合市场需要，重点介绍炒青茶和烘青茶的初制技术。

1）炒青绿茶初制。

① 杀青：杀青又叫头炒，是决定绿茶品质的关键。

杀青的目的是利用高温抑制酶的活性，防治多酚物质氧化变色，蒸发叶内水分，使茶叶柔软有黏性，便于揉捏成条，除去青草味，发挥良好香气。

杀青方法：有机械、半机械和手工多种。总的要求是“高温杀青，先高后低”，抖闷结合，多抖少闷，嫩叶老杀，老叶嫩杀。做到无红梗、红叶，无水闷味，无焦叶爆点。

“高温杀青，先高后低”；锅温达 200～220℃时开始投叶。温度不够，叶子变红，温度过高，容易焦糊，使品质下降。对于水叶，锅温要提高 10～20℃。

“抖闷结合，多抖少闷”：抖杀有利于蒸发水分，散发青草气，保存较多的叶绿素，但不易杀匀。而闷杀则增加芽叶与锅的接触时间，提高叶温，加速破坏酶的活性。具体掌握为闷→抖→闷→抛。一般嫩叶少闷或不闷，较老叶多闷。

“老叶嫩杀，嫩叶老杀”：嫩叶含水量较多，杀青要较高的温度和较长时间，多散失水分，而老叶的水分较少，杀青温度可略低一些，做到老而不焦，嫩而不生。通过杀青后，各级鲜叶减重率和含水量见表 8-3。

表 8-3　鲜叶含水量、杀青减重率和杀青叶含水量（单位：%）

鲜叶等级	高级	中级	低级
鲜叶含水量	76～77	74～76	73～74
杀青减重率	40～45	30～40	25～30
杀青叶含水量	58～60	60～62	62～64

杀青时间：一般控制在 7～8min，以杀匀透为准。投叶量视杀青机而定，锅杀每次鲜叶 5～7kg，110 型滚筒杀青机投 25～27kg。

杀青适度的标志：叶质柔软，茶梗折而不断，叶表有黏性，握之成团；叶子失去原有光泽，转为暗绿，不含生青色，无红叶、焦斑叶；青草气基本消除，略显清香；无水闷味，无烟焦味。

② 揉捻：目的是破坏芽叶细胞组织，促进茶汁流出粘附于叶表，增加茶汤浓度和滋味，将芽叶卷紧成条，缩小体积，增进外形美观。

揉捻方法：有手工揉捻和机械揉捻两种。目前使用的揉捻机有 40 型、45 型、255 型、265 型和微型等。

揉捻时间和压力：根据鲜叶老嫩程度的不同而不同，一般是嫩叶揉捻时间稍短，老叶揉捻时间稍长。压力应掌握轻、重、轻的原则，使芽叶成条率高、碎片少，保持良好锋苗。各级杀青叶揉捻时间和压力调节见表 8-4。

表 8-4　不同杀青叶与揉捻时间、加压参数（单位：min）

杀青叶等级	全程揉捻时间	不加压时间	轻压时间	中压时间	重压时间	不加压时间
高级	20～25	5～7	10	—	—	5～3
中级	30～35	10	5	10～15	—	5
低级	40～45	5	—	15	15～20	5

投叶量视揉捻机桶径大小而不同，具体参照表 8-5。

表 8-5　揉捏机型投叶量参数表（单位：kg）

揉捻机型	40 型	45 型	255 型	266 型
投杀青叶	8～9	12～15	27～32	50～55

揉捻适度的标志：茶汁揉出粘附于表面，手摸有润滑粘手的感觉，大多数芽叶紧卷成条。

揉捻后应立即解决分筛，解散茶团，分清条茶与碎茶、末茶，便于分别干燥。

③ 干燥：干燥的目的是继续蒸发叶内水分，使含水量降至规定标准，防止变质，便于储运；进一步塑造条索紧结的外形，发挥香气，增进滋味浓醇。

干燥的方法：分初干和复干两道工序。

初干：又叫二炒，即将揉捻叶滚炒至 70～80℃，时间为 20～30min。投叶量：滚炒机为 27～30kg 揉捻叶。初干的标准：叶尚软而不粘，在滚筒内有沙沙声，散发出一定的茶香。初干后摊凉 30 分钟左右再复干。

复干：又叫三炒，即将初干摊凉后的叶继续蒸发水分整形，形成紧直完整的条索，使含水量达规定标准。温度一般为 80～90℃，时间为 50～60min。投叶量：滚炒机为 35～45kg。当茶条紧直、色泽绿润，香气清纯、含水量 60%以下，手掐茶条成粉末即可。

2）烘青绿茶的初制。

绿茶在初制过程中，全用烘焙方法干燥的叫烘青绿茶。该茶要求茶条外形较紧直完整，多锋苗，色泽墨绿光润。内质叶底匀整，香气清正，味醇和，汤色清澈明亮。

烘青绿茶初制工艺分杀青、揉捻、烘干三个过程。杀青、揉捻与炒青绿茶相同，按炒青绿茶技术操作。

烘干方法有手工烘干和机械烘干两种，分初烘、摊凉、复烘三个步骤进行。

初烘又叫毛火，复烘又叫足火。

手工烘焙：初烘温度 85～90℃，摊叶厚度为 1.5～2cm，烘焙时每 5～8min 翻动一次，使受热均匀，直至 7 成干（手掐茶条有刺手感）时下烘摊凉 30～60min 再复烘。复烘温度 75℃左右，摊叶厚度 2～3cm，每隔 10～15min 翻动一次，烘 30min 左右，手掐茶叶变碎末时方可下烘。

手拉百叶式烘干机烘焙；当温度达 100～120℃时开始上茶，摊叶厚度 1cm，每隔 2～3min 翻动一次，12～18min。初烘叶摊凉 40～60min 后再复烘。复烘温度 90～100℃，摊叶厚度 2cm。拉柄方法和时间与初烘相同。

自动烘干机烘焙：初烘、复烘温度和全程时间及摊叶厚度与手拉百叶式烘干机基本相同。全程时间视速度快慢控制在 10～15min 内。

04 安全储藏。储藏茶叶要保持茶叶固有的色、香、味、形，必须保持干燥，尽量减少温度、湿度的影响，避免与带有异味的物品接触，还要使茶叶不受挤压、撞击，以保持其原形、本色、真味。

1）茶叶密封储藏法：可用于储存大宗绿、红、青茶。用瓷坛或陶瓷，放入木炭、硅胶等吸湿剂 0.5kg 左右（用布袋盛装），茶叶用牛皮纸分装成小包装，放在吸湿袋四周和上面，封严坛口。每 3～4 月更换吸湿袋一次，梅雨季节则要多换一次。

2）茶叶低温储藏法：将茶叶装入密封的铁质、瓷质容器内，再套塑料袋防潮，放入冰箱，若温度在 5℃以下，可储存一年以上。

4．实训报告

分析茶叶采摘和初加工过程中影响茶叶质量的因素，写出分析报告。

拓展 茶叶鉴别

1．新茶与陈茶鉴别

俗话说“饮茶要新，饮酒要陈”。大部分品种的茶，新茶总比陈茶品质好。因为茶叶在存放过程中，会受环境中的温度、湿度、光照及其他气味的影响。其中的内含物质如酸类、醇类及维生素类，容易发生缓慢的氧化或缩合，从而使茶叶的有效成分含量增加或减少，茶叶的色、香、味、形失去原有的品质特色。鉴别新茶与陈茶，可以从以下几个方面来判断：

1）香气，新茶气味清香、浓郁；陈茶香气低浊，甚至有霉味或无味。

2）色泽，新茶看起来较有光泽、清澈，而陈茶均较晦暗。例如，绿茶新茶青翠嫩绿，陈茶则黄绿、枯灰；红茶新茶乌润，而陈茶灰褐。

3）滋味，新茶滋味醇厚、鲜爽，陈茶滋味淡薄、带浊。

2．真茶与假茶的鉴别

假茶是指用外形与茶树叶片相似的其他植物的嫩叶做成茶叶的样子来冒充茶叶，如柳树叶、东青树叶等。真茶与假茶的鉴别，除专业机构可采用化学方法分析鉴定外，一般都依靠感官来辨别。

1）首先可闻香，具有茶类固有清香的是真茶；如果有青腥气或其他异味的是假茶。

2）可以观色，真茶的干茶或茶汤颜色与茶名相符，如绿茶翠绿，汤色淡黄微绿。红茶乌黑，汤色红艳明亮。若假茶则颜色杂乱不协调，或与茶叶本色不一致。

3）还可以从叶底来进行识别，虽然茶树的叶片大小、厚度、色泽不尽相同，但茶叶具有某些独特的形态特点，是其他植物所没有的。例如，茶树叶片背部叶脉凸起，主脉明显，侧脉相连，成闭锁的网状系统；茶树叶片边缘锯齿为16～32对，上密下疏，近叶柄处于锯齿；茶树叶片在茎上的分布，呈螺旋状互生；茶树叶片背部的柔毛，基部短，多呈45°～90°弯曲。这些特点，都是茶树独有的。根据以上几个方面，真茶、假茶是可以鉴别的，但是真假原料混合加工的假茶，鉴别难度较大。

3．春茶、夏茶、秋茶和冬茶的鉴别

我国长江中下游是主要产茶区域。一般来讲，春茶是指当年5月底之前采制的茶叶；夏茶是指6月初至7月底采制的茶叶；而8月以后采制的当年茶叶，称为秋茶；10月以后就是冬茶了。

1）春茶由于茶树休养生息一个冬天，新梢芽叶肥壮，而春季温度适中，雨量充沛，使春茶滋味鲜爽，叶质柔嫩，毫毛多，叶片中有效物质含量丰富。所以，春茶滋味鲜爽，香气浓烈，是全年品质最好的。从干茶来看，春茶茶芽肥壮，毫毛多，香气鲜浓，条索紧结。

2）夏季时，茶树生长迅速，叶片中的可溶物质减少，咖啡碱、花青素、茶多酚等苦涩味物质增加。因此，夏茶滋味较苦涩，香气也不如春茶浓。从干茶来看，夏茶条索松散，叶片宽大，香气较粗带老。夏茶红茶红润，绿茶灰暗。

3）秋季的茶树已经过两次以上采摘，叶片内所含物质相对减少，叶色泛黄，大小不一，滋味、香气都较平淡。从干茶来看，秋茶叶片轻薄，大小不一，香气平淡。秋茶红茶暗红，绿茶黄绿。

4）华南茶区少部分地区采摘冬茶，制作乌龙茶。

综合测试

一、名词解释

1．茶树整型修剪
2．茶树鸡爪枝
3．茶树新梢
4．“驻芽”

二、填空题

1．茶树的繁殖方式分为________、________两种。
2．成龄茶园的中耕管理分为________和________两种。
3．在茶树常施的几种化学肥料中，________是需求量最大的肥料。
4．茶园定型修剪用于________和________期。
5．茶树按分枝性状不同可分为________型、________型、________型。
6．茶树叶片因其发育程度不同分为________，________，________三种。
7．茶芽由于生长时间不同可分为________芽和________芽。
8．茶树一生分为________、________、________、________、________五个时期。

三、简答题

1．优良的茶树品种具有哪些特征特性？
2．我国茶叶生产主要有哪几大产区？主要产什么类型的茶？
3．茶树生长受哪些外界环境条件的影响？
4．茶树需肥规律。
5．简述茶树苗移栽的技术要点。

四、综合分析题

1．幼龄茶园管理有哪些关键技术？
2．综述低产茶园的改造后管理。
3．分析如何进行成年茶园的管理？

4．分析低产茶园台刈技术与茶树整型修剪的异同。

5．炒青绿茶初制杀青的技术要点有哪些？

【考证提示】

获得制茶工、园艺工、植保员等中级资格证书，需具备以下知识和能力。

知识目标：

1．了解茶树的生育期和生育时期；

2．掌握茶树的形态识别与类型；

3．掌握不同树龄茶树的生长发育特点；

4．掌握茶树主要病、虫、草害的发生特点。

技能目标：

1．掌握茶苗繁殖与移栽技术；

2．会根据不同树龄茶园的生育特点进行管理；

3．能够进行茶树病虫草害防治；

4．能进行茶叶的合理采摘及初加工。

参考文献

邓绍同. 1992. 现代甘蔗栽培. 广东：广东科技出版社

官春云. 1997. 作物栽培学. 北京：中国农业出版社

河南省职业技术教育教学研究室. 2011. 农作物生产技术. 北京：高等教育出版社

南京农学院，江苏农学院. 1979. 作物栽培学（南方本）. 上海：上海科学技术出版社

轻工业部甘蔗糖业科学研究所，广东省农业科学院. 1985. 中国甘蔗栽培学. 北京：中国农业出版社

万书波. 2003. 中国花生栽培学. 上海：上海科学技术出版社

肖君泽. 2009. 农作物生产技术（南方本）. 北京：高等教育出版社